国家"十一五"科技支撑计划

项目名称：农村住宅规划设计与建设标准研究
课题名称：村、乡及农村社区规划标准研究
课题编号：2008BAJ08B09

镇乡村及农村社区规划图样集

中国建筑设计研究院
中国建筑设计研究院城镇规划设计研究院　　主编

U0249878

中国建筑工业出版社

图书在版编目(CIP)数据

镇乡村及农村社区规划图样集/中国建筑设计研究院,中国建筑设计研究院城镇规划设计研究院主编.—北京:中国建筑工业出版社,2012.12
　ISBN 978-7-112-14717-5

　Ⅰ.①镇…　Ⅱ.①中…②中…　Ⅲ.①城镇规划-中国-图集②乡村规划-中国-图集　Ⅳ.①TU984.2-64②TU982.29-64

　中国版本图书馆 CIP 数据核字(2012)第 227028 号

执行主编:赵　勇　郭泾杉

责任编辑:唐　旭　陈　皓
责任校对:肖　剑　刘　钰

镇乡村及农村社区规划图样集
中国建筑设计研究院
中国建筑设计研究院城镇规划设计研究院　　　　　主编
*
中国建筑工业出版社出版、发行(北京西郊百万庄)
各 地 新 华 书 店 、 建 筑 书 店 经 销
北 京 嘉 泰 利 德 公 司 制 版
北京方嘉彩色印刷有限责任公司印刷
*
开本:880×1230毫米　1/16　印张:18¼　字数:550千字
2013年1月第一版　　2013年1月第一次印刷
定价:**128.00元**
ISBN 978-7-112-14717-5
　　　　(22762)

总编辑委员会

前 言

为有效指导我国农村地区规划建设，提高镇、乡、村庄规划编制水平，国家"十一五"重大科技支撑计划中专门设置了"村、乡及农村社区规划标准研究"（2008BAJ08B09）课题，主要内容包括镇规划、乡规划、村庄规划、农村社区基础设施和公共服务设施规划等系列技术标准的研究制定工作。本图集的出版是在课题研究成果基础上编汇完成的。

图集分为五部分，包括镇建设用地优化配置图样、乡建设用地优化配置图样、村庄建设用地优化配置图样、镇、乡及村庄基础设施规划配置图样和农村社区建设用地优化、公共服务设施及工程设施规划配置图样。每部分图样主要有现状概况、规划思路、用地布局规划、规划特点等内容，并辅以区位分析图、用地现状图、用地布局规划图。

图集中镇、乡建设用地优化配置图样类型的划分以职能为主，地形地貌为辅。村庄建设用地优化配置图样，基础设施规划图样和农村社区建设用地优化配置图样、公共服务设施配置及工程设施规划配置图样类型的划分以七类建筑气候区划为主，地形地貌为辅。

为及时总结各地镇、乡、村庄规划成功经验，展示优秀村镇规划案例，图样集案例选取了本课题参与单位的编制案例，中国城市规划协会提供的"2007、2009 年全国优秀城乡规划设计评选"报送项目，以及各地优秀镇乡村规划案例，将其录入国家"十一五"重大科技支撑计划"村、乡及农村社区规划标准研究"示范案例，进行择优出版，宣传推广，以示范带动不同地区村镇规划编制，引导各地小城镇和新农村建设。

我国地域广阔，因自然状况、资源禀赋、区位条件、产业基础和政策环境的不同，各地经济地域类型和发展模式存在一定的差异。因此，系统研究我国镇、乡、村庄及农村社区在区位、气候、经济地域、功能等方面的差异，划分不同类型，探讨各类型镇、乡、村及农村社区规划特点，有针对性地选择建设用地优化配置图样和各项设施规划配置图样，具有十分重要的研究价值和实践指导意义。

希望图集的出版，能为《城乡规划法》的贯彻实施提供技术支撑，充分发挥城乡规划在引导城镇化健康发展、促进城乡经济社会可持续发展中的综合调控作用。同时能在统筹镇、乡和村庄协调发展，确定镇、乡土地利用模式，规范各类设施配置标准方面，提出合理比例、规模及布局优化的方式，并能为构建农村社区规划技术体系、完善社会主义新农村规划技术支撑等方面作出贡献。

此次图集的编制，受到住房和城乡建设部村镇建设司、中国建筑工业出版社等单位的支持和众多兄弟设计单位的帮助，在此表示衷心感谢。由于时间紧、任务重，图集编制出版的不足之处在所难免。汇编图集不是我们工作的终点目标，而是一个新的起点。恳请从事城乡规划工作的实践者、研究者、决策者、广大基层工作者和社会各界批评指正。

目　录

第4章　镇、乡及村庄基础设施规划配置图样

第5章 农村社区建设用地优化、公共服务设施及工程设施规划配置图样

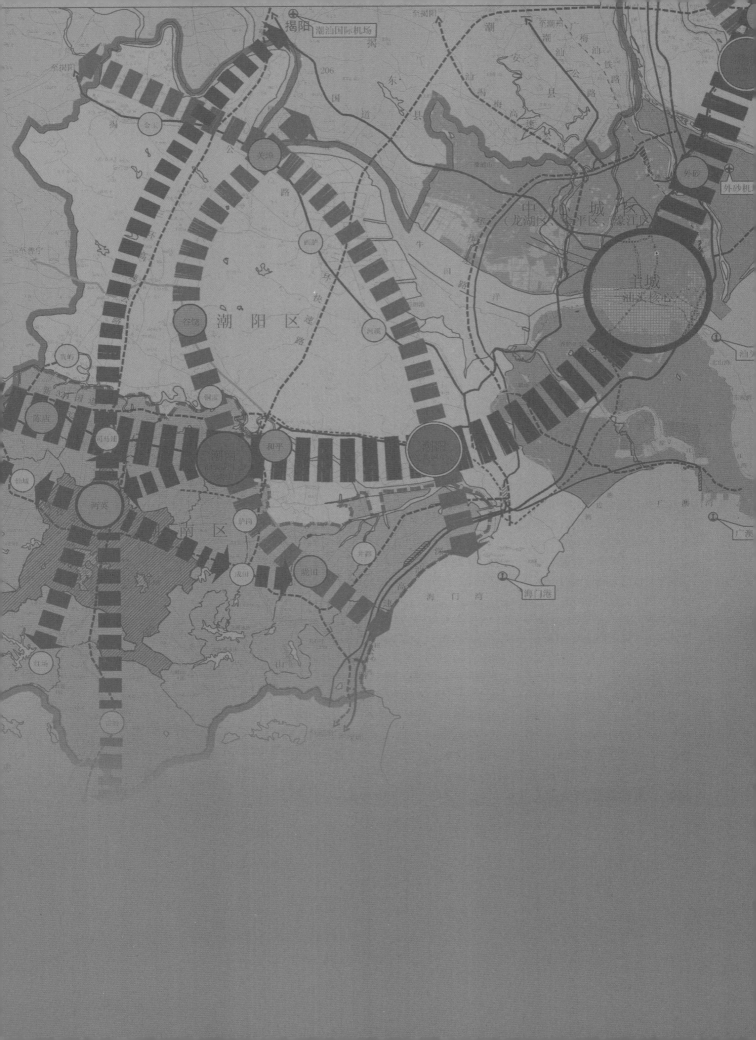

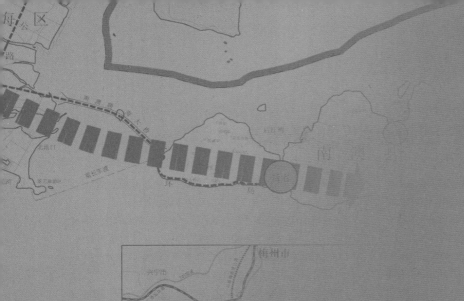

第1章
镇建设用地优化配置图样

镇建设用地优化配置图样类型划分标准说明

镇处于城市与乡村的节点地带，经济关联度高，集聚和扩散能力强，是连接城市与乡村、工业与农业的纽带。镇作为一定地域范围内的经济和社会中心，在区域发展和城镇化过程中显示出越来越重要的意义，并正在成为各方关注的热点。

由于资源禀赋、区位条件、产业基础和政策环境的不同，镇的经济地域类型和发展模式也不尽相同，存在明显的空间分异规律。鉴于我国各地所具有的地理、历史、社会、经济和文化等条件不同，这就要求在制定和实施城镇发展战略和规划时必须因地制宜，走具有自身特色的路子。因此，对镇开展区位特征、经济地域、功能类型的划分，根据不同类型的城镇选择镇建设用地优化配置图样，具有十分重要的科学研究价值和实践指导意义。

一、镇类型划分的学术概览

类型分析可使众多小城镇分门别类，从而达到由点到面、由个别到整体来认识小城镇发展问题。我国地域广阔，镇的发育和发展水平差异较大，不同学者对镇的类型划分不尽相同。

国内外学者主要从以下三个方面出发，对镇发展类型展开分类研究：

一是引入了乡村性的概念，通过构建的乡村性指数来评价乡村性的强弱，并以此特征划分为：极度乡村、中度乡村、中度非乡村、极度非乡村和城市，按照乡村性指数差异确定村和镇类型。

二是以城乡关系为切入点，基于区位条件和功能定位来对镇发展类型作出判断，划分为近郊城市功能拓展型镇、中郊城市新区型镇和远郊生态涵养保护型镇等。

三是以乡村经济发展水平或产业结构状况为判别依据来划分镇发展类型，划分为制造业主导型、服务业主导型、综合发展型等。在划分方法上，主要是通过数理统计方法构建评价指标体系，然后用综合评价法对其进行类型划分，多采用区位商法、城镇职能分类法、层次分析法以及综合计分判定法等。

杨荣南（1998）以泉州市域为例，将镇的类型划分为：农业类、工业类、建筑业类、交通类、矿产类、旅游类、商贸类、综合类等8种类型。

卢仲康（2000）将镇江市域的小城镇划分为乡镇工业主导型、贸易主导型、宗教风景旅游型、港口型、卫星工业型、城郊型等6种类型。

李同升（2002）以宝鸡市域为例，将镇的类型划分为：综合型的县域中心镇、市郊型工贸镇、工业镇、旅游镇等4种类型。

李雅静（2003）将云南省的小城镇划分为交通型、旅游型、商贸型、口岸型、水电型和工业型等6种类型。

徐琪以江苏沿江地区的专业化小城镇为研究案例，将专业化的小城镇分为：加工制造业主导型、专业市场带动型、农副产品加工贸易型、旅游型小城镇等4种类型。

仇保兴（2004）根据镇的发展动力机制，将镇分为：工业主导型、商贸带动型、交通枢纽型、工矿依托型、旅游服务型、区域中心型、边界发展型、移民建镇型、历史文化名镇、城郊卫星城镇等10种类型。

黄馨（2007）以东北地区为例，根据自然条件、资源禀赋、生长环境和动力机制几个方面存在的地域差异性，将东北地区小城镇划分为沿海发展型、东部资源型、中部工贸型、西部农牧型、边境贸易型等5种类型。

马宏杰（2008）将西北地区的镇按所在区域地理特征来划分，分为大中城市城郊型、平原型、高原型、河谷型、绿洲型、边境型和矿区型小城镇等7种类型；按功能结构和产业特征划分为商贸服务型、手工业集中型、旅游文化型、交通枢纽型、农业型和商品集散型小城镇等6种类型。

王正新（2009）以浙中地区为例，分析研究后将小城镇分为工业主导型、市场带动型、交通枢纽型、旅游开发型、城郊型等5种类型。

韩非（2010）以北京市为例，研究大都市郊区小城镇的经济地域类型，将京郊小城镇划分为：都市农业驱动型、制造业主导型、服务业主导型和均衡发展型等4种类型。

二、镇类型划分的方法原则

本研究遵循以下原则：

一是以职能为主导的类型划分原则。镇职能类型综合地反映了镇职能差异的本质特征，是镇类型划分的首要原则。一定地域的镇职能组合特征总是在其特有的自然、经济和社会历史条件下，经过长期衍化形成的，并随着形成条件变化而不断衍化。在一定地域范围内，镇的职能组合都不可能完全相同，但在某些方面，可能会存在相似性。如果通过定性和定量的方法，挑选出若干职能组合特征又与其他镇存在较大的差异，那么，这些镇的职能组合可被视为是具有一定特征的类型。

二是定性分析与定量研究相结合的类型划分原则。定性是定量的前提和基础，定量是对定性的验证和深化，两者缺一不可。在类型划分的定性分析方面，要以镇职能形成的自然、经济和社会历史条件来揭示乡镇职能类型地域差异的本质特征；在类型划分的定量研究方面，需要建立一套互为补充的完整的指标体系，以准确地反映镇职能类型地域差异的内涵。

三是镇职能类型所反映的镇职能地域分工格局必须与地域范围大小相结合。镇职能类型划分可以在不同规模的地域范围内（全国、省、地区、县等）开展。一般来讲类型划分的地域范围越大，社会职能地域分工就越趋复杂多样。因此，对任何地域范围而言，镇职能类型都必须客观全面地体现地域内的职能分工，并涵盖地域内出现的各种职能类型与职能组合状况。

四是综合考虑镇劳动力职业构成。无论是城市的发展还是镇的发展，它们总是以一定的经济结构为其特征的。经济结构的差异是形成镇经济类型差异的基础。而镇人口和劳动力是镇经济活动的主体，其职业构成与镇经济结构、镇社会职能关系密切，在一定区域范围内，其内部的社会职能地域分工最终是由从事分工任务的劳动力来完成的。因此，镇劳动力职业构成状况是乡镇职能类型，尤其是经济职能类型的直观外在表现。

五是镇类型确定，既要反映镇的资源状况、区位条件、产业结构，更要反映镇的未来发展方向。这样的划分才能对镇未来的发展具有更高的实践意义。

三、镇建设用地优化配置图样类型

（一）城郊型城镇

这类城镇靠近大都市或中心城市，交通十分便利，商贸服务业或工业制造业发达，一般均有城市部分功能，其发展规划多已纳入整个城市建设规划范围之内。建设用地相对复杂，或为城市配套基础设施布局点（如水厂）、公共服务设施的起止点（如公交始末站），或为城市服务型产业布局地（如副食品基地）等。

（二）工矿型城镇

这类城镇多位于地貌较为复杂的山地河谷的矿产资源富集区，一般是先有工矿企业，后有城镇，非农人口比例高，主导产业单一，以大中型工矿企业为主体，生产协作链条基本在外地，工矿企业在地（市）及以上区域中都具有一定战略地位。工业用地、物流仓储用地、居住用地比例高，城镇空间形态受地形影响大。

（三）工业型城镇

这类城镇有一家或多家国有大中型企业驻镇，或者工业企业众多。无论从人口构成上还是从用地构成上均以这些企业为主，工业产值高，非农人口比例高，建设用地中工业区面积较大，工业用地集聚明显。

（四）古镇型城镇

这类城镇具有悠久的历史，拥有丰富的人文景观和文化古迹等资源。传统的古镇型城镇，多位于地域偏远、经济相对落后的区域，有旅游开发潜力。古镇古民居建筑相对较多，居住用地比例偏大。

（五）交通型城镇

这类城镇拥有优越的地理环境、便捷的交通条件，依托铁路、国道、水运码头或高速公路出入口附近，或者多种交通运输方式交会。处于枢纽位置，可依托的运输方式，繁荣的市场，强大的物流、商流、人流、信息流成为这类城镇发展的客观基础。建设用地中对外交通用地和仓储用地集中且比例较高。

（六）旅游型城镇

这类城镇中一般拥有或邻近相当知名度的旅游资源（风景名胜区、旅游度假区等），旅游业发展是带动小城镇发展的主要动力，就业人口中旅游业从业人员比例较高。注重旅游、休假、避暑、会议等旅游服务配套设施建设，注重地方特色产品的开发。建设用地中公共服务设施、绿地用地比例较大。

（七）商贸型城镇

这类小城镇大多是商品集散地和集市贸易区，经济发展腹地较大，多为区域性中心城镇。有的是传统的小商品和农副产品集散中心，批发和零售商业网点较多；有的已成为某一类小商品规模较大的集散地和专业市场。建设用地中商业设施用地和服务业设施用地比例较高。

（八）生态型城镇

这类城镇或位于山区、平原水乡等特殊的区域，具有较好的生态环境要素；形成社会、经济自然协调发展，物质能量、信息高效利用，生态良性循环的人类聚居地。产业上或以第一产业为主，有蔬菜基地、林果基地、畜禽基地等，并有为其服务的产前、产中、产后的服务体系和专业市场；或以一、二、三产业综合协调发展为主，生态环境较好。在建设用地上公共绿地和生态绿地比重较高。

（九）文化型城镇

这类城镇一般历史文化悠久，特色产业、手工业、特色产品制作等文化产业比较发达，当地人民的主要生活收入来源于文化产业的营业收入。文化型产业为主导，带动第三产业协同发展。建设用地中居住用地、公共设施用地、绿地、交通用地比例比较协调。居住用地布局传承历史文化脉络，景观风貌和谐，凸显区域文化底蕴。

（十）综合型城镇

这类城镇包含区域中心型和综合发展型，一般具有区域中心的区位，产业结构协调发展，各项职能均衡，具有特色，综合性更为突出。基础设施配套较好，社区结构较为完整，产业门类多，一、二、三产业都比较发达，城乡功能较为齐全，辐射能力较强。建设用地比例比较协调，结构比较合理。

城郊型——湖北省武汉市东西湖区新沟镇

这类城镇靠近大都市或中心城市，交通便利，商贸服务业或工业制造业发达，一般均有城市部分功能载体驻镇，其发展规划多已纳入整个城市规划范围之内。类型细分为：卫星型城镇、产业型城镇、生态型城镇等。城镇特色明晰，城镇规模等级不一。

产业结构：位于城乡结合部，产业结构、人口结构和空间结构的城乡过渡性十分明显。城镇产业特色突出，产业与中心城市的联动性明显。以工业卫星镇、服务业为主导的城镇较多。

用地类别：建设用地组合相对复杂，或为城市配套基础设施布局点（如水厂）、公共服务设施的起止点（如公交始末站），或为城市服务型产业布局地（如副食品基地）等。

用地布局：由于地理位置优越，城镇作为城市部分大型基础设施承接地，城镇服务功能得到全面提升。一般公共设施用地、仓储用地、绿地甚至特殊用地比例较高。规划中要注意保持城郊型城镇特色，设计开放的自然空间网络，避免城市快速蔓延对城镇环境的影响。

湖北省武汉市东西湖区新沟镇总体规划

案例名称：东西湖区新沟镇街镇区总体规划（2009—2020）
设计单位：武汉市规划设计研究院
所属类型：城郊型

■ 基本概况

新沟镇位于武汉市东西湖区的西部，是东西湖区西部副中心，武汉市经济重镇之一。新沟镇属亚热带大陆性季风气候，降水丰沛，日照充足，无霜期长。境内河流主要为汉江及汉北河，地面平均高程26m。2008年新沟镇区总人口2.9万人，镇区建设用地3.27km²，全镇地区生产总值4.60亿元，第二产业比例达65%，形成了机电、食品、医药三大优势产业。镇区交通以公路运输为主，107国道、惠安大道及荷沙公路承担区域内外交通联系功能，汉丹铁路线南北向穿越镇区。东西湖区园区是全国首批循环经济试点园区之一。

■ 规划思路

坚持以人为本，建设宜居宜业的沿江城镇。处理好近期与长远、控制与发展的关系，保障新沟镇社会经济持续、快速、健康地发展。老城区在原有格局基础上重点强化商贸服务，形成东西湖西部服务中心，辐射东西湖西部、北部城镇以及汉川市东部城镇。

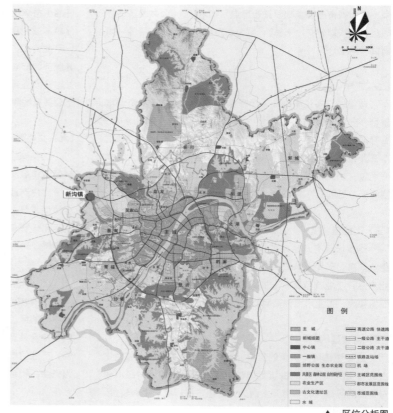

▲ 区位分析图

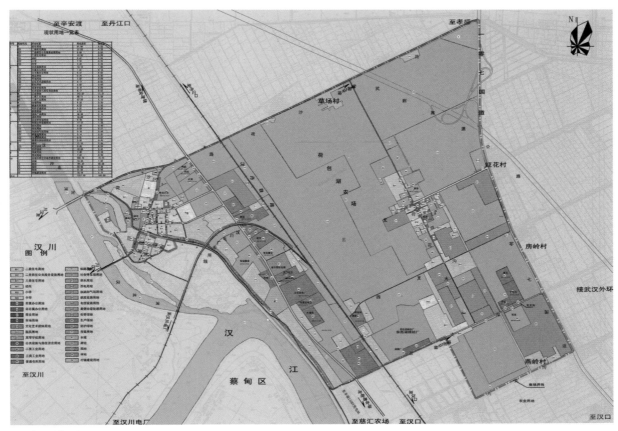

▲ 镇区用地现状图

■ 用地布局规则

　　规划形式："四园三轴两带"结构布局。

　　"四园"指根据自然地形和功能划分形成镇西综合组团、镇东居住组团、循环工业园区和机械工程与新材料工业园区。

　　"三轴"指依托惠安大道—五支沟形成的内部产业联系轴和依托武荆高速、107国道形成的外部产业发展轴。

　　"两带"指依托沿江大道形成的滨水绿化带和依托汉丹铁路线形成的组团隔离带。

■ 规划特点

　　1. 依托汉江资源，打造新沟镇千米沿江滨水景观带，不仅是赏景休闲的绝佳去处，更是新沟镇特色所在。

　　2. 保留后街的建筑肌理，适当进行立面改造，重塑当年集市风貌，打造老城区商业购物一条街。

　　3. 有效利用汉北河旧河道，塑造水景题材，打造新沟镇独具特色的滨水公园。

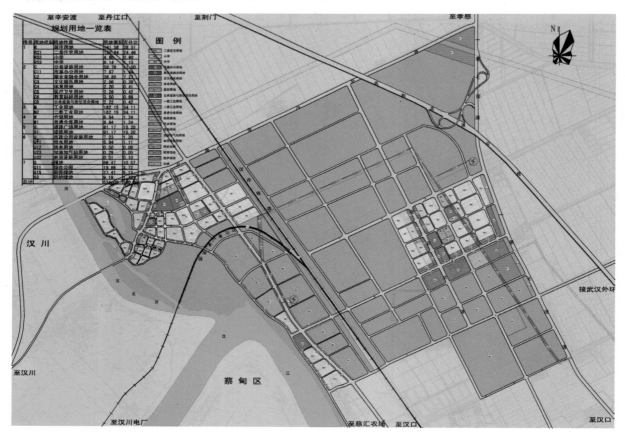

▲ 镇区用地布局规划图

工矿型——山东省泰安市肥城市石横镇

这类城镇多位于地貌较为复杂的山地河谷的矿产资源富集区，一般是先有工矿企业，后有城镇。类型细分为：能源工矿型、金属工矿型、交通工矿型等。城镇规模相对较大。

产业结构：这类城镇经济主导产业单一，生产协作链条基本在外地；大中型工矿企业主导城镇经济发展，主导产业发展均经历建设—繁荣—衰退的过程，在不同程度上面临着城镇经济转型发展问题。

用地类别：工业用地、物流仓储用地、居住用地比例高。

用地布局：城镇用地布局结构比较单一，受周边地形影响大。规划布局中应注重产业结构调整和经济转型，延伸产业链或培育城镇特色替代战略产业，加强工矿型城镇向区域中心城镇职能转变，加大公共管理与公共服务设施用地、商业服务业设施用地、绿地与广场用地的组织与优化。

山东省泰安市肥城市石横镇总体规划

案例名称：肥城市石横镇总体规划（2006—2020）
设计单位：山东省城乡规划设计研究院
所属类型：工矿型

■ 基本概况

石横镇位于山东省肥城市西北部，镇域面积 92km²。石横镇是全国重点镇、创建文明小城镇示范点、小城镇建设项目示范基地、山东省中心镇建设示范镇、环境优美乡镇、泰安市计划单列镇。

2005 年全镇地区生产总值 48.6 亿元，人均 GDP 为 4.5 万元。全镇总人口 10.8 万人。镇域内有石横发电厂、石横特钢集团、查庄煤矿等国有大企业。

S329 省道（薛馆路）横跨镇域，靠近 G105 国道、G220 国道和济菏高速公路。

镇域内煤炭资源丰富，煤田面积约 22.4km²。

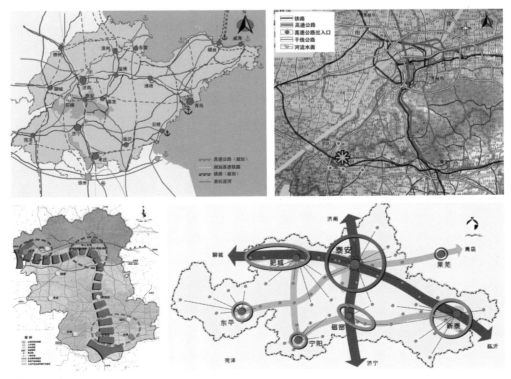

▲ 区位分析图

■ 规划思路

石横镇作为以工矿业为主的小城镇，面临煤炭开采带来的土地塌陷、村庄搬迁等问题。在公共设施和市政设施等方面，又存在国有大型企业与镇区各自为政现象。规划立足城乡统筹的理念，进行空间管制方面有益的尝试，提出城乡公共设施、市政设施一体化建设的布局思路，把石横镇逐步建成具有山林、湿地景观特色的现代化小城市。

1. 尊重已形成的路网和用地布局结构，保持规划的延续性。

2. 集中布置工业用地，但又充分考虑其实施的可能性。

3. 统筹安排公共服务设施，将独立工矿区内部的医院、学校等公共服务设施与镇区合并，减轻企业负担。有利于公共资源的集约配置和有效利用。强化商贸、服务、文化、旅游等职能，改善投资环境。

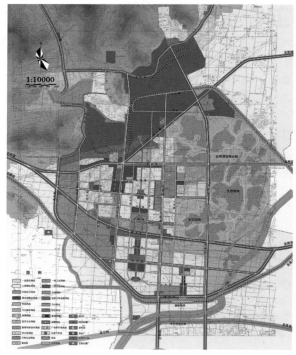

▲ 镇区用地布局规划图

■ 用地布局规划

镇区以向南发展为主，北部充实完善，中部调整优化。

规划形成"一心、三轴、六区"的布局结构。

"一心"：行政文化中心。

"三轴"：三条城镇发展轴线包括沿泰临路、福山路东西向轴线，沿政府南北向轴线。

"六区"：六个组团包括北部重工业区、西南部民营工业区、福山片区、丘明片区、新城片区和汇河片区。

■ 规划特点

1. 镇区建设以内部挖潜为主，加快城中村改造步伐，集约利用居住用地，空出的土地用于配套完善公共服务设施、绿化及开敞空间。

2. 充分利用北部山体和东部塌陷区，建设地质公园和生态湿地，与镇区内水系、绿化相连通，形成特色鲜明的生态景观。

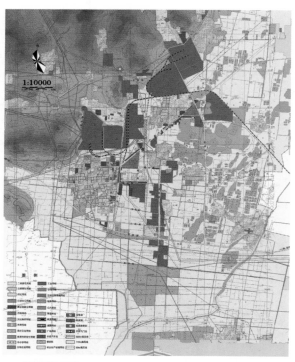

▲ 镇区用地现状图

工业型——河北省唐山市丰南区钱营镇

这类城镇规模一般较大。有一家或多家国有大中型企业驻镇，或者工业企业众多。无论从人口构成上，还是从用地构成上均以这些企业为主，工业产值高，非农人口比例高，较容易和一般的农贸镇区分开来。类型细分为综合型工业城镇、专业化工业城镇、集团型工业城镇、资源加工型工业城镇。

产业结构：第二产业比重较大，带动第三产业发展。经济发展水平在本地区居于较高水平，围绕主导产业配套产业发展。

用地类别：建设用地中工业区面积较大，工业用地集聚明显。工业用地建设是城镇建设的主体，甚至一定程度上压缩了居住、绿地和公共服务设施用地比例及功能的发挥。

用地布局：城镇发展用地初期以工业企业为核心、沿交通线为轴向外扩散，逐渐形成工业园区或工业集聚片区。规划设计中应注重规划控制引导，明确各个片区功能定位，进一步提高绿地和服务设施用地比例，营造宜人的居住环境和良好的生态环境，创建复合型生态系统。

河北省唐山市丰南区钱营镇总体规划

案例名称：河北省唐山市丰南区钱营镇总体规划（2007—2020）
设计单位：中国建筑设计研究院城镇规划设计研究院
所属类型：工业型

■ 基本概况

钱营镇位于唐山市丰南区东北部。1999年被河北省体改委确定为综合改革试点镇，2000年被列为全省200个中心镇之一，也是全省63个重点建设镇之一。钱营镇交通便捷，西距唐山市区10km，东距京唐港75km，距津唐高速、唐港高速出口3km，津唐高速公路穿越镇域西北侧，唐港高速公路穿越镇域南侧，省道唐港公路贯穿辖区，被喻为唐山市区的东大门。

钱营镇镇域面积131.4km²，辖61个行政村。2006年年末全镇总人口45204人（不包括煤矿生活区），13914户，其中非农业人口3351人，耕地109181亩。2006年年末，镇区人口7012人（不包括煤矿生活区），镇区建成区面积约2.2km²。

2006年，钱营镇完成地区生产总值18亿元，三产比例为7：83：10，农民人均纯收入4520元。

钱营镇年平均气温10.5℃，全年平均日照时数为2652h，无霜期为182d，年平均降雨645mm，全年主导风向为东风。钱营镇地震基本烈度为8度。

■ 规划思路

尊重钱营镇区的现状，充分利用现状道路、公共设施和现有的工业基础。

镇区向西发展受地形地貌及地质条件的限制，有沙河和采煤波及线的阻碍；镇区向北发展受过境交通限制。基于这些实际情况，规划镇区向南、东南发展，实现城镇的有机生长。

规划尊重城镇未来发展的需求，为远景的发展预留空间。

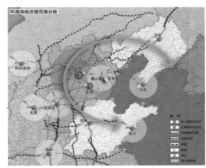
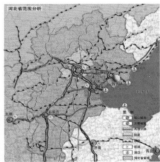

钱营镇地理坐标：
东经 118°17′14″～118°26′15″
北纬 39°31′27″～39°39′24″

▲ 区位分析图

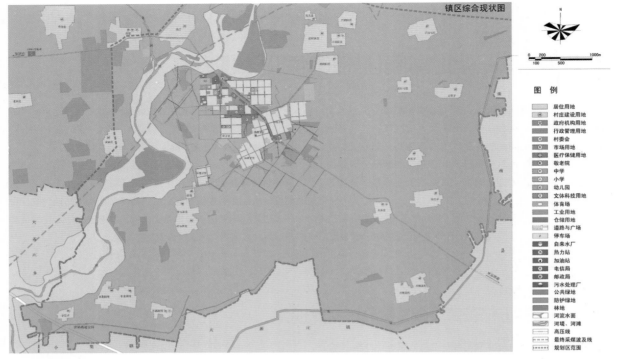

▲ 镇区用地现状图

用地布局规划

规划镇区由钱营生活区组团、东部工业组团组成。

钱营生活区组团：规划优化居住、行政、金融、商业、文化等功能，配置公园绿地、公共设施等目前缺少的设施和活动场所，以滨水景观为特色，建设成为钱营镇的政治、经济、文化和科技信息中心。

东部工业组团：以机械制造业、金属加工业、煤矸石工艺品加工等低污染企业为主的新型工业园区。

远景考虑钱营镇进一步发展需要，在镇区南部以及工业区的南部，均留有足够的发展备用地。

规划特点

1. 充分依托钱营镇钢铁、建材、能源等主导产业的比较优势和经济增长点带动作用，合理安排产业空间布局和产业结构调整。

2. 统筹安排镇域基础设施和公共服务设施，实现与周边地区的基础设施对接。

3. 充分利用镇区周边良好的自然资源，通过调整和优化镇区用地结构，使钱营镇成为丰南区东北部具有地方特色的城镇。

4. 坚持可持续发展原则，坚持城镇建设与生态环境保护协调发展，重点规划了产业布局，采煤塌陷区和生态环境保护协调发展。

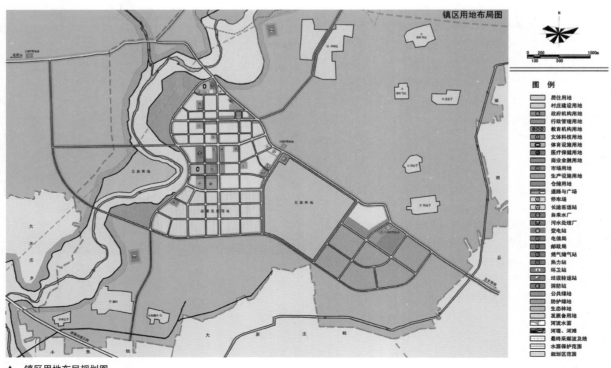

▲ 镇区用地布局规划图

古镇型——江苏省苏州市常熟市沙家浜镇

这类城镇具有悠久的历史、丰富的人文景观和文化古迹等资源，逐步形成地方特色型文化产品生产企业的集聚。古镇型城镇多位于地域偏远、经济相对落后的区域，旅游开发潜力较大。类型细分为民居型古镇、文化古迹型古镇、历史文化名镇、历史事件型古镇等。城镇规模一般较小。

产业结构：这类镇一般经济相对落后，当地人民的主要生活来源为农业收入，产业结构偏型，传统第一产业主导。如果古镇资源得到充分开发利用，则经济状况会相对好转，产业结构向第三产业主导转型。旅游产业为主导，带动第三产业协同发展，以古镇资源开发为主的旅游产业成为其经济支柱性产业。

用地类别：经济相对落后的古镇古民居建筑相对较多，居住用地比例偏大，公共设施用地和绿地一般较少，比例较小。经济发达的古镇的居住用地、公共设施用地、绿地、交通用地比例比较协调，镇用地发展较为均衡。

用地布局：用地布局以古镇特色资源为点沿主要交通线路向外扩散。空间结构分散，先期呈现点轴式布局结构。人均居住用地指标一般较高。居住用地布局传承历史文化脉络，路网结构结合实际而又不失其文化内涵，彰显地方特色。景观风貌和谐，凸显区域文化底蕴。

江苏省苏州市常熟市沙家浜镇总体规划

案例名称：江苏省常熟市沙家浜镇总体规划（2006—2020）
设计单位：江苏省城乡规划设计研究院
所属类型：古镇型

■ 基本概况

沙家浜镇位于江苏省常熟市南隅，地处阳澄湖与昆承湖之间，北距常熟城区约18km，东南距上海约78km。东与古里镇、支塘镇毗邻，南与昆山市接壤，西南与苏州市相城区交界，西接辛庄镇、虞山镇，西北临昆承湖，北与古里镇、虞山镇毗连。苏嘉杭高速公路、锡太一级公路、常昆公路等区域性交通设施穿镇而过，全镇总面积约80.4km²。

沙家浜镇是全国重点镇、国家级历史文化名镇、江苏省重点中心镇。沙家浜在中国人民革命斗争史中占有悲壮、光辉的一页，中心镇区为江南有名的水乡大镇，历史上素有"金唐市"之称。沙家浜镇先后获得"江苏省历史文化名镇"、"环境优美镇"、"国家卫生镇"、"中国休闲服装名镇"、"江苏省文明镇"等称号。镇域内的芦苇荡风景区被评为"国家城市湿地公园"。

沙家浜镇属亚热带季风性湿润气候，四季分明。冬季少雨寒冷，夏季炎热多雨，春秋两季气候呈现干湿、冷暖多变的特点。年平均气温15.4℃，平均全年日照时数为2202.9h。全年平均降水量1055.8mm，其中4至5月为梅雨，9月为台风秋雨，暴雨多出现在梅雨和台风季节。平均无霜期为242d。全年以东南风为主，7至9月常受台风影响。

沙家浜镇属于昆承平原，是太湖四大湖群中的阳澄湖、昆承湖群分布区，素有"江南水乡"之称。全镇地势由西向东降低，大部分农田在太湖平均水位以下。

2005年年末，全镇常住人口7.27万人，镇区总人口4.17万人，其中户籍人口1.15万人，镇区现状建设用地5.3km²。2005年完成地区生产总值29.71亿元，城市化水平达到57.5%，三次产业比例为6.9：67.8：25.3，第二产业优势显著，工业经济已基本形成纺织、轻工、电子三大支柱产业，其中玻璃模具和印染服装尤为突出。经济社会发展水平居于常熟市各乡镇前列。

■ 规划思路

以经济建设为中心，以富民强镇和实现农村现代化、建设社会主义新农村为目标，以发展为主题，以结构调整为主线，以改革开放和科技进步为动力，立足沙家浜实际，实施科教兴镇、经济特色化、集聚发展和可持续发展战略。"改造老镇设施、完善功能分区、凸显环境特色"为总体思路，规划充分挖掘和利用沙家浜镇历史文化优势和全国爱国主义教育基地影响力，加强文物古迹和生态环境保护，加快发展旅游业为龙头的第三产业，积极发展观光型、生态型、设施型等特色农业，加快培育以旅游产品生产为特征的新的工业增长点，完善中心镇区和办事处作为风景旅游的服务配套职能，建设国家级历史文化名镇和具有鲜明特色的江南水乡旅游名镇。

■ 用地布局规划

1. 用地发展方向
中心镇区受到苏嘉杭高速公路、锡太一级公路、常熟市

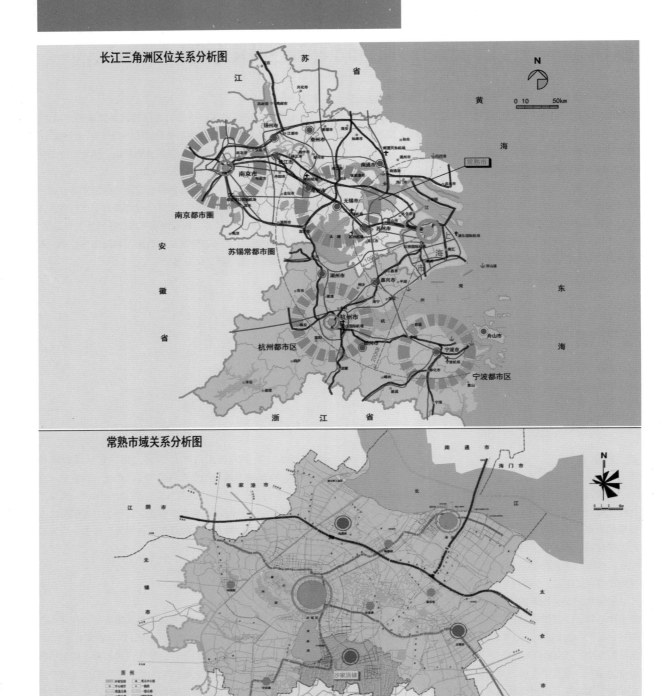

長江三角洲区位关系分析图

常熟市域关系分析图

▲ 区位分析图

环城一级公路等高等级公路和西侧横泾塘等自然界线的制约，
镇区发展方向：工业用地统一集中至锡太一级公路以北的工
业园区和渔涟泾以北的私营工业园内；居住用地主要在现状
基础上先向北后向南拓展。

办事处用地受到227省道复线、锡太一级公路等高等级
公路和西侧昆承湖等自然界线的制约，其发展方向为：保留
完善本片南部的工业用地，居住用地主要在现状基础上逐步
向南发展，旅游度假用地远期发展昆承湖南侧旅游度假用地。

2. 用地结构

城镇空间形成"一镇两片、一主一副"的布局结构，即
城镇由东侧的中心镇区和西侧的办事处组成；两片之间为芦
苇荡风景名胜区用地；农村居民点因地制宜、适度集聚布局；
农业空间布局形成南部以特色水产养殖业为主，北部以高效
种植业为主的结构。

3. 历史文化遗产保护规划

规划着眼于对沙家浜古镇历史资源的挖掘、历史格局

图
例

一类居住用地　　　文化设施用地　　　集贸市场用地　　　三类工业用地　　　其他公共设施用地　　　停车场用地　　　天然气加压站　　　水域　　　高压线

镇政府　　　宗教设施用地　　　其他公共设施用地　　　仓储用地　　　镇村道路　　　工程设施用地　　　加油站　　　农林用地　　　天然气管线

行政管理用地　　　医疗保健用地　　　一类工业用地　　　高速公路　　　镇区道路　　　变电所　　　公共绿地　　　养殖用地　　　市界

中小学　　　商业金融用地　　　二类工业用地　　　一级公路　　　广场用地　　　邮政局　　　防护绿地　　　农村居民点　　　镇界

其他公路

昆　山　市

0　100　　300　　500m

▲　镇区用地现状图

的保护、历史遗迹的修缮、历史环境的整治、历史风貌的引
导和历史文化的传承。历史文化遗产保护规划范围包括古镇
区和芦苇荡风景名胜区。其中古镇区为规划核心区域，为东
至华阳桥金桩路一线，南至南新桥中环路，西至繁华街语溪
里，北至北新桥河北街沿线，总面积 22.6hm²，规划保护建筑

共计 20 处。划定保护区及建设控制地带。保护区以尤泾河、
语濂泾、金桩浜、河东街、河西街、河北街、倪家弄为中心
向两侧延伸 40～50m 范围，界线范围 9.3hm²（包括河流面
积 1.9hm²）；建设控制地带是在历史文化街巷保护范围以外，
古镇区保护范围以内，东至华阳桥金桩路一线，南至南新桥

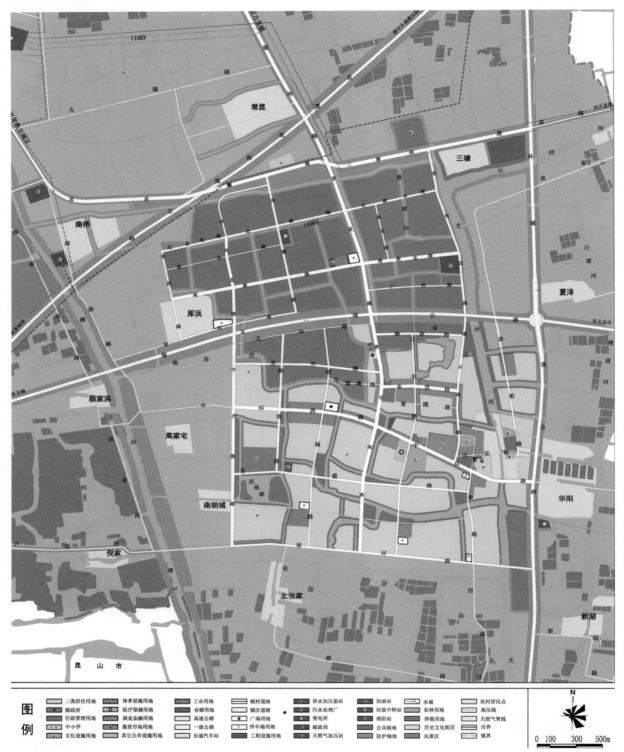

图例

二类居住用地	体育设施用地	工业用地	镇村道路	供水加压泵站	加油站	水域	农村居民点
镇政府	医疗保健用地	仓储用地	镇区道路	污水处理厂	垃圾中转站	农林用地	高压线
行政管理用地	商业金融用地	高速公路	广场用地	变电所	消防站	养殖用地	天然气管线
中小学	集贸市场用地	一级公路	停车场用地	邮政局	公共绿地	历史文化街区	市界
文化设施用地	其它公共设施用地	长途汽车站	工程设施用地	天然气加压站	防护绿地	风景区	镇界

0 100 300 500m

▲ 镇区用地布局规划图

中环路，西至繁华街语溪里，北至北新桥河北街沿线，范围 22.6hm²。

镇域历史文化保护规划以朗城潭、市泽潭、儒滨为历史环境点，在新城镇建设中要利用其环境特色体现历史文化内涵。全镇重点挖掘和保护革命戏剧（沪剧《芦荡火种》和京剧《沙家浜》）、石湾山歌、周神庙庙会、织夏布、水乡婚礼、龙船竞渡、编竹器、花灯、芦苇画、沙家浜革命故事等10项非物质文化遗产。

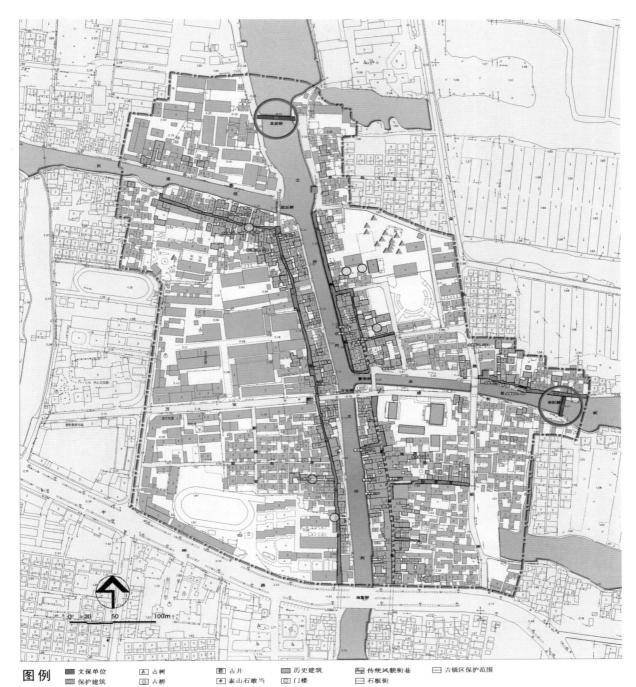

图例 ■ 文保单位 △ 古树 ▣ 古井 ■ 历史建筑 ▤ 传统风貌街巷 ▭ 古镇区保护范围
　　　　 ■ 保护建筑 ◎ 古桥 ◉ 泰山石敢当 ◎ 门楼 ▤ 石板街

▲ 历史文化建筑及环境要素现状图

■ **规划特点**

　　1. 在空间上实现了"工业向园区集中，人口向城镇集中，居住向社区集中"的集聚发展布局。

　　2. 中心镇区采用单中心团块状布局结构。

　　3. 镇区建设尊重地方民俗风情和生活习惯，保护自然肌理，合理规划历史文化街区的保护范围，突出地方特色和乡村风情。

　　4. 沿中心镇区主要河道两侧布置沿河绿带，构筑以水体和绿带为纽带的绿色生态网络，提升了生态内涵。

图
例　■ 文物保护单位保护范围　　　■ 古镇区保护范围　　□ 泰山石敢当　　　■ 保护建筑　　　　　□ 门楼　　　□ 河流
　　□ 文物保护单位建设控制地带　　▲ 古树　　　　　　□ 石板街　　　　■ 历史文化街区保护范围　　□ 古井

▲　保护范围规划图

图 例　　■ 修缮　　■ 拆除　　■ 整修　　⊡ 古镇区保护范围
　　　　　　■ 改善　　⊟ 历史文化街区保护范围　　■ 保留

▲　建筑保护整治模式图

交通型——吉林省松原市长岭县太平川镇

这类城镇一般是所在区域（县或区）的交通中心，地处交通要道，交通便捷，以交通运输业为核心的第三产业发达。细分又可分为铁路—公路型、公路型、港口型等。

地区：交通型镇一般分布在交通运输干线周边，毗邻国道、省道，或距铁路站点、高速出口较近的地区，在镇产业、镇布局结构上，受交通干线影响较大。

产业结构：由于交通型镇受交通条件影响，以物流交通业为主要形式，连带相关产业和第三产业，尤其是服务业也比较发达。

从业人口大部分服务于交通运输及其相关产业，镇区的发展和交通运输业的发展密切相关，同时，也有的镇因交通运输的便利而吸引了投资，促使第二产业的发展，从而向工业型镇转化。

用地类别：交通型镇产业一般是以交通运输相关产业为主，其他产业协同发展。产业沿交通枢纽和主要交通线布局。空间结构呈现明显的轴向延伸。人均用地指标符合国家标准，对外交通用地和仓储物流用地相对较多。用地布局初期以交通枢纽为核心、以交通线为轴向外扩散，路网结构受到交通枢纽及主要交通线路的影响。发展到一定阶段后对外交通线路将远离镇中心。景观轴线受交通线路影响，一般呈带状分布，凸显交通特色。

吉林省松原市长岭县太平川镇城镇总体规划

案例名称：吉林省长岭县太平川镇城镇总体规划（2005—2020）
设计单位：吉林省城乡规划设计研究院
所属类型：交通型

■ 基本概况

太平川镇是吉林省综合体制改革"十强镇"，位于吉林省松原市长岭县西北部，地处吉林、内蒙古两省区交界处。镇域总面积334.48km²，总人口48343人，其中镇区人口33746人。

太平川镇交通便利，太平川镇火车站为二级站，是平齐铁路、通让铁路的枢纽。省道S106和省道S207在此交会。

2004年太平川镇地区生产总值实现6亿元，工业增加值实现1.4亿元。

■ 规划思路

依托优越的交通区位条件，坚持"五个统筹"，进行各类农业生产基地、工业园区、商贸区的综合布局，实现整个区域互动发展。通过产业结构优化和调整，加强基础设施建设，实现人口、产业、商贸、教育、文化等要素向中心镇区聚集，提高中心镇区公共资源、基础设施利用率，突出和谐发展的规划理念，促进环境、经济与社会三者和谐发展。

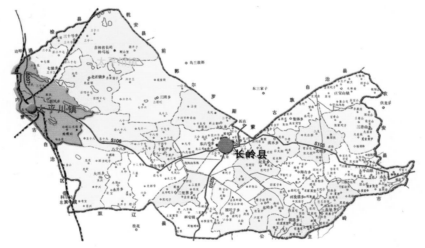

◄ 区位分析图

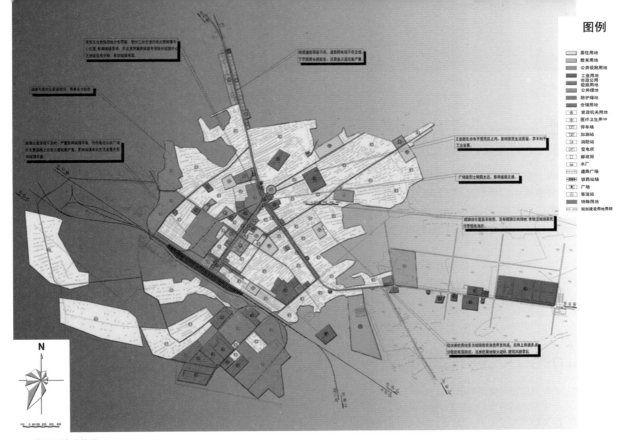

图例

居住用地
教育用地
公共设施用地
工业用地
市政公用
设施用地
公共绿地
防护绿地
仓储用地
党政机关用地
医疗卫生用地
停车场
加油站
消防站
变电所
水厂
道路广场
铁路站场
广场
客运站
特殊用地
规划建设用地界限

▲ 镇区用地现状图

■ 用地布局规划

太平川镇的产业布局形成"一带跨三区，一带辖两翼"的空间格局。

"一带"：以长白西线为主要发展轴带。

"三区"：空间上形成三个城镇集中建设区。

"两翼"：长白西线两侧的各类农业生产园区。

■ 规划特点

1．把社会主义新农村建设融入到规划当中，强调和谐发展的规划理念。

2．增强了镇区的综合防灾能力。

3．镇区划分为居民生活区、文教区、商贸区、工业仓储区等不同类型区，分区进行生态环境保护。

4．规划注重公众参与性，广泛听取各部门和群众意见，加大公众参与的力度。

▼ 镇区用地布局规划图

图例

居住用地
教育用地
公共设施用地
工业用地
市政公用
设施用地
公共绿地
防护绿地
仓储用地
党政机关用地
医疗卫生用地
道路广场
铁路站场
广场
客运站
停车站
加油站
消防站
变电所
邮政局
水厂
污水处理厂
气源厂
环卫机构用地
集中供热
锅炉房
体育用地
规划建设用地界限

旅游型——北京市房山区青龙湖镇

这类城镇一般文化底蕴深厚，拥有悠久的历史遗存，或有丰富的古建筑物，或邻近相当知名度的风景名胜区或旅游度假区等。类型细分为文化旅游型、景观旅游型、旅游服务型等。城镇规模适中，具有特殊的城镇性质和突出的环境优势。

产业结构：旅游业发展是带动小城镇发展的主要动力，就业人口中旅游服务业从业人员比例较高。

用地类别：一般公园绿地、公共服务设施用地比例较大。旅游服务型城镇居住用地和商业用地比例明显偏高。

用地布局：绿地以及风景名胜区用地较大，多数城镇组团布局特征明显。规划建设上注重旅游、休闲、度假、会议等服务业配套设施建设，注重地方特色产品的开发。规划设计中应加强特色塑造、景观设计、建筑风貌的控制，满足城镇旅游服务功能的景观要求。

北京市房山区青龙湖镇总体规划

案例名称：北京市房山区青龙湖镇总体规划（2005—2020）
设计单位：北京清华城市规划设计研究院
所属类型：旅游型

■ 基本概况

青龙湖镇紧邻良乡和燕房，距北京市区约35km。处于石景山、房山、门头沟和丰台西部地区的结合部，位于房山浅山区和平原区的衔接部。

镇域自然人文旅游资源丰富，拥有市级文物保护单位姚

广孝墓塔和神道碑，区级文物保护单位常乐寺与明太监墓、灵鹫禅寺、环秀禅寺、豆各庄塔、金大人墓等。

青龙湖镇镇政府位于坨里，2004年镇域有户籍人口总计4万人，镇区人口总计1.2万人，镇区建设用地322.99hm²，人均建设用地269.16m²。

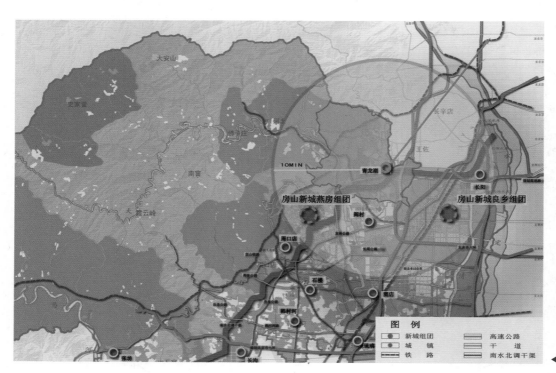

▲ 区位分析图

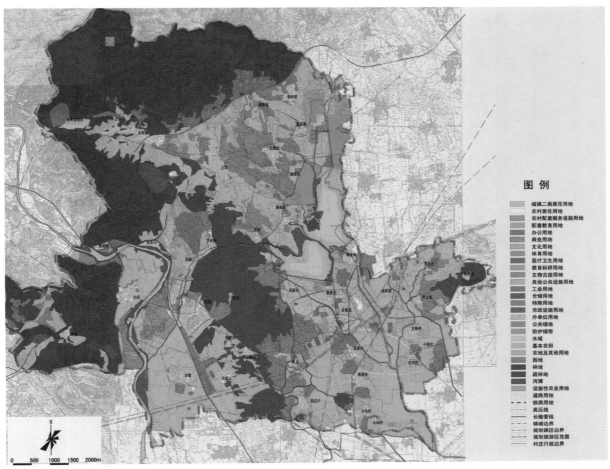

▲ 镇区用地现状图

■ 规划思路

规划统筹考虑区域内镇与乡村的均衡发展，保证基本农田的保护，注重以生态保护和恢复为重点，重点发展生态恢复产业、旅游文化产业、都市农业等生态型支柱产业；引导发展绿色人居产业；限制传统建材、能耗和污染较高的传统工业、传统种植业发展；以旅游服务业为核心布局城镇发展空间。根据村庄发展前景分为迁建安置村、城镇化整理村和保留发展村，建设节水型、节能型、节地型生态城镇综合服务组团和村落生态服务基地。在生态恢复和保持的基础上，建设以旅游文化产业、绿色人居产业为主导的区域级旅游休闲度假城镇。

■ 用地布局规划

1. 用地发展方向

坨里组团位于生态恢复区，应控制其发展，在规划保留原有规模的基础上进行整合。

城镇向东发展，依托便捷交通和现状崇各庄、豆各庄发

展形成青龙湖组团，作为城镇发展的主要空间。

在青龙湖组团以北依托崇青水库资源，发展旅游休闲文化产业，成为区域型旅游会展基地，形成城镇旅游服务就业核心。

2. 用地结构

镇区中心区由3个相对独立的部分构成：青龙湖组团、坨里组团和旅游服务组团。

青龙湖组团依托崇各庄、豆各庄跨过崇吕路向西发展，形成"一心、两团、两带"的布局模式。"一心"即在组团中心位置布局城镇中心公园和城镇核心公建区，安排行政、体育、商业、卫生、公园等公共服务设施；"两团"即组团整体分为东西两个居住组团，在两个居住组团的适中位置分别布局居住配套设施，安排中小学、社区商业、公共绿地等设施；"两带"即依托组团内部的水系形成两条绿化景观带，将组团各个功能空间有机地联结在一起。在紫十路以西相对比较独立的位置，考虑安排山区险户安置居住组团；依托京良路西延长线的便捷交通，在良坨路以南布局区域专业市场。

坨里组团发展受地形限制较多，主要依托阎东路和良坨路在其两侧布局。整个组团考虑作为一个居住区配套，在组

图 例

- 城镇二类居住用地
- 农村居民点用地
- 农村配套服务设施用地
- 配套教育用地
- 办公用地
- 商业用地
- 文化用地
- 体育用地
- 医疗卫生用地
- 教育科研用地
- 文物古迹用地
- 其他公共设施用地
- 工业用地
- 仓储用地
- 特殊用地
- 市政设施用地
- 外单位用地
- 公共绿地
- 防护绿带
- 水域
- 旅游发展用地
- 景区设施用地
- 基本农田
- 农田及其他用地
- 林地
- 设施性农业用地
- 发展备用地
- 道路用地
- 铁路用地
- 高压线
- 长输管线
- 镇域边界
- 镇区边界
- 旅游区范围
- 村庄行政边界

▲　镇区用地布局规划图

团中心位置、阎东路和良坨路路口周边布局核心公建配套区，安排行政、中小学、社区卫生院、商业文化设施等；依托组团内的水系形成贯穿南北的公共绿地景观带，依托组团内部小山规划 2 处组团公园；依托阎东路安排区域商贸中心，清理沿路发展的马路商贸经济，发挥坨里传统集市的功能。

旅游服务组团依托崇青水库旅游资源建设，在保障水库基本功能、保持好水库周边环境的基础上，发展度假会展休闲旅游产业，适当配置旅游服务设施和市政设施。规划保障水库的水域资源，沿湖控制 50m 宽的开敞绿地供旅游人群驻足观览。水库周边安排体育休闲区、生态景观观览区、运动文化公园、湿地景观保育区和郊野公园，并配套会展度假休闲设施用地。

■　**规划特点**

1. 在旅游服务组团安排旅游服务设施用地，形成区域级的会展旅游休闲基地，作为城镇主要产业发展用地，解决大量的城镇人口就业。

2. 旧区改造和新区开发相结合，合理布局，改善环境，逐步形成布局完整、设施齐全、环境优美，以多层住宅为主，富有特色的社区环境。

3. 依托镇区内的河流水系布置公园绿带，镇区内的城镇公园和块状组团公园形成网状绿地系统，提升了镇区生态功能。

4. 住宅建设强调节能、节地的生态性住宅，在保障通风、采光、保温、隔热基础上，加大运用成熟的生态建筑技术力度。

商贸型——天津市蓟县邦均镇

这类城镇地理位置和交通条件有一定的优势，具有历史悠久的商贸传统，大多是商品集散地和集市贸易区，经济发展腹地较大，多为具有历史文化传统的区域性中心城镇。有的是传统的小商品和农副产品集散中心，批发和零售商业网点较多；有的已成为某一类小商品规模较大的集散地和专业市场。

产业结构：商贸业比较发达，地方特色产业明显。商贸业在产值构成和就业人口构成中均占有重要地位。

用地类别：建设用地中商业市场和服务业比例较高。

用地布局：规划设计中应注重商贸物流用地、商贸服务用地的协调，加大物流基础设施建设和商贸公共服务设施的建设，注重培育特色专业市场，围绕专业市场建设，组织城镇用地布局。

天津市蓟县邦均镇总体规划

案例名称：天津市蓟县邦均镇总体规划（2006—2020）
设计单位：天津市城市规划设计研究院
所属类型：商贸型

■ 基本概况

邦均镇位于天津市北端，蓟县西部。西距北京 75km，南距天津市区 90km。属暖温带半湿润大陆性季风气候，年平均气温 12℃，无霜期 195d，年平均降水量 678.6mm，平均海拔 30m 左右。全镇辖 43 个行政村，总面积 34.79km²，村庄建设用地 1036.5hm²。京秦、大秦两条铁路横贯镇域北部，国家一级公路京哈公路穿镇而过。邦均镇现有总人口 32491 人，其中常住人口 29486 人。全镇共有农村劳动力 9300 人，地区生产总值 10.06 亿元，三次产业的结构比为 6：39：55，农民人均纯收入 7271 元。

■ 规划思路

规划镇域形成"一镇区两中心村"镇村体系。其中一镇区指邦均镇镇区，以第二、第三产业为主，镇区外围区域发展特色高效农业。深度挖掘文化内涵，塑造邦均镇独有特色、充满魅力、丰富多彩、生态宜居的城镇空间。两中心村分别为李庄子村和大孙各庄村，适当以填充式发展。

▲ 区位分析图

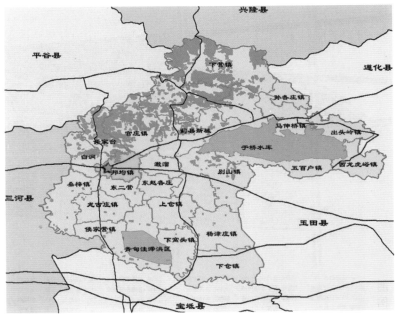

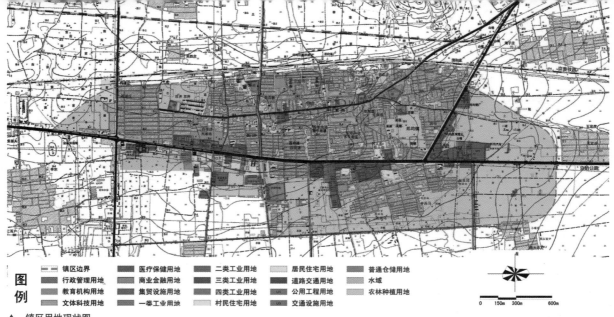

▲ 镇区用地现状图

用地布局规划

邦均镇镇区规划结构为："三区、双十字"的空间结构布局。

"三区"：以现状京哈公路为界将镇区分成南、北两区和工业小区。其中南区发展成为以汽车修配、销售为主体的配套服务区；北区发展成以邦均大街为核心的商业、文化、居住为主体的综合区。

"双十字"：以现状主要道路为框架组成的带动区域发展的主、副两个十字形轴线结构。

主"十字"是现状京哈公路与官东公路组成的十字结构，现状镇区的主要工业项目、汽车修配等都依着两条公路呈带状布局。本次规划继续延续两条干道的带动作用，使之成为城镇主要生长轴线，同时考虑到汽车修配等工业项目的环境影响，规划将现状汽车修配等具有较高环境污染的工业项目迁移至镇区北部的工业园区。

副"十字"为邦均大街和南北大街组成的十字格局。邦均大街作为邦均镇商业、文化的主要街道，保留着大量的历史文化遗迹，规划形成北区的商业、文化、居住核心轴线，交口处形成镇区文化娱乐核心。规划南北大街以绿化、文化为主题，形成镇区文化娱乐核心轴线，成为邦均镇的"文化轴"。

规划特点

1. 通过合理配置土地资源实现产业经济、基础设施、生态环境、社会事业的统筹协调发展。

2. 延续了邦均镇镇区商贸、文化格局，塑造具有邦均镇特色、生态宜居的城镇空间。通过建设"双十字"发展轴，带动全镇经济发展，提升村镇居民生活水平与环境品质，实现居民生产方式和生活方式的两个飞跃。

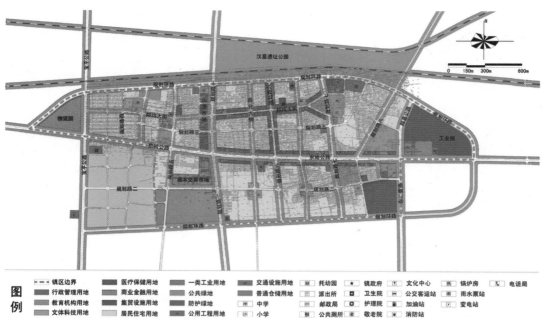

▲ 镇区用地布局规划图

生态型——江苏省苏州市昆山市锦溪镇

这类城镇具有较好的生态环境要素。城镇社会、经济、自然协调发展，物质、能量、信息高效利用，生态良性循环。类型细分为环境生态型、工业生态型、景观生态型城镇。

产业结构：或以第一产业为主，有蔬菜基地、林果基地、畜禽基地等，并有为其服务的产前、产中、产后的服务体系和专业市场；或以一、二、三产业综合协调发展为主。循环经济产业体系、完善的城镇基础设施成为支撑产业发展的重要基础。

用地类别：区位选择上具有边缘指向，自然要素指向性明显，生态环境较好；城镇建设用地的公共绿地和生态绿地比重较高。

用地布局：城镇用地条件分化，空间形态系统开放，注重生态环保体系建设，生态林带、生态园区、生态建筑的布局较多。规划中应从生物多样性出发，重点强化对生态环境的保护，生态绿地系统建设，拓展公共绿地，以山、水为架构，形成环、点、楔形和网状绿地相结合的城镇绿地系统结构模式。

江苏省苏州市昆山市锦溪镇总体规划

案例名称：锦溪镇总体规划（2007—2020）
设计单位：江苏省村镇建设服务中心
所属类型：生态型

■ 基本概况

锦溪镇位于江苏省昆山市西南 23km 处，东与淀山湖镇隔湖相望，南与上海市青浦区商榻镇接壤，西与周庄镇相邻，北与张浦镇、吴中区甪直镇交界。

锦溪，以溪得名，志载："一溪穿镇而过，夹岸桃李纷披，晨霞溪辉尽洒江面，满溪跃金，灿若锦带……"，故名"锦溪"。早在 4000 年前，就有先民在此繁衍生息。春秋时期已成集镇；汉代渐趋繁荣；唐代文学家陆龟蒙在锦溪留有"三贤祠"；南宋时期孝宗帝赐名陈墓，时属军事重镇；自南宋绍兴元年（1131年）始以浦河为界，有两县分治，河东隶属昆山县，河西隶属长州县；清雍正二年（1724 年）分别隶属昆山县、元和县。以后行政区划数度更迭，其中大多由昆山、吴县直属管辖。1952 年年底浦河两岸区域合并，为昆山县直属镇；1992 年，恢复锦溪原名。"镇为泽国，四面环水"、"咫尺往来，皆须舟楫"。锦溪境内水域密布，河流纵横，镇域面积为 90.69km²，其中 52% 为水域面积，有大小湖泊、沼、荡 16 处，大小河流 228 条，内外水系相互贯连，古镇坐落在"五湖三荡"环抱中，宛如金波玉浪中的一颗明珠。

2006 年镇区现状人口 36862 人。全镇实现地区生产总值 165413 万元，其中第一产业为 9020 万元，第二产业为 77058 万元，第三产业为 79335 万元，三次产业结构比例为 5.5：46.6：48.0。人均国内生产总值 38308 万元，农民人均纯收入为 9584 元，较去年同比增长 15%。

■ 规划思路

规划对其未来发展进行合理分析，力求在众多古镇中彰显其特性，将城镇的性质确定为：昆山市南部以发展旅游产业为主导的集水乡古镇风貌及现代滨水风貌为一体的旅游型城镇。

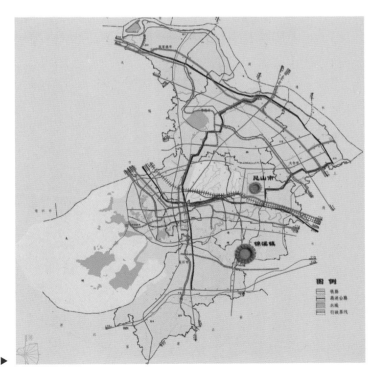

区位分析图 ▶

▲ 镇区用地现状图

■ 用地布局规划

古镇区长达 6km 的河道蜿蜒曲折如龙形，纵横南北，沿河石驳岸、码头和 36 座古桥形成一道亮丽的以"水"串联的风景线。结合这一特色，充分挖掘其文化内涵，努力营造精巧宜人的空间环境，形成"一心、两轴、五片区"的空间结构：即一个古镇保护核心区，两条城镇发展轴和西部古镇保护区、中部新水乡生活区、中部生态湿地区、东部工业集中区、南部旅游开发区五个片区。新水乡生活区依托原有水网空间形态，借用纵横密布的天然水系，将用地划分为二十余个大小不等的"岛状"用地，利用道路将各"岛"串联起来。

围绕建设"水上古镇"和"中国民间博物馆之乡"的发展目标，形成以水体景观为依托，以古镇、古窑群与民间博物馆为特色，以水乡休闲度假为重点，着力打造"三大旅游主题、六大旅游景区、五大旅游体系和六大特色产品"的旅游体系。

■ 规划特点

规划以区域协同发展为着眼点，探索区域统筹措施。以镇村产业布局、乡村旅游、水上文化、农村居民点集聚为切入点，探索城乡统筹途径。挖掘古镇灵魂，研究水之特色。规划从城镇水文化、水景观、水经济及水生态四个方面提出特色的建设方案，力图借助多种途径着力塑造城镇的"水性格"，并将"河、湖、桥、窑、馆"等实物元素具象化、意象化，突出锦溪"水上古镇"之美。

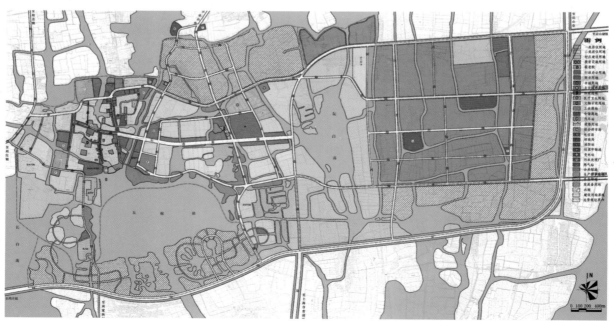

▲ 镇区用地布局规划图

文化型——北京市房山区窦店镇

这类城镇地理位置多与大都市相邻，与著名风景区、文化产业园区相近。一般历史文化悠久，手工业、特色产品制作等特色文化产业比较发达。当地人民的主要生活来源为文化产业的营业收入。类型细分为：文化产业园型、主题公园型、传统文化产品生产型、现代文化产品制造型。城镇知名度较高，城镇规模一般较大。

产业结构：以文化型产业为主导，带动第三产业协同发展。经济发展水平较高，地域特色文化产业成为城镇经济支柱性产业。部分城镇以文化产业园、主题公园为突破口，推动城镇经济转型。

用地类别：居住用地、公共设施用地、绿地、交通用地比例比较协调，镇发展较为均衡，人均用地指标符合国家标准。

用地布局：文化产业主要布局在交通比较便利的文化产业园区或者该区域的文化历史遗址。规划中要注重传承历史文化脉络，凸显区域文化底蕴，强化文化园区建设。

北京市房山区窦店镇总体规划

案例名称：北京市房山区窦店镇总体规划（2005—2020）
设计单位：北京清华城市规划设计研究院
所属类型：文化型

■ 基本概况

窦店镇位于房山区东部平原的南部，地处 107 国道良琉经济走廊，地势平坦，城镇建设发展阻力小。该镇距房山区政府驻地 13.2km，距北京市区 40.2km，交通十分方便。随着北京市六环路、北京城铁的建设，使得窦店镇的区位优势更加突出。

窦店镇境内历史文化资源丰富，如汉代"窦店土城"，是汉代良乡县古城，隋末农民起义军领袖窦建德部曾在此屯兵，属市级文物保护单位；位于望楚村的弘恩寺，始建于明万历年间，距今已有 400 年历史。镇区内还有清真寺、辽代古塔。琉璃河境内国家级文物保护单位西周燕都遗址与本镇的土城遗址毗邻，两者互相依托，成为重要的历史文化资源，加上与房山新城的紧密联系和与北京市区的便捷交通，是窦店镇发展文化、旅游等第三产业的先天优势。

窦店镇现有农业基础较好，全镇地势平坦，土壤肥沃，地下水资源丰富。

窦店镇域现状有户籍人口 11282 户、38582 人，现状镇区人口共 2.3 万人，建设用地 440.78hm²。

■ 规划思路

以京石高速公路和京保公路为城镇综合服务发展主线，以现代制造业、房地产、教育产业、文化娱乐、商贸业等为核心，沿窦大路、房窦路两条轴线规划西部绿色人居综合区（文教、绿色人居、商业文体、行政文化）、东部现代制造业产业区（发展制造业、都市型工业）、外围生态农业旅游区。根据村庄发展前景迁建安置村、城镇化整理村和保留发展村，分类进行村庄整理，打造以现代都市工业、都市农业、绿色人居和教育产业为主导发展的生态型重点城镇。

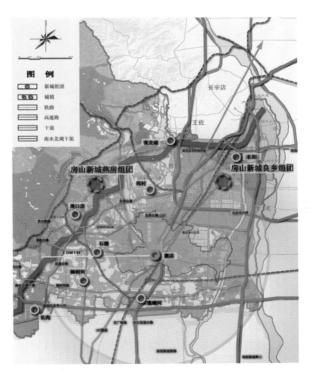

▲ 区位分析图

▲ 镇区用地现状图

▲ 镇区用地布局规划图

■ 用地布局规划

1. 用地发展方向

受大石河、高速公路和窦店土城遗址保护区的限制，镇区西区沿窦大路呈南北向带状延伸。镇区东区在京广铁路以东，与房山新城配套工业用地共同形成规模产业基地，未来可向东、向北拓展用地。

2. 用地布局

空间布局为"一线五区"。

（1）镇区西区是全镇行政、经济、文化、科技信息和商贸中心，将逐步发展成为环境优美、适宜居住、配套设施完善、第三产业发达的中心城镇。东至京石高速公路，西至窦大路，南至京保公路。

（2）以窦大路为主线，外围以长周路和紫十路为界，内部以青云北路、"房黄亦"联络线为划分依据，将镇区由北至南划分为北部综合居住区、中部商业文体中心区、南部行政文化综合区三部分。

北部综合居住区——对该区内于庄村和下坡店村继续实施旧村改造，理顺村庄之间的道路系统和与外界的联系，推动城镇化；规划建设沁馥园、沁慧园、沁园春景等居住小区。

中部商业文体中心区——主要安排未来的商业中心、文化娱乐中心、居住新区、绿地景观、体育中心、广场等设施，创造全新的生活环境。

南部行政、文化综合区——建设山水汇豪居住小区、燕都科学城，重点建设京南嘉园居住小区和窦店镇青年公寓；以镇政府为中心，同时向西扩大，形成未来镇区行政中心。

（3）镇区东区（工业区）位于京广铁路以东，以工业用地为主，与东部、北部的房山新城配套工业用地共同构成新型建材产业研发基地。

■ 规划特点

1. 人工环境与自然地形高度融合，建设绿色城镇。
2. 建设高效畅通的交通网络和舒适高效的城市基础设施。
3. 构筑可持续有弹性的城镇发展结构。
4. 集中紧凑地组织生活居住用地，分级配套各级公共服务设施，注重绿化系统的引入，生活居住区功能明确、建设有序、方便生活、便于管理。
5. 住宅建设强调节能、节地的生态型住宅，应用成熟的生态建筑技术。

综合型——安徽省芜湖市繁昌县孙村镇

这类城镇一般地处区域中心，产业结构比较协调，各项职能均衡。城镇的综合性突出。我国城镇中传统综合型城镇较多，历史虽悠久但遗存不多，地方特质的风俗习惯被现代城镇生活替代，城镇特色不甚鲜明。类型分为传统综合型、区域中心型和综合发展型等。

产业结构：区域中心和综合发展型城镇一般产业门类齐全，一、二、三产业都比较发达，城乡功能较为齐全，辐射能力较强。

用地类别：基础设施配套较好，社区结构较为完整，在建设用地上，比例协调、结构合理。多数城镇商贸用地和工业用地比例较高。

用地布局：规划设计中应注重城镇综合协调发展，强化功能分区的融合与发展，突出产业园区布局与建设，打造现代化、综合型、多功能、创新型的城镇特色。

安徽省芜湖市繁昌县孙村镇总体规划

案例名称：安徽省繁昌县孙村镇总体规划（2007—2030）
设计单位：中国建筑设计研究院城镇规划设计研究院
所属类型：综合型

■ 基本概况

繁昌县孙村镇是安徽省级中心镇、芜湖市重点中心镇。位于安徽省芜湖市与铜陵市交界地区，为芜湖市的西大门，距繁昌县城 8km。沪铜铁路、沿江高速公路及规划中的宁安城际铁路穿镇而过。

孙村镇下辖 21 个行政村和 2 个居委会。截至 2009 年年末，镇域总面积 154km²，全镇总户数 18105 户，总人口 69826 人。镇建成区总面积 4.3km²，总人口 33800 人，其中城镇户籍人口 25400 人。

至 2009 年年末，孙村镇地区生产总值完成 12.30 亿元，三次产业比值为 8.22：71.87：19.91，农村人均纯收入 8101 元。孙村服装工业区是芜湖孙村省级经济开发区及皖东南最大的乡镇纺织服装加工基地，先后被授予"全国文明村镇"、"中国出口服装制造名镇"、"安徽省村镇建设十佳镇"、"安徽服装第一镇"等称号。孙村镇拥有国家级重点文物保护单位"人字洞"遗址和国家"AAAA"级旅游景区马仁奇峰，以及新四军 3 支队司令部旧址。

孙村镇年平均气温 15.9℃，年平均降雨量 1224mm，年日照时数 2068h，全年无霜期 234d。孙村镇属江南丘陵地区，北部、东南部多为山地丘陵，中部、西部为平原圩区。

■ 规划思路

1. 资源保护与可持续利用在规划中重点体现在对水、土地、风景旅游资源的保护与永续利用。

2. 规划基于统筹城乡发展、统筹区域发展、统筹经济社会发展、统筹人与自然和谐发展、统筹国内发展和对外开放，并积极促进社会主义新农村建设。

3. 规划城镇形态及布局结构与人口配置、产业发展、环境容量、环境保护相协调，与区域可持续发展目标相一致，保证城镇运行的高效率、高效益、低能耗，并构筑综合性、多功能的绿地系统。

4. 规划保护自然、风景区、人文遗迹等公共资源，强化基础设施、公共服务设施等公共设施的配套；在生态环境、道路交通、社会公共服务设施体系、公共绿地规划方面设置最低标准，体现和保护公共利益。

5. 与土地利用总体规划密切结合，加强对环境和耕地资源的管理保护与开发利用，合理开发利用土地。

■ 用地布局规划

孙村镇区形成"一心、三轴、三区、多组团"的规划布局结构。

"一心"——镇区中心。

"三轴"——沿芜铜路形成的城镇建设轴、沿青棠河滨河绿带形成的生态景观轴、沿荻黄路形成的经济开发区建设轴，城镇建设轴和生态景观轴串联三个组团及多个城镇功能中心。此外，分别沿政通路、孙荻路和星火路形成次要城镇建设轴和次要生态景观轴。

"三区"——孙村中心镇区、西部的芜湖孙村经济开发区和北部生态休闲区。

"多组团"——结合自然水体、铁路专用线防护带划分形成的多个组团，包括孙村中心组团、孙村高铁组团和经济开发组团。

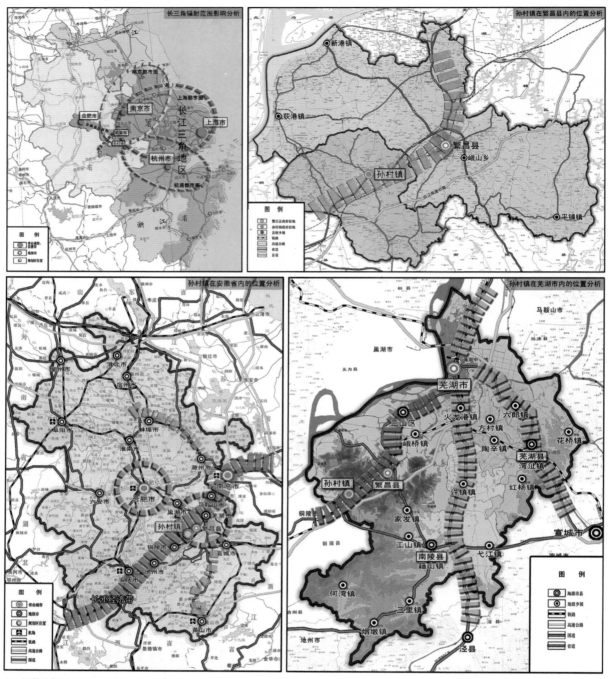

▲ 区位分析图

■ 规划特点

充分利用现有资源优势，统筹城乡发展，调整并完善城镇产业结构，推动孙村镇的城镇化进程。同时积极招商引资，大力引进工业企业，发展全镇旅游及商贸产业，增加政府财政收入，提高人民收入。

充分考虑镇区工业产业发展的需求，重点协调好产业发展与土地利用政策，明确城镇发展方向，解决镇区空间布局的调整与重构。实现老镇区与新区、居住区与工业区协调发展。并加强对镇区自然山水环境及"人字洞"遗址的保护与利用。

突出地方特色，保护现有生态环境，并充分利用镇区及周边地区的地形、人文景观条件及山、水、林等环境要素，创造和谐宜人的居住环境，塑造特色城镇，提升城镇整体形象，提高综合竞争力。

▲ 镇区用地现状图

▲ 镇区用地布局规划图

第2章

乡建设用地优化配置图样

乡建设用地优化配置图样类型划分标准说明

乡、民族乡人民政府驻地的建成区和规划建设发展区，一般为全乡区域内政治、经济、文化和生活服务的中心。

乡政府驻地，是全乡的商业文化中心，由于政府驻地的影响，渐渐成为区域内的行政中心。

因地制宜进行乡建设用地优化配置，有利于切实解决乡政府驻地在发展中存在的问题，以便制定各种政策和措施，促进乡政府驻地健康可持续发展，从而指导乡的规划和建设。为归纳乡的发展特点、规划理念及方法，乡建设用地优化配置图样按照乡政府驻地的功能划分成不同类型。

一、乡政府驻地的地位和作用

1. 乡政府驻地是全乡的政治、经济和文化中心，具有重要地位。

乡政府驻地是全乡经济发展水平较高的地区，起到带动周边农村地区共同发展的作用。乡政府驻地也是该地区社会文化活动的集中地，是全乡贸易、交流的集散地。

乡政府驻地是一定地域内的农村经济中心，它由农村发展而来，也是农村进一步发展的动力源。

2. 乡政府驻地对全乡的社会经济发展起着举足轻重的作用。

（1）乡政府驻地的发展影响着农业发展的市场环境和条件。

（2）乡政府驻地的发展影响着农村经济结构的转变。

（3）乡政府驻地的发展影响着农业现代化的建设。

（4）乡政府驻地的发展影响着农村基础设施和公共服务体系的建设。

二、我国乡政府驻地的分类

1. 分类的依据

我国地域广阔，自然环境、文化传统、社会经济发展水平差异极大。乡政府驻地数量多、分布广，相互之间自然环境、经济基础、发展条件和发展潜力的差异突出，因此，综合分析各类乡政府驻地的发展条件成为科学划分乡政府驻地类型的关键。

从地理区域、产业经济、乡的职能等因素对乡政府驻地分类进行研究，试图比较系统地归纳具有代表性的特征，通过比较，最终选定一种分类方法进行划分。主要分类方法有：

（1）根据产业和经济发展状况，把乡政府驻地分为以一产、二产或三产为主的乡政府驻地。按照产业所占经济总量的比重划分，有利于根据产业配比和未来产业的发展方向调整土地的配置及应用。

（2）根据乡的职能不同，把乡政府驻地分为商贸、交通、行政等类型。

（3）根据地貌特征，可把乡政府驻地分为山区、平原、丘陵、高原等类型。按照地貌条件划分的乡，其整体建设布局特征较为突出，尤其是乡政府驻地随着地貌的不同，具有不同的空间形态，这对于研究乡政府驻地的空间特点和布局结构起着重要作用。

（4）根据居民聚集程度，把乡政府驻地分为散居型和集居型等。应用此分类方法并结合地形条件进行分类，乡政府驻地的空间形态较为明显和直观。

（5）根据行政建制单位名称，把乡政府驻地分为乡与民族乡。民族乡具有一定的文化特色和地域特色，产业建设也将受到影响，因此可将此种划分方式与产业划分相结合，综合考虑。

2. 分类的结果

鉴于我国具有广阔的地域及复杂的地貌条件，为避免遗漏典型的、关键的信息，本分类方法不采用单一的、平均的因素分类，综合考虑产业、地理条件、职能等各项因素，把乡划分为十类：

（1）城郊型：该类型乡位于城市的边缘地带，与中心城区的距离较近。它主要依托和接受城市的技术、产业、经济和社会各方面的辐射发展全乡经济。

①分布地区：位于城市边缘、城乡结合部、近郊乡，具有交通便利、资源丰富、信息便捷的特点。

②产业结构配置：产业结构以服务城市为主，一部分乡发展了自身的产业，服务于城市，一部分接受了城市转移的产业，形成了城郊型的乡，同时，城郊型的乡具有和城市相近似的生活方式。

③用地类别：产业类型决定了乡的用地类别；城郊型乡的主导产业决定了不同式样的用地方式。

（2）工矿型：该类型乡是依托邻近的大中型企业和矿山而发展起来的乡。其主要特点是通过大力发展为工矿服务配套的第二、第三产业，来促使自身的基础设施和各项事业快速发展，与工矿企业共生共荣。因此，该类型乡以为大中型工矿企业协作配套生产服务为其主要功能。

①分布地区：围绕着大中型企业和矿山进行发展，我国东部地区偏多，渐有向西部转移的趋势。

②产业结构配置：工矿型乡政府驻地虽然基础设施建设较好，但都是紧紧依附在工业之上的建设，尤其是相关的产业链建设也是围绕工业开发。如果工业建设被关闭或者压缩规模，相关行业将受到很大影响，甚至影响全乡的经济建设。比如北京市房山区的大安山乡、史家营乡等，受到北京总体规划的控制，将全面退出资源开采行业，产业结构转型迫在

眉睫。

③用地类别：工矿型乡政府驻地由于基础设施建设较为突出，其建设用地比例也较大，一般超过50%。

公共绿地较为缺失，仓储用地严重缺失，全部是依靠企业自身的存储用地进行产品储存，也束缚了工矿型乡政府驻地的产业向更大更广的方向发展。

（3）工业型：该类乡企业比较发达，形成了一定规模，吸纳了大批的农村劳动力，工业企业的收入构成乡的经济基础，工业是其主导产业，而且伴随主导产业工业的发展，第三产业也会随之发展。因此，这类乡政府驻地以发展工业生产为其主要功能。

该类乡再细分为特色工业乡和一般工业乡。特色工业乡的主要特点是形成了以品牌为核心的特色产品、特色企业、特色产业，进而形成特色工业经济。

①分布地区：多分布于我国东部沿海地区。中部地区也有分布，西部地区较少。

②产业结构配置：以工业企业为主导的乡政府驻地，通过进一步加大工业产业建设和提高基础设施水平，发展乡域经济。大多情况下以一类工业、二类工业为主，个别的乡存在三类工业。

③用地类别特点：工业型村庄的工业用地面积随着工业产业的规模而产生变化。工业规模大，工业用地面积一般较大；工业规模小，工业用地面积就较小。分布在乡政府驻地一侧或两侧。

（4）交通型：该类型乡一般是所在区域（县或区）的交通中心，地处交通要道，交通便捷，以交通运输业为核心的第三产业发达。这类乡再细分，又可分为铁路枢纽型、公路枢纽型、港口型等。

①分布地区：交通型乡一般分布在交通运输干线周边，毗邻国道、省道，或距铁路站点、高速出口较近的地区，在乡产业、乡布局结构上，受交通干线影响较大。

②产业结构配置：由于交通型乡受交通条件影响，以物流交通业为主要形式，连带相关产业和第三产业，尤其是服务业，随着交通枢纽地位的作用也比较发达。

从业人口大部分服务于与交通运输相关的第三产业，乡政府驻地的发展和交通运输业的发展密切相关，同时，有的乡因交通运输的便利而吸引了投资，促使第二产业的发展，从而向交通型—工业型乡转化。

③用地类别：受交通枢纽地位作用的影响，以对外交通用地为多，仓储物流用地随着枢纽地位作用的增加而增加。乡政府驻地因交通运输而兴，所以用地布局受到交通线路的许多影响，服务性设施沿交通线路布置，发展方向也和交通线路有很大关系；有些情况下，交通运输型乡会分布一些工业产业。

（5）旅游型：该类型乡或遗存有丰富的古建筑物，或有深厚的文化底蕴，或有美丽的自然景观，以旅游业为核心的第三产业十分发达，旅游收入成为乡的主要收入。因此，这类乡以发展旅游业为其主要功能。此类乡政府驻地以自然和人文资源为依托，交通条件较好，知名度高，生态环境较好，但季节性交通问题严重，外来干扰大。

①分布地区：以区位优越、景色优美、特色鲜明的乡为主，在全国各地都有分布。

②产业结构配置：旅游型乡政府驻地拥有较好的交通、贸易和自然资源条件，产业结构清晰，产业链完整，需要在合理配置土地的情况下，发展第三产业，进一步推动乡域经济发展。

③用地类别：旅游型乡政府驻地，一般拥有一定的配套旅游服务设施，诸如餐饮住宿、休闲娱乐等，商业金融相对发达，因此所占建设比例比农业型高，但比工矿型低。

乡政府驻地的产业建设对该地区的用地配置起着至关重要的作用。乡政府驻地作为乡域内的中心，承担着主要的行政、经济和文化功能，它的用地一方面要根据产业建设进行调整，另一方面在基础设施上必须增加。

旅游型乡政府驻地依靠旅游产业带动经济发展，基础设施建设较好，无论是公共服务设施还是道路交通条件都较好。

（6）农业型：该类型乡农业资源较为丰富，人均耕地多，无论产值构成还是就业构成，农业均占绝对支配地位。因此，这类乡以发展农业生产为其主要功能，全乡的经济水平一般处于县（区）内的中等水平，农用地比例高。

①分布地区：此类型的乡分布在全国各地，其中多分布于我国中、西部地区，在东部沿海地区这类乡分布较少。

②产业结构配置：农业型乡政府驻地的产业建设以发展生态农业、特色农业和观光农业为主，配合旅游产业建设，打造以第一产业为主的第一、第三产业结合发展。因此，农业型乡政府驻地的用地配置将偏重于农用地的建设，开发农业生产设施用地。

③用地类别特点：农业型乡政府驻地地区由于其产业结构的原因，其建设用地比例较低，而且一些重要的用地类别缺失或是比例太低，影响了农业产业建设。一般诸如居住、公共服务设施、道路等建设用地较少，所占比例也较低。

（7）商贸型：该类型乡大多处于传统商品集散地和集市贸易区，拥有优越的区位条件和便利的交通，市场体系发育相对完善。因此，这类乡以发展商业贸易为其主要功能。

①分布地区：多集中于我国东部沿海地区，少量分布于中西部地区。

②产业结构配置：凭借着优越的地理位置条件和周边环境，以商贸业为主导，第三产业比重大，与商贸相关服务业比重也较大。商贸从业人口较多，外来从业人口也有一定比重。

③用地类别：公共设施类用地较多，尤其是商业设施用地，发展形势较好的商贸型乡政府驻地建有专业型商贸市场，围绕着商贸市场发展。一些商贸型乡还会发展一些工业产业，作为商贸业的补充。

（8）生态型：该类型乡一般具有较高的森林覆盖率，生态功能较好，地表水环境质量、空气环境质量、声环境质量均达到环境要求。重点发展生态农业、生态旅游、生态工业和生态文化产业。

①分布地区：大部分为生态环境较好的乡，经济发展、社会进步、生态保护三者相对和谐，技术和自然充分融合，环境清洁、优美、舒适。

②产业结构配置：以第一产业为主，重点发展生态农业，发展生态蔬菜种植业、林果种植业，在生态农业的基础上，发展生态旅游产业，同时注重生态工业和生态文化产业的发展。

③用地类别：具有一般乡的用地类别，其中乡政府驻地建设用地中公共绿地比重较高，人均公共绿地面积较大，森林覆盖率较高，污水处理、垃圾无害化处理等设施完善。

（9）文化型：该类型乡一般文化产业比较发达，当地人民的主要经济收入来源为文化产业的营业收入，文化产业成为其经济支柱性产业，主要分布于经济发展水平高的地区。

①分布地区：在经济发展水平较高地区分布较多，以特色产业、手工业、特色产品制作等文化产业为主导的乡，尤其是与城市相邻，与风景区、文化园区相近的乡。

②产业结构配置：文化产业是第三产业，也是朝阳产业，一些走在前列的乡大力发展文化产业，成为乡经济转型的突破口和新增长点，以文化型产业为主导，带动第三产业协同发展。

③用地类别：居住用地、公共设施用地、绿地、交通用地比例比较协调，乡发展较为均衡。

（10）综合型：该类型乡一般基础设施条件较好，社区结构较为完整，产业门类多，第一、第二、第三产业都比较发达，功能较为齐全，辐射能力较强。

①地区：经济发达地区分布较多，尤其是东部沿海地区，此类乡区位地理便利、交通优良、资源丰富、环境良好。

②产业结构配置：综合型的乡产业结构均衡，发展势态良好，第一产业、第二产业、第三产业均有分布。

③用地类别：三种类型的工业用地均有分布，或形成产业园区，和其他类用地一同分布，协调发展。

城郊型——河北省衡水市饶阳县王同岳乡

该类型乡位于城市的边缘地带,与中心城区的距离较近,承担城市的部分功能和作用。它主要依托和接受中心城市的技术、产业、经济和社会各方面的辐射,发展全乡经济。

1. 分布地区:位于城市边缘、城乡结合部、近郊乡,具有交通便利、资源丰富、信息便捷的特点。

2. 产业结构配置:产业结构以服务城市为主,一部分乡发展了自身的产业,服务于城市;一部分乡接受了城市转移的产业,形成了城郊型的乡,同时,城郊型的乡具有和城市相近似的生活方式。

3. 用地类别:产业类型决定了乡的用地类别,城郊型的乡的主导产业决定了不同式样的用地方式。

河北省衡水市饶阳县王同岳乡规划

案例名称:饶阳县王同岳乡规划(2010—2020)
设计单位:河北北望城乡规划设计有限公司
所属类型:城郊型

■ 基本概况

王同岳乡位于饶阳县中西部,处于北纬38°12′~38°14′,东经115°36′~115°43′之间,东接留楚乡,南连五公镇和东里满乡,西和安平县接壤,北临饶阳镇,乡政府驻地距饶阳县城2.5km,肃衡路(282省道)东北—西南向纵贯全乡,正港路(302省道)东西向横穿乡域北部。

王同岳乡年平均气温12.5℃,年均降水量518.9mm,无霜期平均194d,光照充足,全年日照时数2745.2h,日照百分率为62%。地震烈度为7度。

王同岳乡地势北部平坦,南部略高,由西向东微度倾斜,平均海拔高度20.45m,地面径流落差相对较小,利于耕作。全乡土壤以砂质潮土、砂壤质潮土、轻壤质潮土为主,适宜种植冬小麦、玉米、油料作物、蔬菜和林果。

乡政府驻地位于乡域东部,建成区范围包括王同岳、圣水两个村。常住总人口2578人。

乡政府驻地是全乡的政治、经济和文化中心。建有乡政府和乡直各管理部门,还有电管所、初级中学、卫生院、信用社等各种服务机构。圣水村中心街有集贸市场一处,占地12亩。乡政府驻地有河北宏泽锅炉制造有限公司、红利纺纱有限公司、饶阳县同岳棉纺厂、超儒纺织有限公司等企业。

乡政府驻地现状建设用地83.02hm²,其中公建占地8.89hm²,生产性建筑占地5.43hm²,生活居住占地52.92hm²,道路交通占地14.3hm²,人均建设用地322.03m²。

饶阳县在衡水市的位置图

王同岳乡在饶阳县的位置图

区位分析图 ▶ 图例 县城 乡镇 铁路 河渠 省道 高速公路 县城环路

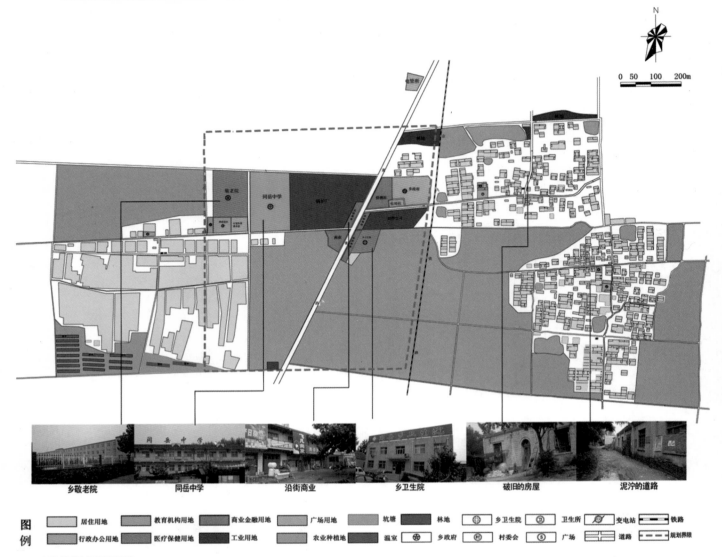

乡敬老院　　　　同岳中学　　　　沿街商业　　　　乡卫生院　　　　破旧的房屋　　　　泥泞的道路

图
例
　居住用地　　　教育机构用地　　　商业金融用地　　　广场用地　　　坑塘　　　林地　　　⊕乡卫生院　　　卫生所　　　变电站　　　铁路
　行政办公用地　医疗保健用地　　　工业用地　　　　　农业种植地　　温室　　⊗乡政府　　　村委会　　　广场　　　道路　　　规划界限

▲ 乡政府驻地用地现状图

规划思路

　　规划建设的大广高速从乡域西部穿过。针对乡域道路交通现状，结合乡村道路"村村通"工程，本规划重点是提高道路等级，形成完整、环通的道路网络。结合县城总体规划，规划在乡域西部建设县道，连通西张岗和东里满，构建县域"里满—五公—留楚—大尹村—大官亭—西张岗—里满"的环路体系。

用地布局规划

　　1. 从生态小城镇的角度改善街道环境。设置多层次绿化空间，改善街道物质环境，同时加强街道景观空间的界定，

改善空间比例；沿街建筑统一设计，运用特定的主题，在立面上力求风格明确统一，层数上加以变化形成丰富的天际线；在平面上注重空间的收放，结合层数的变化，创造丰富有序的街道空间。

　　2. 从人的角度改善步行环境。增设步行道设施，提高步行道景观质量；构造过渡空间，满足步行和景观的双重需求，如行道树和商店雨篷对步行道形成遮蔽，同时利用雨篷、广告牌营造商业气氛。

　　3. 为方便识别乡政府驻地功能结构空间，设置地域标志系统。强化地域间的联系，反映地域的历史文脉，增强居民的归属感，并创造具有鲜明特色的地域形象，增添地方魅力和文化品位，强化地域特色的标志。

　　规划布局结构为："一心、一带、三组团"。

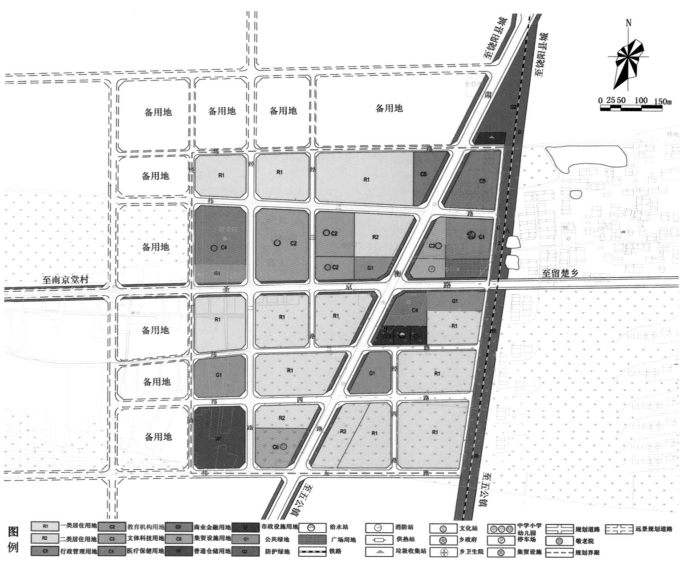

图例

R1	一类居住用地	C2	教育机构用地	C5	商业金融用地	U	市政设施用地		○	给水站		消防站		文化站		中学小学幼儿园		规划道路		远景规划道路
R2	二类居住用地	C3	文体科技用地	C6	集贸设施用地	G1	公共绿地			广场用地		供热站		乡政府		停车场		敬老院		
C1	行政管理用地	C4	医疗保健用地	W	普通仓储用地	G2	防护绿地			铁路		垃圾收集站		乡卫生院		集贸设施		规划界限		

▲ 乡政府驻地用地布局规划图

"一心"是指以乡政府为中心的行政和商业服务中心。

"一带"是指纬二路和纬三路之间的公共服务设施带。

"三组团"是指乡政府驻地的三个居住组团。

■ 规划特点

规划依托过境交通干线，成带状发展。利用优越的区位优势，沿路布置商业金融用地，从一定程度上促进了不同区域间物质流、信息流的交融，推动了王同岳乡经济的发展。充分考虑农村特色，保留现状中密切的邻里关系。设置多层次绿化空间，改善街道物质环境，同时加强街道景观空间的界定，改善空间比例。沿街建筑统一设计，运用特定的主题。

工矿型——山西省吕梁市孝义市下栅乡

　　该类型乡是依托邻近的大中型企业和矿山而发展起来的乡。其主要特点是通过大力发展为工矿服务配套的第二、第三产业，来促使自身的基础设施和各项事业快速发展，与工矿企业共生共荣。因此，该类型乡以为大中型工矿企业协作配套生产服务为其主要功能。

　　1. 分布地区：围绕着大中型企业和矿山进行发展，东部地区偏多，渐有向西部转移的趋势。

　　2. 产业结构配置：工矿型乡政府驻地虽然基础设施建设较好，但都是紧紧依附在工业之上的建设，尤其是相关的产业链建设也是围绕工业开发。如果工业建设被关闭或者压缩规模，相关行业将受到很大影响，甚至影响全乡的经济建设。比如北京市房山区的大安山乡、史家营乡等，受到北京总体规划的控制，将全面退出资源开采行业，产业结构转型迫在眉睫。

　　3. 用地类别：工矿型乡政府驻地由于基础设施建设较为突出，其建设用地比例也较大，一般超过50%。

　　公共绿地较为缺失，拥有成规模公共绿地的乡政府驻地比例仅占到40%；仓储用地严重缺失，全部是依靠企业自身的存储用地进行产品储存，也束缚了工矿型乡政府驻地的产业向更大更广的方向发展。

山西省吕梁市孝义市下栅乡规划

案例名称：下栅乡总体规划方案（2011—2030）
设计单位：中国建筑设计研究院城镇规划设计研究院
所属类型：工矿型

■ 基本概况

　　下栅乡隶属山西省孝义市，位于孝义市东南部，东与介休市交界，西与驿马乡、东许办事处相接，南与灵石县相连，北靠梧桐镇。乡政府驻地下栅村距孝义市区9km。下栅乡乡域面积61.4km²，辖26个行政村。2010年末全乡总人口18159人，4954户，其中非农业人口250人，农业人口17909人，人口密度296人／km²。2010年年末，乡政府驻地人口3201人，

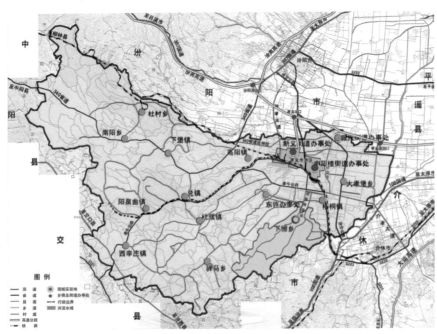

▶ 区位分析图

乡政府驻地用地现状图 ◀

乡政府驻地用地布局规划图 ▶

乡驻地建成区面积约 0.64km²。

下栅乡地处黄土台塬区，东部逐渐过渡到平原地带，黄土覆盖面积占绝大部分，极易遭受侵蚀，生态脆弱。地震基本烈度为 7 度高烈度区。属典型的暖温带大陆性气候，一年四季分明，冬季寒冷少雪；夏季气候炎热，雨量集中；春季多风干旱，变化明显；秋季天高气爽，多为晴朗天气。

下栅乡矿产资源储量丰富且优质，主要矿产资源有煤、石灰岩等。与孝义市其他乡镇相比，下栅乡经济发展水平稍低，2010 年下栅乡人均农村经济总收入仅为 13708 元。现状工业以煤炭及建材等相关产业为主，还包括化工、高岭土、铝业等。乡域内有煤矿三座，合计产量 210 万 t。煤炭产业包括煤炭采掘、炼焦、洗煤等，年产原煤 90 万 t，洗煤 120 万 t，捣固焦 130 万 t。建材业主要有砖厂。

■ 用地布局规划

规划乡驻地由下栅生活区组团、吴圪垛生活区组团、东部工业组团组成。

1. 下栅生活区组团：规划居住、行政、金融、商业、文化娱乐等功能，配置公园绿地、公共设施等目前缺少的各种设施和活动场所，建设成为下栅乡的政治、经济、文化中心。

2. 吴圪垛生活区组团：规划以高档居住、旅游服务、商贸物流等为功能，以滨水景观为特色，建设成为下栅乡旅游服务中心。

3. 东部工业组团：配合梧桐工业园区以机械制造业、煤焦化、煤矸石工艺品加工等低污染企业为主的新型工业园区。

■ 规划思路

结合下栅乡自身特点，强调了公共服务设施用地和生产设施用地的规划，保证了乡政府驻地的社会保障设施项目的建设用地，促进了社会和谐。加强了景观规划的内容，在下栅生活区组团、吴圪垛生活区组团、东部工业组团三大组团中构建了不同的景观形象，重点塑造能够体现下栅乡特点的自然景观与人文景观。

■ 规划特点

下栅乡将建设成为人与自然和谐发展、各项社会事业全面进步的孝义西南部山区的区域中心，以及太原都市圈小城镇带具有发展潜力的组成部分；成为孝义西南地区资源生态综合治理示范乡、孝义都市休闲度假宜居乡、孝义特色农业产业化示范乡及园区服务基地。

工业型——安徽省滁州市明光市明东乡

该类型的乡企业比较发达，形成了一定规模，吸纳了大批的农村劳动力，工业企业的收入构成乡的经济基础，工业是其主导产业，而且伴随主导产业工业的发展，第三产业也会随之发展。因此，该类型乡政府驻地以发展工业生产为其主要功能。

对这类乡再细分，可分为特色工业乡和一般工业乡。特色工业乡的主要特点是形成了以品牌为核心的特色产品、特色企业、特色产业，进而形成特色工业经济。

1. 分布地区：多分布于我国东部沿海地区。中部地区也有分布，西部地区较少。

2. 产业结构配置：以工业企业为主导的乡政府驻地，通过进一步加大工业产业建设和提高基础设施水平，发展乡域经济。大多情况下以一类工业、二类工业为主，个别的乡存在三类工业。

3. 用地类别：工业型村庄的工业用地面积随着工业产业的规模而产生变化，工业规模大，工业用地面积一般较大；工业规模小，工业用地面积就较小。分布在乡政府驻地一侧或两侧。

安徽省滁州市明光市明东乡规划

案例名称：安徽省明光市明东乡规划（2006—2020）
设计单位：安徽建苑城市规划设计研究院
所属类型：工业型

■ 基本概况

明东乡位于安徽省明光市东郊，有明光市东大门之称。北与苏巷毗连，东与津里、包集接壤，南与石坝为邻，西与明光市相连。全乡国土总面积约 71.9km²。309 省道由西向东穿集镇而过。

明东乡辖 14 个行政村。2005 年全乡共 4620 户，总人口19534 人，全年实现社会总产值 7952 万元，其中农业总产值3846 万元，乡镇企业总产值完成 4106 万元，农民人均纯收入达 2513 元。

明东乡年平均气温为 15℃，年平均降雨量为 860 ～940mm，无霜期 210d。

■ 规划思路

进一步确立明东乡在明光市东部的地位，重点发展集镇，培养增长极核。强化集镇的职能，使其逐步发展成为明光市工业园产业的配套服务基地和明光市重要的农副产品生产基地的现代化新型城镇。按照促进城乡一体化、有利生产、方便生活、相对集中、节约用地、少占耕地等布局原则，合理安排城郊乡用地，调整农村居民点布局；城市建设用地范围内的居民点适时撤村建居、撤乡建街，推广建设多层公寓式住宅。强化生态环境建设，实现城乡整体的可持续协调发展。

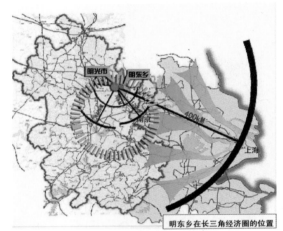

明东乡在长三角经济圈的位置

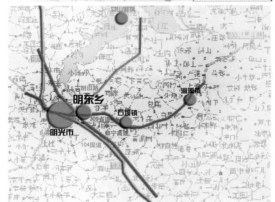

明东乡与周边城市的关系

区位分析图 ▶

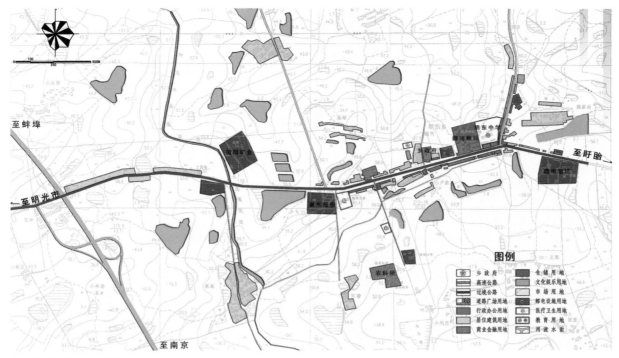

▲ 乡政府驻地用地现状图

用地布局规划

明东集镇主要向西紧凑发展，同时在309省道南侧结合现状布置沿街商业等服务设施，远景向集镇西部靠近南洛高速公路方向以及309省道以南方向拓展。

中心集镇基本采用方格网状的道路系统，形成"一轴，四区"的规划结构。

"一轴"：连接主城的309省道沿路发展轴线。

"四区"：北部生活区，以及西部以工业为主的项目集中区、南部生活区、中部商贸中心区。

规划特点

1.中心集镇开发与改造同步进行，形成新老有机结合、协调发展的城镇布局形态。

2.紧密依托中心集镇，建设工业项目集中区，节约用地，对工业区未来的发展预留空间。

3.规划注重中心集镇生态环境建设，保护性开发中心区景点，注重新建区风貌，兼具时代感与历史感。

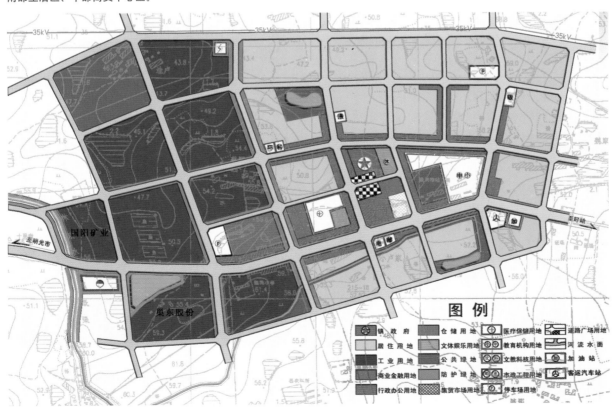

▲ 乡政府驻地用地布局规划图

交通型——河北省唐山市丰南区南孙庄乡

该类型乡一般是所在区域（县或区）的交通中心，地处交通要道，交通便捷，以交通运输业为核心的第三产业发达。这类乡再细分，又可分为铁路枢纽型、公路枢纽型、港口型等。

1. 分布地区：交通型乡一般分布在交通运输干线周边，毗邻国道、省道，或距铁路站点、高速出口较近的地区。在乡产业、乡布局结构上，受交通干线影响较大。

2. 产业结构配置：由于交通型乡受交通条件影响，以物流交通业为主要形式，连带相关产业和第三产业，尤其是服务业，因此该乡交通枢纽地位的作用也比较发达。

从业人口大部分服务于与交通运输相关及第三产业，乡政府驻地的发展和交通运输业的发展密切相关。同时，也有的乡因交通运输的便利而吸引了投资，促使第二产业的发展，从而向交通型—工业型乡转化。

3. 用地类别：受交通枢纽地位作用的影响，以对外交通用地为主。仓储物流用地随着枢纽地位作用的增加而增加。乡政府驻地因交通运输而兴，所以用地布局受到交通线路的许多影响，服务性设施沿交通线路布置，发展方向也和交通线路有很大关系。有些情况下，交通运输型乡会分布一些工业产业。

河北省唐山市丰南区南孙庄乡规划

案例名称： 南孙庄乡总体规划（2010—2020）
设计单位： 中国建筑设计研究院城镇规划设计研究院
所属类型： 交通型

■ 基本概况

南孙庄乡地处河北省唐山市丰南区西部，位于东经117°59'46"北纬39°31'3"。乡辖区东临丰南城区，西接天津市宁河县，南连东田庄乡、唐坊镇，北隔油葫芦泊水库与丰润区相望，地处三区县交界处。全乡东西长13km，南北长约11km，镇域总面积92km²。南孙庄乡下辖28个行政村，至2010年年末，乡域总人口22462人，共6139户。

乡政府所在地位于南孙庄村，东距丰南区市区11km，北距丰润区37km，西距天津市宁河县25km。至2009年年末，现状建成区面积约为0.7km²。

南孙庄乡区位交通条件较为便捷。距离乡政府10km范围内有唐曹、唐津、唐港、京沈、承唐等高速出入口，县道邱柳线与乡道胥岳线在乡驻地附近交会，为城镇对外联系的主要通道。滨河景观路建成通车后，进一步增强了与丰南新城区、开发区的联系。

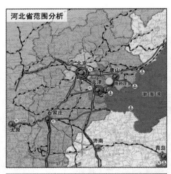

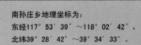

南孙庄乡地理坐标为：
东经117°53'39"～118°02'42"，
北纬39°28'42"～39°34'33"。

区位分析图 ▶

■ 规划思路

强调生态优先，保证建设用地以外的非建设空间的生态功能，提出限制建设的区域边界，建立生态安全格局。树立可持续发展理念，村镇建设用地与耕地保护相结合，加强土地的集约节约利用，完善乡域居民点体系及空间布局，统筹社会、经济、环境协调发展。充分尊重利用现状道路及公共设施基础，以打造运河沿线景观带、新民居建设为契机，结合区域性基础设施建设对城镇发展方向的引导作用，确定"异地选址，统一规划，带状拓展，分期实施"的城镇发展策略，尊重城镇未来发展需求，为远景的发展预留空间。

■ 用地布局规划

根据南孙庄乡建设需求及不同功能用地使用需要，形成"两心、两轴、三片区"的规划结构。

1. "两心"：运河景观带服务中心和南部片区服务中心。

运河景观带服务中心——在规划用地中部，灌渠汇入运河处，规划以商贸餐饮、休闲娱乐、旅游服务、码头为主的运河景观带服务中心。

南部片区服务中心——在南部片区中心区，规划以行政办公、商业金融等服务功能为主。

2. "两轴"：指连接运河景观带服务中心与运河码头的中央景观轴和平行于运河休闲景观带的城镇生长轴。

3. "三片区"：南部片区、中部片区、北部片区。

南部片区——结合南孙庄乡新民居建设，以商贸、文化娱乐、居住等功能为主的新民居片区。全乡28个村的居民按照原有组织结构搬迁至此。

中部片区——沿南部片区向东、向北扩展，以行政办公、旅游服务、居住及配套商业等功能为主的新区组团，是南孙庄乡的行政中心及综合服务中心。

北部片区——依托第二景区的景观、环境优势，由中部片区继续向北发展，对接第二景区，形成以中高端居住等功能为主的组团。

远景考虑南孙庄乡进一步发展需要，在乡驻地西南部预留发展备用地。

■ 规划特点

总体规划重点考虑了基础设施和公共服务设施的配置，南部片区以商贸、文化娱乐、居住等功能为主，中部片区以行政办公、旅游服务、居住及配套商业等功能为主。注重保护生态、优化环境，科学布局居民住宅及其他各项建设用地，形成功能完备的居住组团。

▲ 乡政府驻地用地现状图

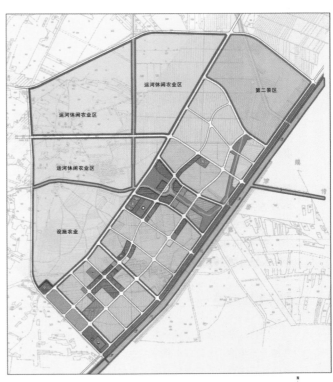

▲ 乡政府驻地用地布局规划图

旅游型——安徽省六安市霍山县东西溪乡

该类型乡或遗存有丰富的古建筑物，或有深厚的文化底蕴，或有美丽的自然景观，以旅游业为核心的第三产业十分发达，旅游收入成为乡的主要收入。因此，这类乡以发展旅游业为其主要功能。此类乡政府驻地以自然和人文资源为依托，交通条件较好，知名度高，生态环境较好，但季节性交通问题严重，外来干扰大。

1. 分布地区：以区位优越、景色优美、特色鲜明的乡为主，在全国各地都有分布。

2. 产业结构配置：旅游型乡政府驻地拥有较好的交通、贸易和自然资源条件，产业结构清晰，产业链完整，需要在合理配置土地的情况下，发展第三产业，进一步推动乡域经济发展。

3. 用地类别：旅游型乡政府驻地，一般拥有一定的配套旅游服务设施，诸如餐饮住宿、休闲娱乐等，商业金融相对发达，因此所占建设比例比农业型高，但比工矿型低，比例一般为 40% ~ 50%。

乡政府驻地的产业建设对该地区的用地配置起着至关重要的作用。乡政府驻地作为乡域内的中心，承担着主要的行政、经济和文化功能，它的用地一方面要根据产业建设进行调整，另一方面在基础设施上必须增加。

旅游型乡政府驻地依靠旅游产业带动经济发展，基础设施建设较好，无论是公共服务设施还是道路交通条件都较好。

安徽省六安市霍山县东西溪乡规划

案例名称：安徽省霍山县东西溪乡规划（2010—2030）
设计单位：安徽卓成规划设计咨询有限责任公司
所属类型：旅游型

■ 基本概况

东西溪乡位于安徽省霍山县城东南，江淮分水岭北侧。东西溪乡东临舒城县晓天镇，西接霍山县磨子潭镇，南连岳西县姚河乡，北临霍山县与儿街镇，是霍山县重点边贸集镇。全乡国土总面积为 98.3km²。318 省道和县道东太路贯穿东西溪乡。

东西溪乡辖 7 个行政村。2009 年全乡总人口为 13153 人，其中非农人口约 1800 人。2009 年全乡实现工、农业总产值 9560 万元，其中规模工业总产值 1370 万元；农民人均纯收入 4050 元。2010 年 5 月荣获"全国环境优美乡镇"。

东西溪乡年平均气温 12.75℃，年平均降水量 1530.3mm，平均无霜期 205d。

■ 规划思路

坚持从东西溪乡实际出发，改善城乡居民的生产生活条件和人居环境，合理安排居住、生产空间和用地，将全乡和中心集镇规划为集镇居住空间、乡村居住空间、集镇生产空间和绿色农林业空间四种类型。改善农村生产生活条件，保护生态环境，彰显山区生态之乡特色，合理优化村庄的发展布局，把东西溪乡建设成为霍山县的重点边贸乡镇，以旅游、商贸产业为主导，兼顾工业发展的生态之乡。

■ 用地布局规划

东西溪乡中心集镇整体空间形态由主要依托现状 318 省道发展，城镇空间沿道路生长，逐步转变为集中成片的集约紧凑的中心集镇空间形态。规划结构形成"一带、五区"。

"一带"：指沿九里河滨水绿化景观带，规划在九里河水体两侧集中布置绿化，加强两侧环境建设，形成滨水绿化景观带。

"五区"：指规划中心片区、工业片区、两处居住片区和集镇空间扩展区。

生产设施用地规划依托现有工业基础，规划在集镇西南部原淮海机械厂用地发展工业园区。生产设施用地总面积 3.03hm²，占建设总地的 5.97%，人均用地 6.06m²。居住用地依托现状中心老集镇、月亮畈组、黄泥畈组和油坊组的一部分，形成集中成片的居住组团，集镇现状村庄居民点规划搬迁至居住组团。规划居住用地总面积为 16.8hm²，占建

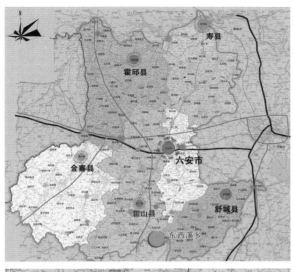

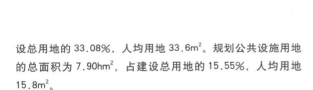

▲ 区位分析图

设总用地的 33.08%，人均用地 33.6m²。规划公共设施用地的总面积为 7.90hm²，占建设总用地的 15.55%，人均用地 15.8m²。

旅游资源以杨三寨景区、"山脉传奇"、红色革命——白果树会议、寻找记忆——原淮海机械厂旧址为重点。旅游形象塑造以"大别山高我首峰"为主题，体现杨三寨"水环神寨，情绕山间"的形象定位，突出名山的品牌效应，以休闲生态旅游为主导，打造集度假、观光、娱乐、休闲旅游为一体的精品旅游区形象。

■ 规划特点

1. 景观风貌和谐。中心集镇采用"节点—轴线、景观带—景观区"组合的方式，形成"水为灵、绿为媒、景为心"的景观风貌。

2. 土地利用集约。建设中心集镇工业园区，实现土地集约利用。

3. 以市场为导向，以工商贸旅游建设为契机，突出生态特色。加强基础设施建设、镇村规划建设、生态环境建设，走可持续发展之路。

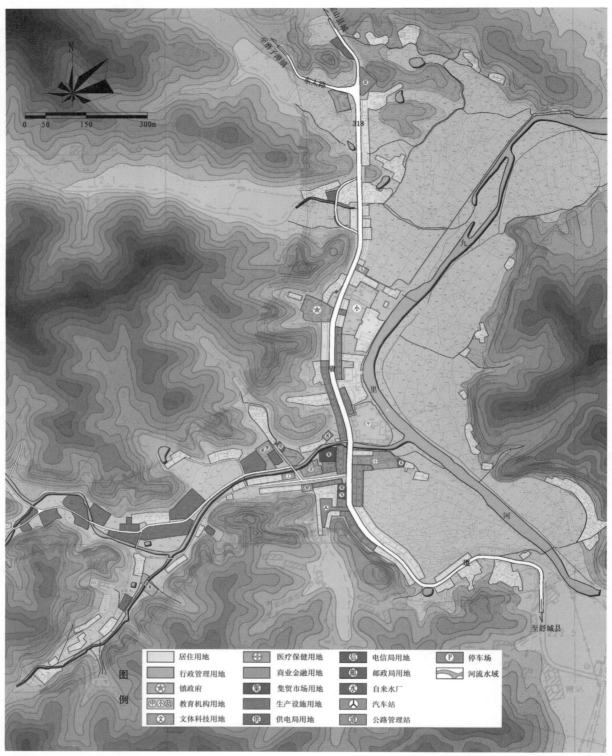

图
例

	居住用地		医疗保健用地		电信局用地	P	停车场
	行政管理用地		商业金融用地		邮政局用地		河流水域
	镇政府		集贸市场用地		自来水厂		
中小幼	教育机构用地		生产设施用地		汽车站		
文	文体科技用地		供电局用地		公路管理站		

▲　乡政府驻地用地现状图

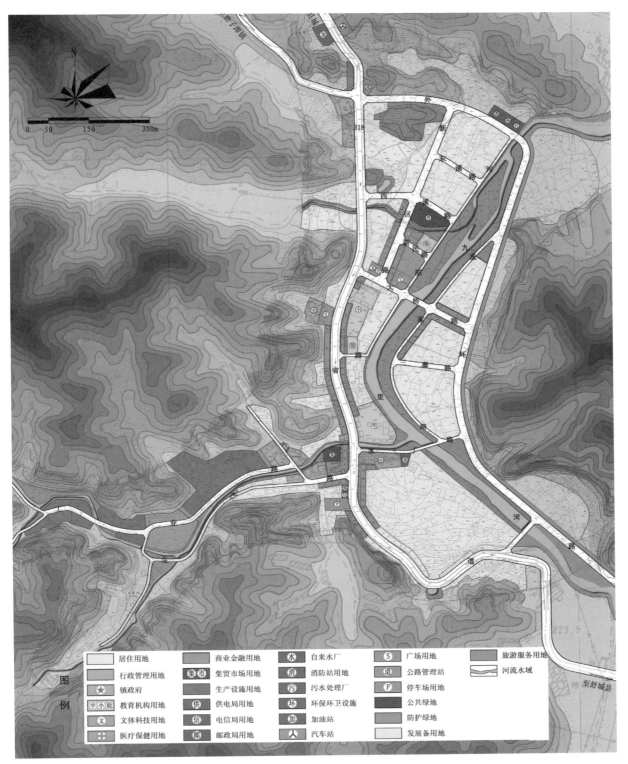

图例

	居住用地		商业金融用地	水	自来水厂	S	广场用地		旅游服务用地
	行政管理用地	集市	集贸市场用地	消	消防站用地	道	公路管理站		河流水域
★	镇政府		生产设施用地	污	污水处理厂	P	停车场用地		
中小坊	教育机构用地	供	供电局用地	环	环保环卫设施		公共绿地		
文	文体科技用地	信	电信局用地	加	加油站		防护绿地		
✚	医疗保健用地	邮	邮政局用地	人	汽车站		发展备用地		

▲　乡政府驻地用地布局规划图

农业型——山西省运城市闻喜县裴社乡

该类型乡农业资源较为丰富，人均耕地多，无论产值构成还是就业构成，农业均占绝对支配地位。因此，这类乡以发展农业生产为其主要功能，全乡的经济水平一般处于县（区）内的中等水平，农用地比例高。

1. 分布地区：此类型的乡分布在全国各地，其中多分布于我国中、西部地区，在东部沿海地区这类乡分布较少。

2. 产业结构配置：农业型乡政府驻地的产业建设以发展生态农业、特色农业和观光农业为主，配合旅游产业建设，打造以第一产业为主的第一、第三产业结合的发展道路。因此，农业型乡政府驻地的用地配置将偏重于农用地的建设，开发农业生产设施用地。

3. 用地类别：农业型乡政府驻地地区由于其产业结构的原因，其建设用地比例较低，而且由于一些重要的用地类别缺失或是比例太低，影响了农业产业建设。一般诸如居住、公共服务设施、道路等建设用地较少，所占比例也较低，一般仅占到乡政府驻地地区面积的25%～50%。

山西省运城市闻喜县裴社乡规划

案例名称： 闻喜县裴社乡总体规划（2008—2020）
设计单位： 山西省城乡规划设计研究院
所属类型： 农业型

■ 基本概况

裴社乡位于闻喜县西南部、中条山前沿，西接鸣条岗，北与河底镇相邻，南与夏县接壤，辖24个村民委员会，共有4673户，19474人。全乡海拔高度在376m左右，以山地居多，平川水位较浅，是一个山地、平川共存地区。有县级公路通县城、河底和夏县。山区铁矿石、大理石等矿产资源储量丰富。平川地区素有"美良川"之称，地势平坦，土地肥沃，农业发达，是全县粮棉菜基地，主产粮棉菜。

裴社乡现状乡域对外交通主要为县公路，乡区道路广场用地为9.2hm²，占乡区城乡建设总用地的13.22%，人均38.3m²。全乡国土总面积80.2km²，总耕地54801亩。现状乡区建设总用地面积为180hm²，其中城乡建设用地为69.55hm²，人均建设用地为231.83m²。

■ 规划思路

闻喜县立足于区域发展的宏观机遇与现实基础，确定未来发展思想是：以壮大经济实力、提高增长质量、建设特色产业体系和优化区域发展环境为中心，大力实施经济结构优化、生产要素重组、城镇化推进和发展环境创新四大战略，搞好产业结构的调整优化，提高产业发展能力，强化人口与生产要素的空间重组与集聚，促进中心城镇建设和区域城镇化进程，加快改革开放步伐，塑造宽松、激励发展的软环境，重视基础设施与生态环境建设，优化投资环境，改善居民的生存环境和生活

闻喜县在山西省的区位

裴社乡现状区位图

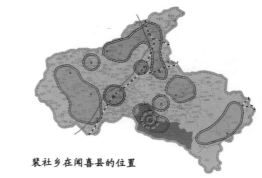

裴社乡在闻喜县的位置

▲ 区位分析图

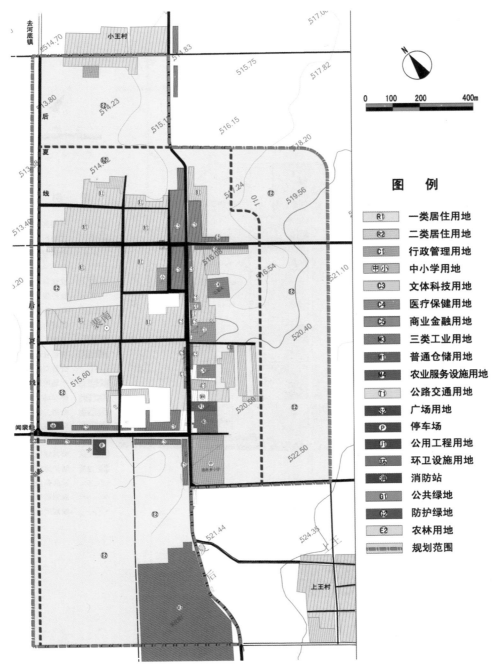

图 例

R1 一类居住用地
R2 二类居住用地
C1 行政管理用地
中小 中小学用地
C3 文体科技用地
C4 医疗保健用地
C5 商业金融用地
M3 三类工业用地
T1 普通仓储用地
M4 农业服务设施用地
T1 公路交通用地
S2 广场用地
P 停车场
U 公用工程用地
环卫 环卫设施用地
消 消防站
G1 公共绿地
G2 防护绿地
E2 农林用地
━━━ 规划范围

▲ 乡政府驻地用地现状图

质量，把裴社乡建设成以工农贸服务业为主导的全县经济强镇和综合性功能较强、富有竞争力的现代化小城镇。

■ 用地布局规划

　　依据现状布局形态、发展趋势和用地发展方向，规划形成"一心、两轴、三片区"的规划结构形态。"一心"：以乡政府为中心的公共服务中心。"两轴"：四条主干路形成的两个"十字"轴线。公共服务主轴——以南北向主街道和闻裴线为依托

规划形成商业主轴，规划主要商业服务设施均分布于道路两侧。交通主轴——将后夏线和闻裴线乡政府驻地村内区段规划为交通主轴。三片区——主要包括现状居住片区、南侧的工业组团、东部和北部的预留发展组团。

　　规划居住用地以旧区更新为主，适当发展新区。对中心区以旧区改造为主，采用低层高密度的住宅布局，局部地段可进行多层住宅的建设，对新区建设采用多层住宅。规划产业用地布置在乡政府驻地东部，作为集中的产业园区，主要布置一、二类工业和农业服务设施。规划公共建筑用地沿中

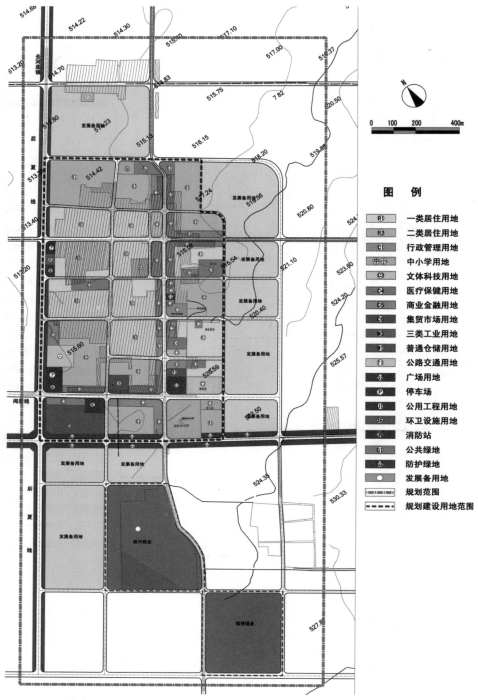

图 例

R1	一类居住用地
R2	二类居住用地
C1	行政管理用地
中小	中小学用地
C3	文体科技用地
C4	医疗保健用地
C5	商业金融用地
C6	集贸市场用地
M3	三类工业用地
T1	普通仓储用地
T1	公路交通用地
S2	广场用地
P	停车场
U1	公用工程用地
U2	环卫设施用地
	消防站
G1	公共绿地
G2	防护绿地
	发展备用地
	规划范围
	规划建设用地范围

▲ 乡政府驻地用地布局规划图

心街道路两侧布置。规划保留乡政府现状行政用地，对现有中小学予以保留，布置两所幼儿园。

■ 规划特点

1. 突出裴社乡在县域南部的门户地位，增强乡政府驻地在全乡的中心地职能。

2. 以人为本，创建最佳人居环境。规划将主要干道两侧结合人行道设置花卉灌木、花坛、座椅等，提升中心区与生活居住区的环境品质。

3. 尊重自然，塑造自然田园风光。规划充分利用自然地形地貌，利用大片的自然田园风光，结合乡政府驻地村的绿化，达到人与自然和谐共生的目标。

商贸型——湖北省武汉市黄陂区木兰乡

该类型乡大多处于传统商品集散地和集市贸易区，拥有优越的区位条件和便利的交通，市场体系发育相对完善。因此，这类乡以发展商业贸易为其主要功能。

1. 分布地区：多集中于我国东部沿海地区，少量分布于中西部地区。

2. 产业结构配置：凭借着优越的地理位置条件和周边环境，以商贸业为主导，第三产业比重大，与商贸相关服务业比重也较大。商贸从业人口较多，外来从业人口也有一定比重。

3. 用地类别：公共设施类用地较多，尤其是商业设施用地，发展形势较好的商贸型乡政府驻地建有专业型商贸市场，围绕着商贸市场发展。一些商贸型乡还会发展一些工业产业，作为商贸业的补充。

湖北省武汉市黄陂区木兰乡规划

案例名称：武汉市黄陂区木兰乡总体规划（2006—2020）
设计单位：武汉市规划设计研究院
所属类型：商贸型

■ 基本概况

木兰乡位于湖北省武汉市黄陂区东北部，东与红安县交界，西与长轩岭镇接壤，北与姚家集镇毗邻，南与王家河镇为邻，土地总面积 20116.57hm²。木兰乡政府驻地塔耳岗，距武汉市城区东北部 48km，距黄陂城区东部 22km。木兰乡地势四周高中间低，四周为丘陵区，中间为岗状平原区，土地肥沃，塘堰密布，系水旱轮作三熟产区，是武汉市的林、果、茶生产大乡，盛产板栗、柿子、仙桃、云雾茶。

全乡辖 41 个村委会、1 个居民委员会（塔耳岗），一个林场（木兰山林场）。2008 年，木兰乡总人口 5.2 万，其中常住城镇人口 0.7 万，占总人口的 13.5%；农业人口 4.5 万，占总人口的 86.5%。2009 年，全乡地区生产总值 4.7 亿元。现状集镇区建设用地总面积 36.28hm²，建设用地沿木兰大道两侧布置，分为南北两个片区，用地较为混杂。

■ 规划思路

根据武汉市对木兰乡的发展要求，结合木兰乡自身资源以及所处区域环境，规划确定木兰乡政府驻地性质为木兰乡的政治、经济、文化及生活服务中心，是以旅游配套服务、农副产品加工为主导的现代化旅游、商贸型城镇。

■ 用地布局规划

规划形成"一心、一轴、三带、六区"的空间结构。

"一心"：乡政府驻地中部综合服务中心，主要由行政办公、商业休闲、文化娱乐等功能组成。

"一轴"：沿木兰大道的乡政府驻地发展主轴。

"三带"：支撑乡政府驻地中部综合服务中心的公共设施发展带——行政商贸设施带、文教体育设施带、旅游服务设施带。

"六区"：通过木兰大道、塔耳大道和丰天大道等主要干道，将乡政府驻地划分为功能明确的 6 个片区，即围绕乡政府驻地公共服务中心布局的 4 个居住片区、北部工业片区、中部绿化公园。这 6 个片区既相对独立，又保持有机联系。

1. 居住用地及农村居民点用地

居住用地按照旧区改造与新区开发相结合的原则，改善居住环境，提高居住水平，满足居民日益增长的居住需求。规划居住用地 21.60hm²，占乡政府驻地建设用地的 43.20%。

2. 生产设施用地

生产设施用地布局在强调与居住用地相对分离的同时，确保与居住用地之间保持便利的交通联系。规划结合现状木兰编织袋厂等项目，在乡政府驻地北部、塔耳大道和丰天大道之间设置集中工业用地。规划生产设施用地规模为 4.62hm²，占建设用地的 9.20%。

3. 社会服务设施用地

社会服务设施用地按照轴向拓展，相对集中的原则，在乡政府驻地内形成集散兼顾的公共服务设施体系。规划建设乡政府驻地中部的三条南北向发展带——行政商贸带、文教体育带、旅游服务带，形成乡政府驻地公共服务中心。规划社会服务设施用地总规模为 12.94hm²，占总用地的 25.90%。

4. 绿化用地

乡政府驻地公园通过道路绿化和水渠与塘堰绿化通廊进行联系，实现绿化交融渗透。规划总用地面积 4.08hm²，占建设用地的 8.20%。

▲ 区位分析图

■ **规划特点**

　　充分利用现状条件，结合当地的实际情况，将经济、社会、环境效益有机结合。作为全乡的行政、居住、商贸和文化中心，规划进一步加强行政、商业、文化等功能设施的配套完善，在乡政府驻地中部形成公共设施服务核心区。适当发展旅游服务、商贸办公和农副产品加工等产业，实现木兰乡可持续发展。

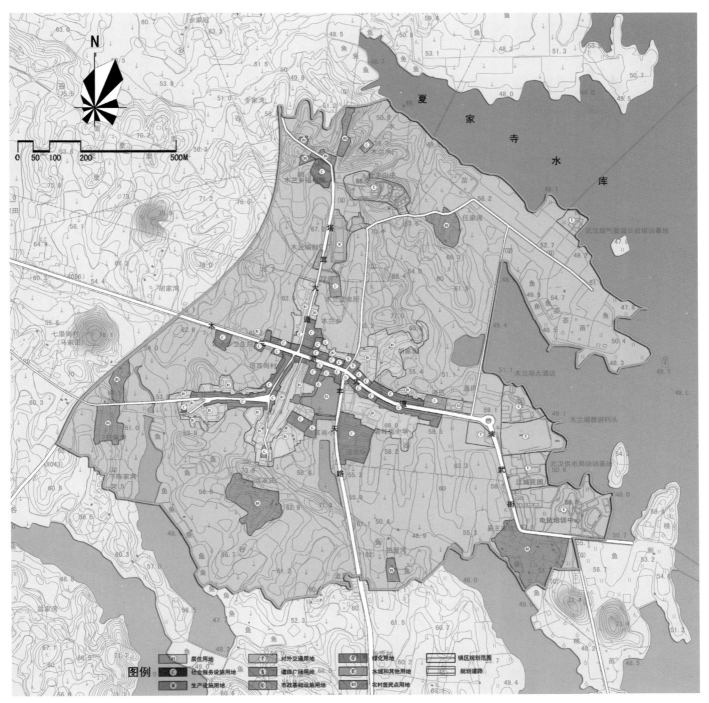

图例

	居住用地		对外交通用地		绿化用地	镇区规划范围
	社会服务设施用地		道路广场用地		水域和其他用地	规划道路
	生产设施用地		市政基础设施用地		农村居民点用地	

▲ 乡政府驻地用地现状图

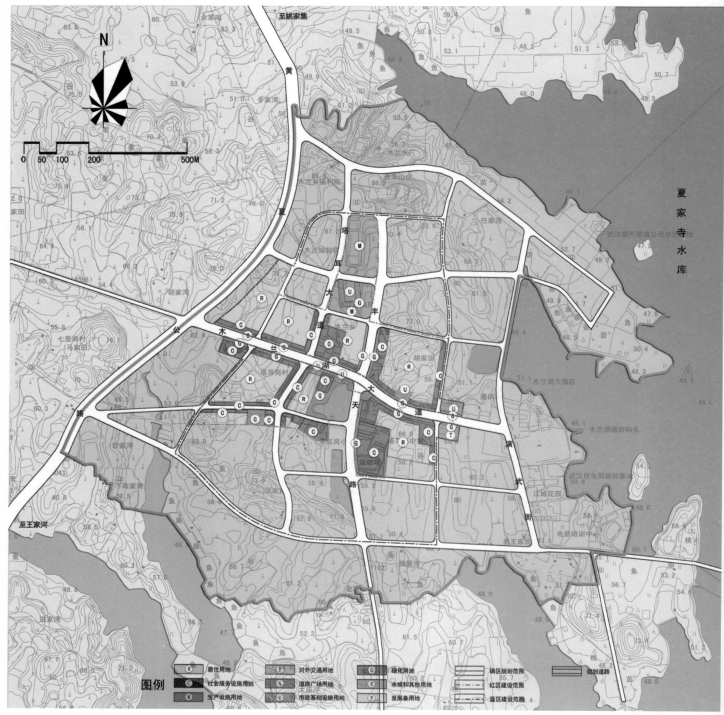

▲　乡政府驻地用地布局规划图

第2章　乡建设用地优化配置图样

生态型——四川省广元市青川县三锅乡

该类型乡一般具有较高的森林覆盖率，生态功能较好，地表水环境质量、空气环境质量、声环境质量均达到环境要求。重点发展生态农业、生态旅游、生态工业和生态文化产业。

1．分布地区：大部分为生态环境较好的乡，经济发展、社会进步、生态保护三者相对和谐，技术和自然充分融合，环境清洁、优美、舒适的地区。

2．产业结构配置：以第一产业为主，重点发展生态农业，发展生态蔬菜种植业、林果种植业，在生态农业的基础上，发展生态旅游产业，同时注重生态工业和生态文化产业的发展。

3．用地类别：具有一般乡的用地类别，其中乡政府驻地建设用地中公共绿地比重较高，人均公共绿地面积较大，森林覆盖率较高，污水处理、垃圾无害化处理等设施完善。

四川省广元市青川县三锅乡规划

案例名称：青川县三锅乡场镇控制性详细规划（2008—2020）
设计单位：温州市城市规划设计研究院
所属类型：生态型

■ 基本概况

三锅乡位于四川省青川县西部，地处摩天岭南麓，四川、甘肃两省交界地带，与青溪镇、桥楼乡、蒿溪回族乡、乐安寺乡、前进乡、曲河乡相邻，青平（青川—平武）公路由东至西横穿全境，距县城乔庄33km。境内有石锅遗迹，历史上邓艾取川在此用三块巨石支锅安营扎寨而得此名。地势北高南低，最高海拔2736m，最低海拔817m，乡政府所在地海拔872m；属亚热带湿润季风气候，全年气候温和，年均气温13.7℃，年降雨量约960mm，四季分明，雨量充沛，气候宜人。

"5·12"地震以后，三锅乡各类建筑基本上受到了不同程度的影响，随着灾后建设的全面铺开，一批新建项目纷纷上马，主要包括行政服务中心、农贸市场、信用社、邮政支局、安置房、汽车站等。

■ 规划思路

根据三锅乡发展条件评价和县域发展的要求，规划确定三锅乡定位为青川县域西北部以生态产业为主导的重点城镇。

山环水绕、共融发展。三锅乡场镇四周被山体环绕，东

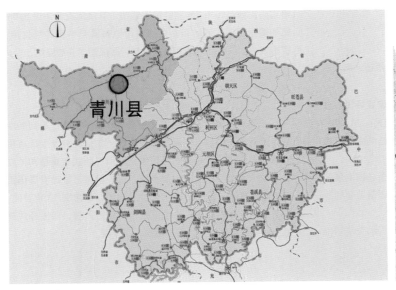

▲ 区位分析图

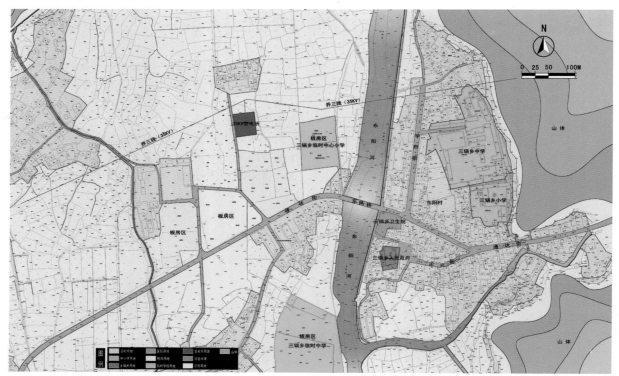

▲ 乡政府驻地用地现状图

阳河自北向南穿场镇中心而过。规划应注重建设用地与山体、水系的自然融合。

组团发展、新区带动。综合考虑三锅乡场镇现有用地条件及河流、村庄分布等因素，规划采用组团式的布局结构，以东阳河为界分为河东老区（老场镇）和河西新区。

生态人居、田园乡镇。改善老场镇人居环境，提高公共服务设施配套水平，并于河西新区进行整体建设，以生态理念为核心塑造田园乡镇。

■ 用地布局规划

根据前述分析及总体构思，将本片区规划结构确定为"一心、两轴、六片"：

"一心"：规划于东阳河以西、通达街以北设置场镇公共中心，通过布置行政服务中心、派出所、供电局、邮政局、信用社等新建场镇公共设施，打造三锅乡新的公共中心，拉动整个片区的建设发展。

"两轴"：规划将通达街作为场镇发展轴，是场镇发展的主要依托道路；将东阳河作为滨水景观轴，是场镇主要的景观轴线。

"六片"：根据功能的不同及规划路网分割，本次规划用地划分为六片，其中包括生态工业片、生态农业片及其余四大居住片。

规划在新区集中设置工业用地，用于满足农副产品生产加工的需要。将场镇西南侧用地规划为农业观光园用地，凭借其良好的生态环境条件发展花卉、果林种植，形成集水果采摘、度假休闲、农业观光等为一体的生态农业观光园区。

结合场镇的自然地理条件，保护周边的自然山体绿化。同时，规划依托老场镇三锅石历史遗迹形成一处公园绿地，沿东阳河西侧设置7m宽的滨水绿带，其余河流两侧设置6m宽的滨水绿带，通达街新区路段两侧布置15m宽的绿化带，营造沿山、滨水、沿路开放空间与附属绿地半开放空间。

■ 规划特点

一是规划结合三锅乡四周被山体环绕的特点，规划时注重建设用地与山体、水系的自然融合。二是充分考虑现有用地条件及河流、村庄分布等因素，采用组团式布局结构，以生态理念为核心，塑造田园乡镇。三是以城市设计引导场镇空间环境建设。建筑以低多层为主，体现川北建筑"人字坡顶、青瓦白墙、木栏花窗、生态庭院"的传统风貌。四是公共开敞空间突出自然特色，相对减少人工景观。

▲ 乡政府驻地用地布局规划图

文化型——四川省绵阳市北川羌族自治县禹里乡

　　该类型乡一般文化产业比较发达，当地人民的主要经济收入来源为文化产业的营业收入，文化产业成为其经济支柱性产业，主要分布于经济发展水平较高的地区。

　　1．分布地区：经济发展水平较高地区分布较多，多为以手工业、特色产品制作等文化产业为主导的乡，尤其是与城市相邻，与风景区、文化园区相近的乡。

　　2．产业结构配置：文化产业是第三产业，也是朝阳产业，一些走在前列的乡大力发展文化产业，成为乡经济转型的突破口和新增长点，以文化型产业为主导，带动第三产业协同发展。

　　3．用地类别：居住用地、公共设施用地、绿地、交通用地比例比较协调，乡发展较为均衡。

四川省绵阳市北川羌族自治县禹里乡规划

案例名称：北川羌族自治县禹里乡修建性详细规划（2008—2020）
设计单位：四川省城乡规划设计研究院
所属类型：文化型

■ 基本概况

　　四川省绵阳市北川羌族自治县禹里乡位于县域中部。西与坝底羌族藏族乡相邻，北邻小坝和开坪两乡，南与擂鼓镇相连，西南与安县茶坪乡相接，东靠漩坪乡。禹里乡政府所在地始建于北周天和元年（公元 566 年），建成于唐贞观八年（634 年），此后均为县城治所，故名治城。因交通不便，1952 年 9 月经川北行署批准将县城迁至曲山。1992 年 10 月，撤区并乡后，青石、禹里、治城三乡合一，又以其为大禹故里更名为"禹里"。

　　禹里乡辖 26 个行政村，145 个村民小组和 1 个街道居委会。2005 年总户数 4153 户，总人口 14361 人，其中非农业人口 2281 人，农业人口 12080 人。主要为羌、藏、回、苗等少数民族，共计 12009 人，占全乡总人口的 93.6%。全乡总面积 218km²，其中耕地面积 1219.8hm²，天然保护林 15006.4hm²。乡政府所在地禹里（原治城），位于青片河与白草河汇流处，占地面积约 30hm²。乡域内通公路的村有 25 个，乡村公路 14 条，总长度约 217km。

■ 规划思路

　　在保留原有禹里古镇基本格局的前提下，充分利用周边山水环境，通过大禹文化和羌文化、红色文化、自然景观及公共空间、古街、滨河、绿带的规划，整合功能，体现特色，最大化利用土地，满足灾后重建安置以及今后历史文化和旅游发展的基本要求，最终将禹里打造成为中国集禹、羌、红色文化于一体的民族特色突出的乡。

■ 用地布局规划

　　规划乡政府驻地道路骨架为五横五纵，结合用地使用情况合理进行功能分区，形成公共服务区、居住区、教育运动区、古街保护区等十一大功能区。

　　1．大禹文化展示区：位于乡政府驻地中部大禹文化展示轴上。包括大禹文化广场、大禹纪念馆、酉山，以及酉山东面的血石及"血石流光"石刻、洗儿池及石刻等，通过游人中心展馆、石刻、历史事件及魁星山大禹塑像以及浓缩的大禹生平等，集中展示深远的大禹文化。

　　2．羌文化展示区：在沿湔江的景观绿化带中，通过羌文化的小品、誓水柱、石刻、古城墙、古羌桥遗址遗迹、咂酒台、羌文化广场等，集中展示羌文化。

　　3．红色文化展示区：位于魁星山南面，以原有的红军碑林、烈士陵园为主要载体，挖掘红军遗址、遗迹。恢复红四方面军总部驻地（原治城粮站），红四方面军总政治部驻地（今蚕茧站），红四方面军军部驻地（治城坛子沟—治城林场鸡窝坪南面），中共川陕省委驻地（治城东门外魁星山下），徐向前、李先念等住过的多处大院子遗址、遗迹的恢复，展示红色文化。

　　4．古街保护区：即乡政府驻地核心保护区。横跨乡政府驻地南北方向；该区域完整地保留古街历史文化风貌及格局。其主要功能是：旅游、购物、娱乐、休闲、景观及家庭客栈等。

　　5．生态游览区（魁星山公园）：位于乡政府驻地东部边缘，是禹里乡东边的绿色屏障，以保护山体现有植被为主，打造山顶制高点景观，开辟游览步道和多处景观节点，成为吸引

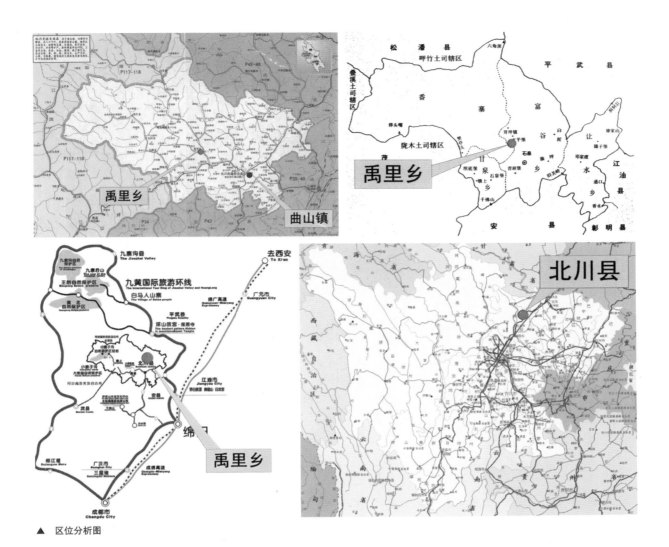

▲ 区位分析图

居民登山、休闲、游览、观景的好去处。

6. 旅游休闲娱乐区：位于石泉区东、西面，局部临江而建，包括禹、羌文化体验、茶品、咖啡、餐饮、娱乐及旅游文化产品特色店等。

7. 旅游服务区：位于魁星山公园北端，结合用地和山边道路形成全乡的旅游综合服务中心，包括客栈、休闲、餐饮等功能，并作为魁星山公园的入口区。

8. 文化中心区：位于乡政府驻地中心，包括行政办公楼、书院、文化站等。

9. 文化教育运动区：位于乡政府驻地东、南面。包括小学、中学以及既可以供学生使用又服务于全乡的运动设施区。

10. 公共服务设施区：位于乡政府驻地中部，包括幼儿园、医院、客运中心、信用社、邮政、电信、农贸市场等。

11. 居民安置区：位于乡政府驻地北部。分为安置区和廉租房住宅区两部分。分别安置灾后居民及满足乡政府驻地其他居民的居住需要。

■ **规划特点**

1. 禹里乡规划与中国历史文化名镇规划同步协调进行，严格按照保护规划划定的核心区、建筑控制区、环境协调区三个区域进行不同风貌的建筑设计及空间控制，有效地保护了乡政府驻地的历史文化遗址、遗迹，体现原真性。

2. 古街为川西民居风格，其外围为羌、汉结合的建筑形式，即由川西民居向羌、汉建筑形式过渡，体现禹里乡"汉中有羌，羌中有汉"的历史发展演变的建筑形式，形成禹里乡独特的羌汉结合的地方特色及民族特色的建筑风貌。

3. 深入挖掘、整理、理清大禹文化、羌文化、红色文化的脉络，通过恢复相关的遗址、遗迹，如石纽、禹穴、跨儿坪、誓水柱、岣嵝碑、采药亭以及红军住所等，将禹里乡打造成中国历史文化名镇、羌族第一镇。

4. 规划注重保护和利用原有的山水格局，将原有的景观元素纳入到景观规划当中，形成历史空间与景观相协调的景观特色，体现禹里乡独特的景观风貌。

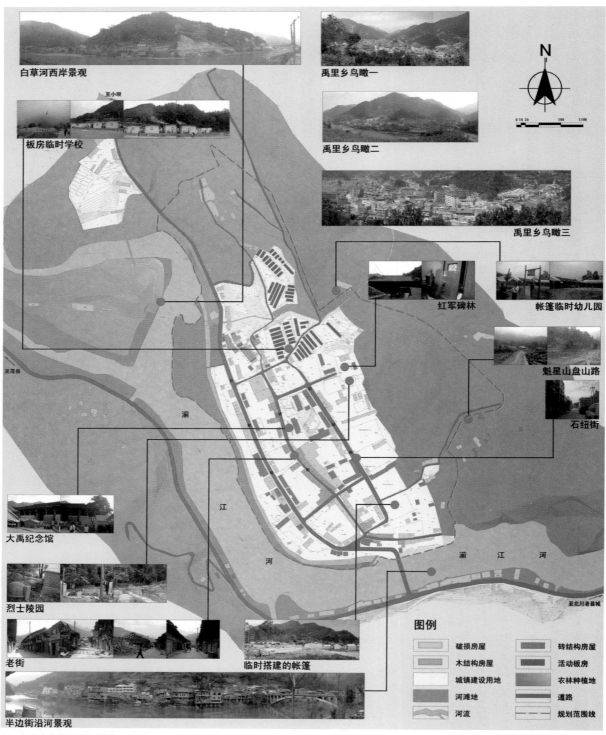

白草河西岸景观

禹里乡鸟瞰一

禹里乡鸟瞰二

至小坝

板房临时学校

禹里乡鸟瞰三

红军碑林

帐篷临时幼儿园

魁星山盘山路

至茂县

湔

江

河

石纽街

大禹纪念馆

烈士陵园

渚江河

至北川老县城

老街

临时搭建的帐篷

半边街沿河景观

图例

破损房屋		砖结构房屋	
木结构房屋		活动板房	
城镇建设用地		农林种植地	
河滩地		道路	
河流		规划范围线	

▲ 乡政府驻地用地现状图

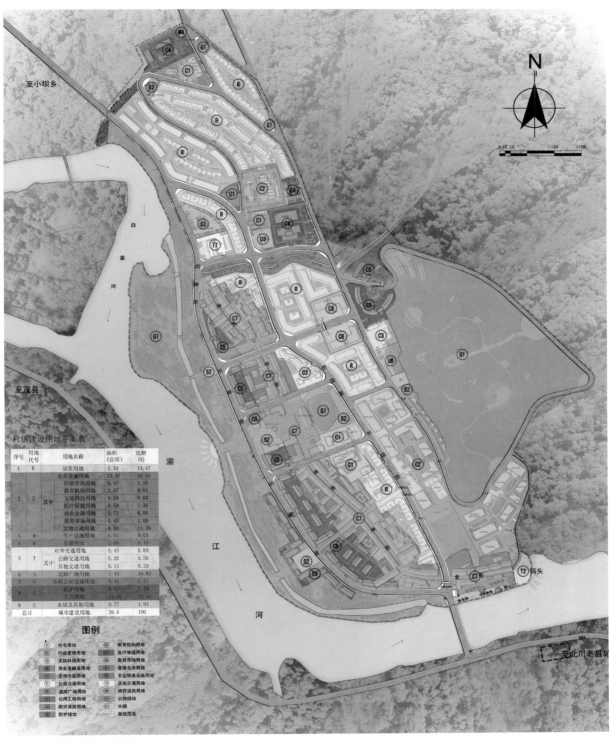

村镇建设用地平衡表

序号	用地代号		用地名称	面积（公顷）	比例（%）
1	R		居住用地	5.34	13.47
2	C		公共设施用地	12.47	31.45
		其中	行政管理用地	0.47	1.19
			教育机构用地	3.57	9.01
			文化科技用地	0.24	0.60
			医疗保健用地	0.54	1.36
			商业金融用地	2.72	6.86
			集贸市场用地	0.43	1.08
			文物古迹用地	4.50	11.35
3	M		生产设施用地	0.01	0.03
4	W		仓储用地	0.05	0.13
5	T		对外交通用地	0.43	0.83
		其中	公路交通用地	0.20	0.50
			其他交通用地	0.13	0.33
6	S		道路广场用地	7.44	16.83
7	U		市政公用设施用地	0.48	1.21
8	G		防护绿地	0.47	1.19
			公共绿地	13.05	32.92
9	E		水域及其他用地	0.77	1.94
总计			城市建设用地	39.6	100

图例

- 住宅用地
- 行政管理用地
- 文体科技用地
- 商业金融业用地
- 文物古迹用地
- 公路交通用地
- 道路广场用地
- 公用工程用地
- 防灾设施用地
- 防护绿地
- 教育机构用地
- 医疗保健用地
- 集贸市场用地
- 普通仓库用地
- 农业服务设施用地
- 其他用地
- 镇区设施用地
- 公共绿地
- 水塘
- 规划范围

▲ 乡政府驻地用地布局规划图

综合型——北京市怀柔区长哨营满族乡

该类型乡一般基础设施条件较好，社区结构较为完整，产业门类多，第一、第二、第三产业都比较发达，功能较为齐全，辐射能力较强。

1. 分布地区：经济发达地区分布较多，尤其是东部沿海地区，此类乡区位地理便利、交通优良、资源丰富、环境良好。

2. 产业结构配置：综合型的乡产业结构均衡，发展势态良好，第一产业、第二产业、第三产业均有分布。

3. 用地类别：三种类型的工业用地均有分布，或形成产业园区，和其他类用地一同分布，协调发展。

北京市怀柔区长哨营满族乡规划

案例名称：北京市怀柔区长哨营满族乡乡域总体规划（2009—2020）
设计单位：北京清华城市规划设计研究院
所属类型：综合型

■ 基本概况

北京长哨营满族乡位于北京市怀柔区内，地处北京北部山区，东北邻河北省滦平县金台子乡，东南与密云县番字牌乡接壤，西南与汤河口镇交界，北与喇叭沟门满族乡毗连。乡政府所在地长哨营村距市区150km。全乡辖24个村民委员会，46个自然村，乡政府驻长哨营村。共4674户，10068人，多为满族、汉族。满族占总人口33.7%，故为满族乡。

乡域总面积241.469km²，耕地面积827.22hm²，占土地总面积的3.43%；梯田及其他农地面积497.8hm²，占土地总面积的2.06%；林地面积为17490.27hm²，占土地总面积的72.43%；村镇建设用地面积138.14hm²，占土地总面积的0.57%；公路用地面积81.48hm²，占土地总面积的0.34%。乡中心现有建设用地面积25.2hm²。

2004年全乡农村经济总收入5.07亿元，财政总收入1150万元。

■ 规划思路

以建设生态型乡镇为发展目标，加强对满族乡人文资源的发掘，发扬"山清水秀、满族传承、自然淳朴"等山区少数民族乡镇特色，发展满族文化旅游、满族文化研究和生态农业等产业，创建生态优异、人民富足的塞北明珠。

长哨营区位图

北

区位分析图 ▶

用地布局规划

在保护生态环境和景观环境的基础上，以满族民俗旅游、山野度假旅游为支柱，带动山货产品集市、旅游商品加工产业和特色农、林业的发展。

带动新农村建设、旅游商品加工产业和特色农、林业的发展。优化第一产业，突出特色生态农业，结合旅游观光，发展蘑菇种植基地、果品、精品育种、林业等，为游人提供生态优质的各类农林产品。开发第二产业，着重发展旅游辅助产业，除位于开发区的工业企业外，着重发展旅游的辅助产业——旅游商品加工业，主要以旅游商品（旅游纪念品、地方土特产品、民俗文化艺术品）的生产加工为主。大力发展第三产业，突出发展满族民俗旅游业，利用长哨营满族乡丰厚的满族文化特色和丰富的自然景观（山、植被、原野等），开展各种民俗体验、参观教育、观光游览等活动，利用满族乡的知名度和文化内涵，向游客展示满族的民俗民风。

规划基本保持乡政府驻地现有中小学和其他公共服务设施的位置规模不变，增加部分居住用地和商业服务设施用地，将现有道路进行拓宽与整治。长哨营是全乡的政治、经济、文化教育中心，也是重要的旅游接待基地，将发挥为全乡提供公共服务、带动全乡共同发展的重要作用。

规划特点

1．规划从改善农村生产生活条件、改变农村公共服务配套设施不全的状况入手。保留现有中小学和其他公共服务设施位置规模不变，增加部分居住用地和商业服务设施用地。

2．规划提出将乡政府驻地建设成为具有地方特色、环境优美、布局合理、基础设施和公共服务设施完善的现代化农村新型社区。

3．规划重点发展满族民俗文化产业。形成一个中心：即以长哨营为中心。两个集市：即山货大集和满族文化老街。乡政府驻地除安排居住、政府行政办公及与人口相配套的各项公共设施用地、公共绿地以外，还安排为游人提供商业服务的旅游商业服务用地和满族文化研究用地。

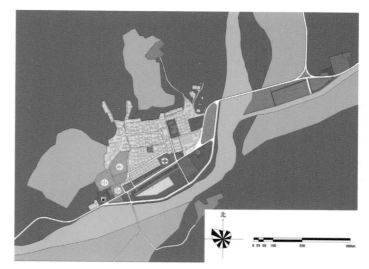

▲ 乡政府驻地用地现状图

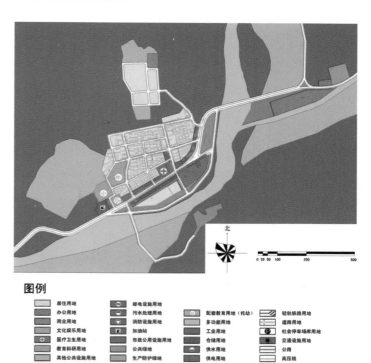

▲ 乡政府驻地用地布局规划图

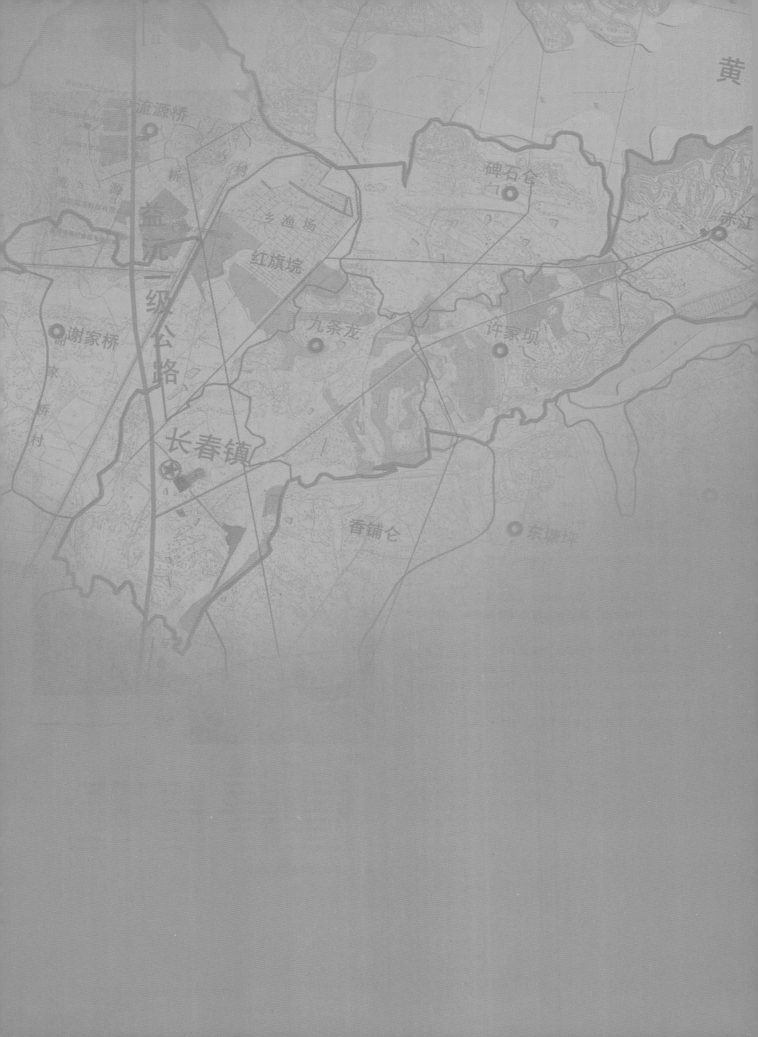

第 **3** 章

村庄建设用地优化配置图样

村庄建设用地优化配置图样类型划分标准说明

随着我国经济水平的高速发展，人民生活水平的提高，农村的发展日新月异。近些年，社会主义新农村建设和新民居建设使农村的面貌得到了改变，居住环境得到改善，公共服务与工程设施都得到了较好的改观。

一、村庄的概念

村庄是指农村村民居住和从事各种生产的聚居点。

二、村庄分类及特征

1. 村庄分类

我国农村地域广阔，自然条件差异很大，社会和经济发展水平也不一样。村庄的分类多种多样，如按人口规模划分可分为特大型、大型、中型和小型，按经济发展水平可划分为经济发达地区、经济发展一般地区和经济欠发达地区，按空间分布形态可分为城市紧邻型、城市近郊型和偏远独立型，按地形可划分为高原型、山地丘陵型、平原型等。我国不同地区的地理和气候条件决定了人类社会经济生活的很多方面，对农村基础设施的规划建设也有较大影响。例如降雨量对供排水工程的影响，气温对热力工程的影响以及地理、气候条件对防灾减灾工程的影响等。因此本规划图样分类以气候分区为基础，按地理位置划分村庄类别。

根据《建筑气候区划标准》GB50178-93，建筑气候区划系统分为一级区和二级区两级。一级区划分为7个区，二级区划分为20个区。一级区划以1月平均气温、7月平均气温、7月平均相对湿度为主要指标，以年降水量、年日平均气温低于或等于5℃的日数和年日平均气温高于或等于25℃的日数为辅助指标。一级区划分区详见表1。

2. 村庄空间形态特征

村庄人口现状集聚规模相对较小，分布密度相对较高。同时，村庄发展分化较大。从区位上看，城市郊区村庄发展条件优越而经济条件相对较好。从农业产业化经营上看，有的村庄农业专业化生产开展较好，有优势产品和相对稳定的市场，村庄经济与建设相对较好；有的村庄无特色农业，发展与建设比较滞后。

很多中小型村庄受过境交通影响较大，容易造成村庄沿过境道路呈条带状布局的形态。尤其是村庄的商业设施和基础设施布局，受到过境道路影响，不仅为村庄规划、建设带

区名	主要指标	辅助指标	各区辖行政区范围
I	1月平均气温≤-10℃ 7月平均气温≤25℃ 7月平均相对湿度≥50%	年降水量200～800mm 年日平均气温≤5℃的日数≥145d	黑龙江省、吉林省全境；辽宁省大部；内蒙古自治区中、北部及陕西省、山西省、河北省、北京市北部的部分地区
II	1月平均气温≤-10～0℃ 7月平均气温18～28℃	年日平均气温≥25℃的日数＜80d 年日平均气温≤5℃的日数90～145d	天津市、山东省、宁夏回族自治区全境；北京市、河北省、山西省、陕西省大部；辽宁省南部；甘肃省中东部以及河南省、安徽省、江苏省北部的部分地区
III	1月平均气温≤0～10℃ 7月平均气温25～30℃	年日平均气温≥25℃的日数40～110d 年日平均气温≤5℃的日数0～90d	上海市、浙江省、江西省、湖北省、湖南省全境；江苏省、安徽省、四川省大部；陕西省、河南省南部；贵州省东部；福建省、广东省、广西壮族自治区北部和甘肃省南部的部分地区
IV	1月平均气温＞10℃ 7月平均气温25～29℃	年日平均气温≥25℃的日数100～200d	海南省、台湾省全境；福建省南部；广东省、广西壮族自治区大部以及云南省西部和无江河谷地区
V	7月平均气温18～25℃ 1月平均气温0～13℃	年日平均气温≤5℃的日数0～90d	云南省大部；贵州省、四川省西南部；西藏自治区南部一小部分地区
VI	7月平均气温≤18℃ 1月平均气温0～-22℃	年日平均气温≤5℃的日数90～285d	青海省全境；西藏自治区大部；四川省西部、甘肃省西南部；新疆维吾尔自治区南部的部分地区
VII	7月平均气温≥18℃ 1月平均气温-5～-20℃ 7月平均相对湿度＜50%	年降水量10～600mm 年日平均气温≥25℃的日数＜120d 年日平均气温≤5℃的日数≥110～180d	新疆维吾尔自治区大部；甘肃省北部；内蒙古自治区西部

▲表1 中国建筑气候表

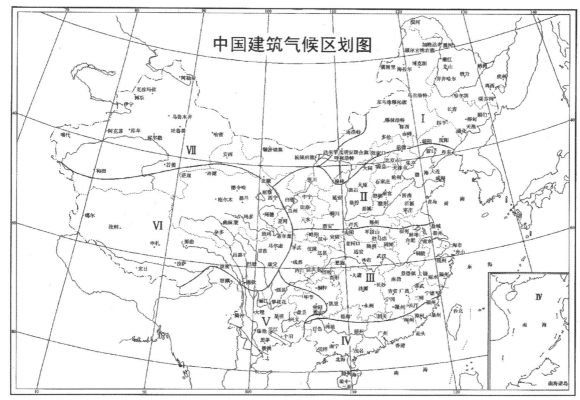

▲ 中国建筑气候区划图

来一定困难，也使村庄功能趋于单一化，产生对较大的过境客流的依赖性。

因此，总体来看，我国村庄的社会经济发展水平偏低，村庄范围内的建设较为混乱，无统一的规划安排，空间形态不清晰。

三、村庄类型划分

我国疆域辽阔，地理环境差异很大。根据各地的地理位置、自然特点的不同，我国划分为七类气候区。然而，每类气候区中的情况也不尽相同，气候相同的情况下，还受到当地地形的影响。所以将我国村庄又划分为五种区域，即山地、平原、丘陵、高原和水乡地区。

（一）第 I 建筑气候区

分布范围：黑龙江省、吉林省全境；辽宁省大部；内蒙古自治区中、北部及陕西省、山西省、河北省、北京市北部的部分地区。

该区冬季漫长严寒，夏季短促凉爽；西部偏于干燥，东部偏于湿润；气温年较差很大；冰冻期长，冻土深，积雪厚；太阳辐射量大，日照丰富；冬半年多大风。

高原型村庄：集中在大兴安岭、小兴安岭、长白山等地区。东北地区历史上地广人稀，山地型村庄人口较少，布局自由。

平原型村庄：集中在东北平原上，村庄布局松散，一般

沿河布置，由经过村庄的一条交通干道组织起村庄。

丘陵型村庄：丘陵型村庄布局在山地型村庄和平原型村庄的过渡地带，布局依山就势，村庄受地形限制，形式多变，地势起伏高差较大。

（二）第 II 建筑气候区

分布范围：天津市、山东省、宁夏回族自治区全境；北京市、河北省、山西省、陕西省大部；辽宁省南部；甘肃省中东部以及河南省、安徽省、江苏省北部的部分地区。

该区冬季较长，且寒冷干燥，平原地区夏季较炎热湿润，高原地区夏季较凉爽，降水量相对集中；气温年较差较大，日照较丰富；春、秋季短促，气温变化剧烈。

山地型村庄：集中在太行山、燕山、祁连山东侧、秦岭北侧以及与内蒙古自治区高原接壤的地区。

平原型村庄：集中在华北平原，以及黄河及其支流流过的沉积平原地区。

丘陵型村庄：分布在山脉山前地区，依山就势。村庄布局灵活，形态多变，受地势、日照、风力、地质构造影响较大。

（三）第 III 建筑气候区

分布范围：上海市、浙江省、江西省、湖北省、湖南省全境；江苏省、安徽省、四川省大部；陕西省、河南省南部；贵州省东部；福建省、广东省、广西壮族自治区北部和甘肃省南部的部分地区。

该区大部分地区夏季闷热，冬季湿冷，气温日较差小；年降水量大；日照偏少；春末夏初为长江中下游地区的梅雨期，多阴雨天气，常有大雨和暴雨出现；沿海及长江中下游地区夏秋季节常受热带风暴和台风袭击，易有暴雨大风天气。

山地型村庄：集中在岷山、邛崃山东侧、秦岭南侧、南岭北侧，以及武夷山、武陵山、大别山、大巴山、罗霄山等地区。

平原型村庄：集中在华北平原南端、长江中下游平原、四川盆地以及其他地势平坦地区，村庄发展与布局受山地和水系影响较小的地区。

水乡型村庄：多分布在河湖水网密布地区，村庄发展与布局受到水系的较大影响，主要分布在沿东海地区、沿河流湖泊地区和降雨量较大地区。

（四）第Ⅳ建筑气候区

分布范围：海南省、台湾地区全境；福建省南部；广东省、广西壮族自治区大部以及云南省西部和无江河谷地区。

该区气温年较差和日较差均小；雨量丰沛，多热带风暴和台风袭击，易有大风暴雨天气；太阳高度角大，日照较小，太阳辐射强烈。

山地型村庄：南岭以南山地地区及其他受山地影响地区。

平原型村庄：河流沉积平原、地势平坦地区。

水乡型村庄：沿南海地区，以及受河流水网湖泊影响较大地区。

（五）第Ⅴ建筑气候区

分布范围：云南省大部；贵州省、四川省西南部；西藏自治区南部一小部分地区。

该区大部分地区冬温夏凉，四季分明；常年有雷暴、多雾，气温年较差偏小，日较差偏大，日照较少，太阳辐射强烈，部分地区冬季气温偏低。

山地型村庄：云贵高原上地形高差较大地区，无量山、横断山脉等。

平原型村庄：地形较缓、平坦的地区。

水乡型村庄：降雨量大、水系发达的地区。

（六）第Ⅵ建筑气候区

分布范围：青海省全境；西藏自治区大部；四川省西部、甘肃省西南部；新疆维吾尔自治区南部的部分地区。

该区长冬无夏，气候寒冷干燥，南部气温较高，降水较多，比较湿润；气温年较差小而日较差大；气压偏低，空气稀薄，透明度高；日照丰富，太阳辐射强烈；冬季多西南大风；冻土深，积雪较厚，气候垂直变化明显。

山地型村庄：昆仑山、阿尔金山、可可西里山、冈底斯山、巴颜喀拉山、喜马拉雅山地的地形起伏变化较大地区。

平原型村庄：柴达木盆地、地形变化较小的高山地区。

高原型村庄：村庄布局在高原地区，受地势影响，村庄沿河湖不远的地方布置，村庄规模较小，布局松散，住户的宅基地较大，院落较大，整体布局不紧凑。

（七）第Ⅶ建筑气候区

分布范围：新疆维吾尔自治区大部；甘肃省北部；内蒙古自治区西部。

该区大部分地区冬季漫长严寒，南疆盆地冬季寒冷；大部分地区夏季干热，吐鲁番盆地酷热，山地较凉；气温年较差和日较差均大；大部分地区雨量稀少，气候干燥，风沙大；部分地区冻土较深，山地积雪较厚，日照丰富，太阳辐射强烈。

山地型村庄：阿尔泰山、天山等地区。

平原型村庄：塔里木盆地、准噶尔盆地、内蒙古自治区高原等地势平坦地区。

一共为 20 类。

四、不同地貌类型的村庄布局

不同环境孕育出不同的村庄布局，在复杂多变的环境中，因地制宜是村庄布局的基本特点，依山就势，临水而居。村庄布局可分为以下 5 类。

1. 山地型村庄

山地类村庄地区受到地形影响较大，一般空间布局紧凑，房屋建筑密度大，随着山地和道路自由布局，没有规整或者大面积的开敞空间，仅仅在某些节点布置小面积的广场。

山地村庄既具有一般村庄的属性，又由于山地独特的自然、资源、经济等条件的影响而具有鲜明的山地性。山地村用地紧张，布局较为紧凑，发展规模受限制，其规模远低于同等级平原地区的村庄水平，但由于社会经济发展水平相对较弱，这也使得山地村庄保存了鲜明的地方传统文化特色。

2. 丘陵型村庄

由于村庄的建设多为自发的发展，而且受山地丘陵的地貌限制，村庄形状多呈带形、星形。村庄规模小，分布分散、零乱，建筑布局根据地形走势自由安排。

3. 平原型村庄

平原型村庄所在村域一般面积较大，发展条件好，因此建设规模大，道路系统较规整，整体空间结构也比较规整，能够在节点处突出开敞空间。

4. 水乡型村庄

水乡型村庄因其受水环境的影响，布局和水系有关，一些村庄因水系的纵横交错而呈现分散状布局，或将村庄分割为几个部分。

水乡型村庄因水而生，所以村庄产业大多和水有一定的关系。

5. 高原型村庄

高海拔山地的村庄一般以农牧民为主，非建设用地较多，村庄地区规模较小，周边村落较分散。村庄多重点建设第一产业，以畜牧业为主导，产业基础设施条件较落后。

此类村庄与山地型类似，整体用地布局随地形变化，空间布局较紧凑，以自由发展为主，空间形态多为带状、星形。

第 I 建筑气候区高原型
——内蒙古自治区鄂尔多斯市达拉特旗展旦召苏木

分布范围：黑龙江省、吉林省全境；辽宁省大部；内蒙古自治区中、北部及陕西省、山西省、河北省、北京市北部的部分地区。

该区冬季漫长严寒，夏季短促凉爽；西部偏于干燥，东部偏于湿润；气温年较差很大；冰冻期长，冻土深，积雪厚；太阳辐射量大，日照丰富；冬半年多大风。该区建筑气候特征值宜符合下列条件：

1．1 月平均气温为 −31 ～ 10℃，7 月平均气温低于 25℃；气温年较差为 30 ～ 50℃；年平均气温日较差为 10 ～ 16℃；3 ～ 5 月平均气温日较差最大，可达 25 ～ 30℃；极端最低气温普遍低于 −35℃，漠河曾有 −52.3℃ 的全国最低纪录；年日平均气温低于或等于 5℃ 的日数大于 145d。

2．年平均相对湿度为 50% ～ 70%；年降水量为 200 ～ 800mm，雨量多集中在 6 ～ 8 月，年雨日数为 60 ～ 160d。

3．年太阳总辐射照度为 140 ～ 200W/m^2，年日照时数为 2100 ～ 3100h，年日照百分率为 50% ～ 70%，12 月至第二年 2 月偏高，可达 60% ～ 70%。

4．12 月至第二年 2 月西部地区多偏北风，北、东部多偏北风和偏西风，中南部多偏南风；6 ～ 8 月东部多偏东风和东北风，其余地区多为偏南风；年平均风速为 2 ～ 5m/s，12 月至第二年 2 月平均风速为 1 ～ 5m/s，3 ～ 5 月平均风速最大，为 3 ～ 6m/s。

5．年大风日数一般为 10 ～ 50d；年降雪日数一般为 5 ～ 60d；长白山个别地区可达 150d，年积雪日数为 40 ～ 160d；最大积雪深度为 50cm，长白山个别地区超过 60cm；年雾凇日数为 2 ～ 40d。

高原型村庄集中在大兴安岭、小兴安岭、长白山等地区。由于东北地区历史上地广人稀，山地型村庄人口较少，布局自由。

高海拔山地的村庄一般以农牧民为主，非建设用地较多，村庄地区规模较小，周边村落较分散。村庄多重点建设第一产业，以畜牧业为主导，产业基础设施条件较落后。

此类村庄与山地型类似，整体用地布局随地形变化，空间布局较紧凑，以自由发展为主，空间形态多为带状、星形。

内蒙古自治区鄂尔多斯市达拉特旗展旦召苏木村庄规划

案例名称：内蒙古自治区鄂尔多斯市达拉特旗展旦召苏木（原解放滩）精品移民小区规划设计
设计单位：中国建筑设计研究院城镇规划设计研究院
所属类型：第 I 建筑气候区高原型

■ 基本概况

规划项目用地为达拉特旗展旦召苏木（原解放滩）区域，位于树林召正西方向约 15km 处，北侧距离展旦召苏木政府所在地约 6km。规划用地东西约 600m，南北约 1000m。规划用地东侧紧邻解高公路，道路状况良好，路宽为 7m。规划用地地势平坦，现状为沙化荒地，用地西北角有基本成片的林地，规划地块内也有多条东西走向或南北走向的林带。规划用地

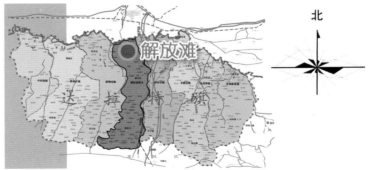

▲ 区位分析图

东侧现有的输电线路,可以为本项目提供电力。该地域地下水资源非常丰富,为树林召的生活水源地,可以自打井为本项目供水。

迁入村民包括了展旦召苏木北部、中部、南部不同区域的村民,其中北部黄河大堤内受到洪汛影响的整个小村落整体迁入,这部分迁入的村民将仍从事农业生产,目前项目选址可以保证村民到达耕地的时间在半小时以内;展旦召苏木中部主要为丘陵地带,村民以从事牧业为主,中部零散居住的村民迁入后仍将从事畜牧业;展旦召苏木南部为山区,煤矿资源丰富,部分零散居住的村民迁入后将转产从事第二、第三产业。

■ 规划思路

规划设计以生产、生活相结合为出发点,注重农村住区特征,强调农村住区的社会伦理、经济性空间形态、交通特点、住户需求等特征,具体特征如下:

1. 新伦理特征:围绕村民社区中心,以自然村为单位,形成三个相对独立的组团。

2. 新经济特征:改善生活环境的同时,注重新村的就业和生活场所等规划设计。充分考虑与农业生产相关的农机具的存放,规划集中养殖区,并考虑从农业向服务业及其他产业转型,规划相应的配套服务、产业用房。

3. 新空间特征:强化内部步行空间和传统街巷,强化自然村周边的自然村界和交往空间,突出绿树环绕村落的特征。

4. 新交通特征:步行与车行并重,车辆种类较多,生产用车、农机具车较多,轿车较少,与城市以轿车为主的停车方式有所不同。生产用车在新村附近独立规划停车场,小轿车结合新村院落设计就近停放。

5. 新居住特征:住宅单体设计反应不同职业类型村民的生活需求和生活习惯,尽可能地满足绝大多数村民的生活、生产要求,充分考虑庭院经济、露台经济等可能性。

■ 用地布局规划

总体规划结构为"一心一轴,三村一环"。

"一心"指一个村民社区中心,作为全区的商业、产业、景观中心;商业服务、文化娱乐等设施及幼儿园布置在小区的中心地带。

"一轴"指结合现状绿化林带,形成东西向的入口景观轴,联系解高公路和社区中心。

"三村"指依据迁入村民状况分别围绕村民中心形成3个相对独立的组团,并结合产业发展形成北部农业组团、南部矿业组团和西部畜业组团。

"一环"指一条环路将三个组团联系在一起。

规划总用地面积为 32.10hm^2。其中住宅用地 22.24hm^2,占总用地面积的 69.28%;公共建筑用地 3.03hm^2,占总用地面积的 9.44%;道路用地 3.17hm^2,占总用地面积的 9.44%;公共绿地 3.66hm^2;占总用地面积的 11.40%。

■ 规划特点

对规划用地进行综合深入的剖析,根据地形、地势,分区规划,特色布局,使每个地块的特点都能够得到充分的利用与发挥。将生态绿化与景观绿化相结合,以现有中心绿地为核心,通过乔灌木合理配置,形成多层次复合型、生态型绿化景观。研究农村住宅的特点,在住宅功能布局中,以"如何降低农民用于房屋的生活支出"为设计目标,对房屋朝向、太阳能和雨水收集系统进行设计。

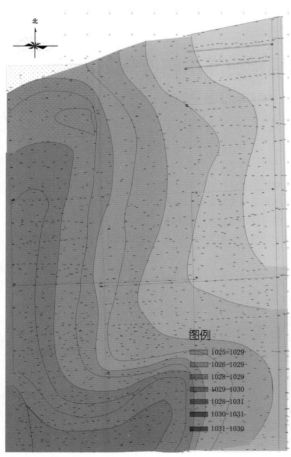

北

图例
1025-1029
1026-1029
1028-1029
1029-1030
1028-1031
1030-1031
1031-1030

▲ 村庄高程分析图

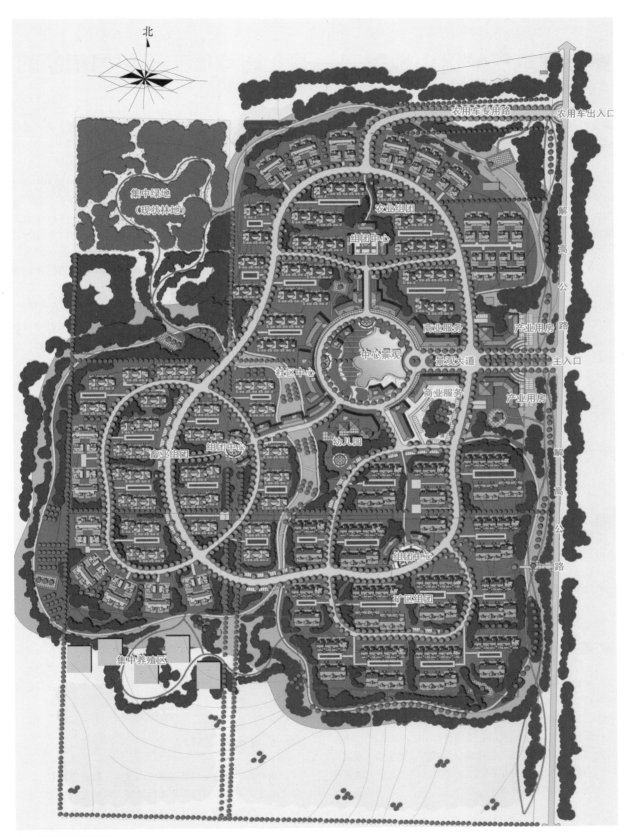

北

集中绿地
（现状林地）

农用车专用路　　农用车出入口

农业组团

组团中心

中心景观

社区中心

商业服务　　产业用房

景观大道　　主入口

商业服务　　产业用房

畜业组团

组团中心

幼儿园

组团中心

矿区组团

集中养殖区

解高公路

解高公路

▲　村庄规划总平面图

第II建筑气候区山地型——河北省承德市滦平县偏桥村

分布范围：天津市、山东省、宁夏回族自治区全境；北京市、河北省、山西省、陕西省大部；辽宁省南部；甘肃省中东部以及河南省、安徽省、江苏省北部的部分地区。

该区冬季较长且寒冷干燥，平原地区夏季较炎热湿润，高原地区夏季较凉爽，降水量相对集中；气温年较差较大，日照较丰富；春、秋季短促，气温变化剧烈；春季雨雪稀少，多大风风沙天气，夏秋多冰雹和雷暴。该区建筑气候特征值宜符合下列条件：

1. 1月平均气温为 −10 ～ 0℃，极端最低气温在 −20 ～ −30℃之间；7月平均气温为 18 ～ 28℃，极端最高气温为 35 ～ 44℃；平原地区的极端最高气温大多可超过 40℃；气温年较差可达 26 ～ 34℃，年平均气温日较差为 7 ～ 14℃，年日平均气温低于或等于 5℃的日数为 90 ～ 145d；年日平均气温高于或等于 25℃的日数少于 80d；年最高气温高于或等于 35℃的日数可达 10 ～ 20d。

2. 年平均相对湿度为 50% ～ 70%；年雨日数为 60 ～ 100d，年降水量为 300 ～ 1000mm，日最大降水量大都为 200 ～ 300mm，个别地方日最大降水量超过 500mm。

3. 年太阳总辐射照度为 150 ～ 190W/m²，年日照时数为 2000 ～ 2800h，年日照百分率为 40% ～ 60%。

4. 东部广大地区 12 月至第二年 2 月多偏北风，6 ～ 8 月多偏南风，陕西省北部常年多西南风；陕西省、甘肃省中部常年多偏东风；年平均风速为 1 ～ 4m/s，3 ～ 5 月平均风速最大，为 2 ～ 5m/s。

5. 年大风日数为 5 ～ 25d，局部地区达 50d 以上；年沙暴日数为 1 ～ 10d，北部地区偏多；年降雪日数一般在 15d 以下，年积雪日数为 10 ～ 40d，最大积雪深度为 10 ～ 30cm；最大冻土深度小于 1.2m；年冰雹日数一般在 5d 以下；年雷暴日数为 20 ～ 40d。

山地型村庄集中在太行山、燕山、祁连山东侧、秦岭北侧以及与内蒙古高原接壤的地区。

山地型村庄地区受到地形影响较大，一般空间布局紧凑，房屋建筑密度大，随着山地和道路自由布局，没有规整或者大面积的开敞空间，仅仅在某些节点布置小面积的广场。

山地村庄既具有一般村庄的属性，同时由于山地独特的自然、资源、经济等条件的影响而具有鲜明的山地性。山地村庄用地紧张，布局较为紧凑，发展规模受限制，其规模远低于同等级平原地区的村庄水平，但由于社会经济发展水平相对较弱，也使得山地村庄保存了鲜明的地方传统文化特色。

河北省承德市滦平县偏桥村村庄规划

案例名称：滦平县巴克什营镇偏桥村村庄规划（2010—2020）
设计单位：河北省城乡规划设计研究院
所属类型：第II建筑气候区山地型

■ 基本概况

偏桥村位于河北省滦平县巴克什营镇东部 12km 处，距滦平县城 27km，距承德市区 80km，距旅游胜地金山岭长城 10km。京承旅游路（101 国道）穿村而过，京承高速公路在该村设有出口，地理位置优越，交通优势明显。偏桥村由偏桥、西湾、南沟门南沟、南沟门北沟、马家沟、柳家沟、康家沟 7 个自然村组成，共有 5 个居民组 353 户 1273 人，村域面积 11.57km²，农民人均年纯收入 2711 元。

■ 规划思路

规划针对山区村庄的特点，坚持以科学发展观为指导，按照新农村建设要求规划实施新民居建设。调整村庄空间布局，对散落的自然村进行整合，加强基础设施与公共服务设施建设。大力培育设施农业、特色林果、乡村休闲旅游三大产业，逐步改善生态环境，着力打造京承旅游公路沿线具有地方文化特色的新型生态民居示范村。

■ 用地布局规划

规划新村址位于偏桥和南沟门北沟，结合现状条件，确定发展方向为由东西两侧向中部发展。规划在总体结构上强调人与自然的和谐，设计上尽量减少对自然山体的改动，使建筑物尽可能沿等高线分组布置。规划居住呈院落式布局形式，户型丰富，满足不同层次需求，营造邻里沟通环境。

村庄布局围绕自然形成的两条冲沟展开，规划结构为"一心、两带、两轴、多组团"。

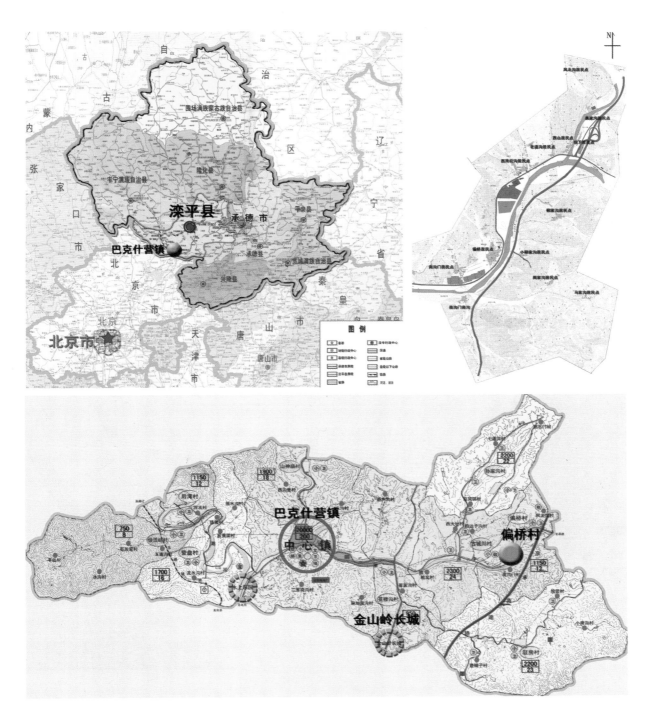

▲ 区位分析图

　　"一心"：是指新村公共服务设施中心。包括村委会办公室、会议室、村民议事礼堂、社区文化站、老年活动中心、娱乐室、医疗卫生站、居民超市等。结合公共服务设施中心配套建设村民文化广场，包括村民休闲健身活动场地等。

　　"两带"：是指结合现状地形利用冲沟形成的两条景观步行路，同时也是新村独特的风景轴。设置各类小品、叠水、树木，丰富景观，增加趣味。

　　"两轴"：是指新村东西和南北向的两条主要景观轴。

　　"多组团"：是指构成新村的多个居住组团。

■ 规划特点

　　规划从山区村庄特点入手，针对村庄建设相对分散、村民组规模偏小的现状，提出村庄空间布局调整方案，利于基础设施、公共服务设施的共建共享。注重村庄景观构建及生态环境保护，着力解决好自然环境与村庄发展之间的关系。

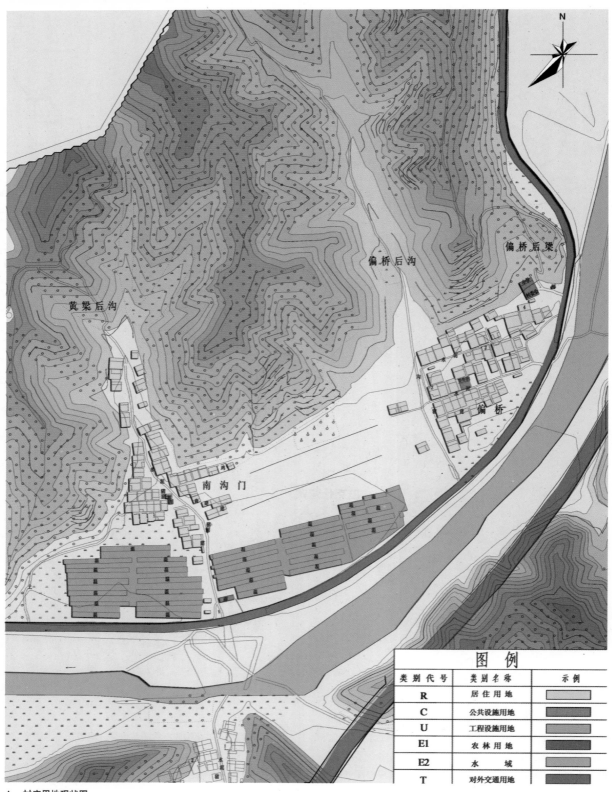

偏桥后梁

偏桥后沟

黄梁后沟

偏桥

南沟门

图　例		
类别代号	类别名称	示例
R	居住用地	
C	公共设施用地	
U	工程设施用地	
E1	农林用地	
E2	水域	
T	对外交通用地	

▲ 村庄用地现状图

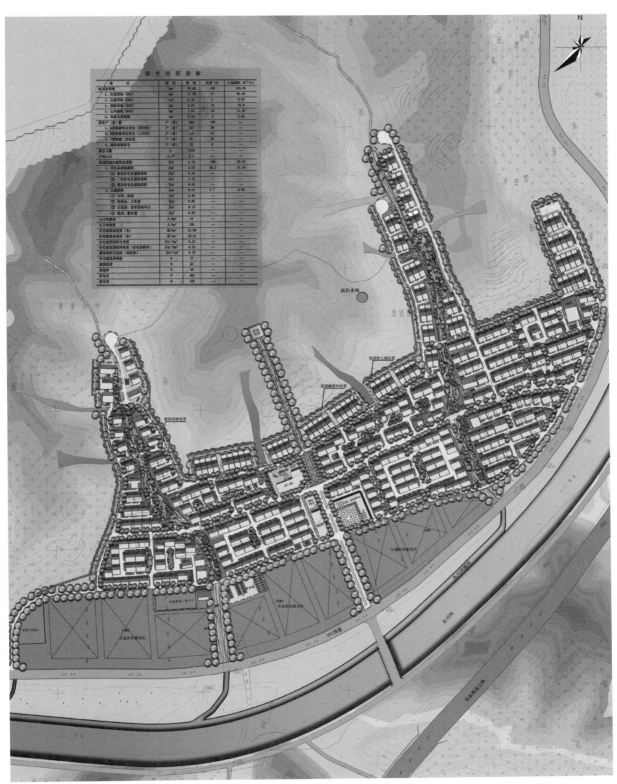

▲ 村庄规划总平面图

第II建筑气候区平原型——北京市顺义区道口村

分布范围：天津市、山东省、宁夏回族自治区全境；北京市、河北省、山西省、陕西省大部；辽宁省南部；甘肃省中东部以及河南省、安徽省、江苏省北部的部分地区。

该区冬季较长，寒冷干燥，平原地区夏季较炎热湿润，高原地区夏季较凉爽，降水量相对集中；气温年较差较大，日照较丰富；春、秋季短促，气温变化剧烈。该区建筑气候特征值宜符合下列条件：

1.1月平均气温为−10～0℃，极端最低气温在−20～30℃之间；7月平均气温为18～28℃，极端最高气温为35～44℃；平原地区的极端最高气温大多可超过40℃；气温年较差可达26～34℃，年平均气温日较差为7～14℃，年日平均气温低于或等于5℃的日数为90～145d；年日平均气温高于或等于25℃的日数少于80d；年最高气温高于或等于35℃的日数可达10～20d。

2.年平均相对湿度为50%～70%；年雨日数为60～100d，年降水量为300～1000mm，日最大降水量大都为200～300mm，个别地方日最大降水量超过500mm。

3.年太阳总辐射照度为150～190W/m²，年日照时数为2000～2800h，年日照百分率为40%～60%。

4.东部广大地区12月至第二年2月多偏北风，6～8月多偏南风，陕西省北部常年多西南风；陕西省、甘肃省中部常年多偏东风；年平均风速为1～4m/s，3～5月平均风速最大，为2～5m/s。

5.年大风日数为5～25d，局部地区达50d以上；年沙暴日数为1～10d，北部地区偏多；年降雪日数一般在15d以下，年积雪日数为10～40d，最大积雪深度为10～30cm；最大冻土深度小于1.2m；年冰雹日数一般在5d以下；年雷暴日数为20～40d。

平原型村庄：集中在华北平原、黄土高原，以及黄河及其支流流过的沉积平原地区。

平原型村庄所在村域一般面积较大，发展条件好，因此建设规模大，道路系统较规整，整体空间结构也比较规整，能够在节点处突出开敞空间。

北京市顺义区道口村村庄规划

案例名称：北京市顺义区道口村村庄规划
设计单位：北京清华城市规划设计研究院
所属类型：第II建筑气候区平原型

■ 基本概况

道口村位于顺义城关镇东南14km、北务镇区西北3.5km处，为全镇最北的村庄。南距王各庄2km，东北距高各庄1.5km，西距太平辛庄1.5km，东南距仓上1.5km。

道口村村域面积1.9km²，建设用地面积约25万m²，2005年共198户。规划近期人口按500人考虑，远期按450人考虑。用地规模为202.43hm²。

村域东南西北都有道路通过，南距龙塘路2km，有南北向硬化路面连接，路况较好；村庄东部为杨燕路，西部为木燕路，北部为潮华路，与这三条道路距离均近1km，只有较窄的土路相连。

农业收入占居民收入的主要部分，以蔬菜大棚种植为主。其他行业中，交通运输业收入比例最高，其次是商业服务业。

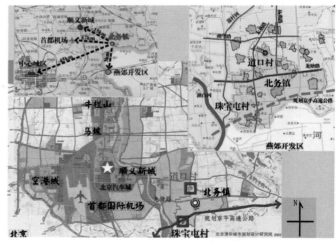

▲ 区位分析图

■ 规划思路

道口村规划的性质是生产发展、生活宽裕、乡风文明、村容整洁、管理民主的社会主义新农村，节能、节地的都市型农业基地。

▲ 村庄用地现状图

图例:
村庄建设用地
水域
闲置地
苗圃
菜地
有林地
水浇地
旱地
农业生产设施用地
道路用地（硬化）
道路用地（非硬化）
区域边界
房屋（质量1级）
房屋（质量2级）
房屋（质量3级）

停车场
垃圾处理站
公共服务区
旅游服务
停车场

图例:
村庄建设用地　菜地　农业生产设施用地　房屋（质量1级）
水域　有林地　道路用地（硬化）　房屋（质量2级）
闲置地　水浇地　道路用地（非硬化）　房屋（质量3级）
苗圃　旱地　区域边界

▲ 村庄规划总平面图

■ 用地布局规划

　　绿色产业区:位于村域南部,以设施农业和宜农工业为主。

　　大棚果菜区:结合现状规模较大的果园用地,发展农艺农事体验等旅游功能,并配套有服务农业的管理、商贸和培训等功能。

　　农林种植区:主要包括村域北部的树林苗圃和村域中部的大田农业。

　　村庄建设区:规划对村庄建设用地进行整治改造,配置公共服务和社会基础设施,成为村域的服务核心区。

　　道路交通:规划村域内的道路用地主要为村庄与四周道路的连接线,以及在村庄南部规划东西向过境道路。

■ 规划特点

　　为满足不同家庭规模和职业组成的需求,户型一是独栋二层住宅,围绕田地建造,主要面向务农的家庭;二是四层住宅,可按需求建造,主要面向务农人口比例小的家庭。

　　结合步行交通系统及建筑的收放有序,使绿化渗透到每家每户的宅前屋后。规划在村域过境道路两侧控制绿化隔离带,以减少道路交通噪声污染。

　　沿主要道路布置的绿化隔离带,将村庄周边生态绿化向内部渗透,实现村庄与外部生态环境的紧密联系。绿化带可考虑种植经济作物和观赏果林,在满足游览观赏的同时能获得一定经济收益。利用拆除的破旧住宅,建设小型宅间绿地,并在村口水塘周围设中心公园。

第II建筑气候区丘陵型——北京市平谷区将军关村新村

分布范围：天津市、山东省、宁夏回族自治区全境；北京市、河北省、山西省、陕西省大部；辽宁省南部；甘肃省中东部以及河南省、安徽省、江苏省北部的部分地区。

该区冬季较长且寒冷干燥，平原地区夏季较炎热湿润，高原地区夏季较凉爽，降水量相对集中；气温年较差较大，日照较丰富；春、秋季短促，气温变化剧烈；春季雨雪稀少，多大风风沙天气，夏秋多冰雹和雷暴。该区建筑气候特征值宜符合下列条件：

1. 1月平均气温为 −10 ～ 0°C，极端最低气温在 −20 ～ 30°C 之间；7月平均气温为 18 ～ 28°C，极端最高气温为 35 ～ 44°C；平原地区的极端最高气温大多可超过 40°C；气温年较差可达 26 ～ 34°C，年平均气温日较差为 7 ～ 14°C；年日平均气温低于或等于 5°C 的日数为 90 ～ 145d；年日平均气温高于或等于 25°C 的日数少于 80d；年最高气温高于或等于 35°C 的日数可达 10 ～ 20d。

2. 年平均相对湿度为 50% ～ 70%；年雨日数为 60 ～ 100d，年降水量为 300 ～ 1000mm，日最大降水量大都为 200 ～ 300mm，个别地方日最大降水量超过 500mm。

3. 年太阳总辐射照度为 150 ～ 190W/m²，年日照时数为 2000 ～ 2800h，年日照百分率为 40% ～ 60%。

4. 东部广大地区 12 月至第二年 2 月多偏北风，6 ～ 8 月多偏南风；陕西省北部常年多西南风；陕西省、甘肃省中部常年多偏东风。年平均风速为 1 ～ 4m/s，3 ～ 5 月平均风速最大，为 2 ～ 5m/s。

雪日数一般在 15d 以下，年积雪日数为 10 ～ 40d，最大积雪深度为 10 ～ 30cm；最大冻土深度小于 1.2m；年冰雹日数一般在 5d 以下；年雷暴日数为 20 ～ 40d。

丘陵型村庄分布在山脉山前地区，依山就势。村庄布局灵活，形态多变，受地势、日照、风力、地质构造影响较大。

由于村庄的建设多为自发的发展，而且受到山地丘陵的地形限制，村庄形状多成带形、星形。村庄规模小，分布分散、零乱，建筑布局根据地形走势自由安排，一般过境公路穿村而过，但是受到地形的影响，对村庄布局影响较大。

北京市平谷区将军关村新村村庄规划

案例名称： 将军关村新村规划
设计单位： 中国建筑设计研究院城镇规划设计研究院
所属类型： 第II建筑气候区丘陵型

■ 基本概况

将军关村新村建设用地位于金海湖镇将军关村现状村庄以南约 600m，胡陡路以西，将军关石河以东。用地形状近似平行四边形，南北长约 450m，东西宽约 260m，总用地面积约 13.2hm²，建设用地为 10.2hm²。用地内地势东高西低，坡度较缓。

将军关村北依长城，历史悠久，始建于明代。新村建设用地距明长城将军关段仅有 1.6km。目前，北京市平谷区"金海湖·大峡谷·大溶洞风景名胜区"已日渐成为京郊的主要旅游热点之一，在旅游娱乐设施和接待服务设施建设上有很大发展，名胜区吃、住、行、游、购、娱乐环节已形成一定规模。整个风景名胜区由金海湖镇、黄松峪乡、山东庄镇、南独乐河镇、镇罗营镇五个部分组成，将军关为金海湖镇所辖。将军关作为金海湖镇旅游资源中的重要一环，必将随着金海湖景区的新发展而获得综合地位的提升，并进而带动全村各项事业的建设和发展。

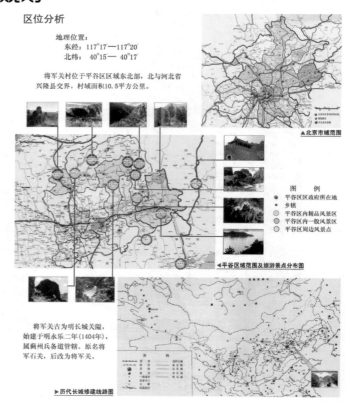

区位分析

地理位置：
东经：117°17′—117°20′
北纬：40°15′— 40°17′

将军关村位于平谷区区域东北部，北与河北省兴隆县交界。村域面积 10.5 平方公里。

图例
● 平谷区区政府所在地
● 乡镇
◎ 平谷区内精品风景区
◎ 平谷区内一般风景区
◎ 平谷区周边风景点

► 北京市域范围图
► 平谷区域范围及旅游景点分布图

将军关古为明长城关隘，始建于明永乐二年(1404年)，属蓟州州兵备道管辖。原名将军石关，后改为将军关。

► 历代长城修建线路图

▲ **区位分析图**

■ 规划思路

建设与长城风貌相协调，具有完善的配套服务设施，优越的环境质量及典型北方传统村落特色，兼有旅游接待功能的新型农民居住小区。规划设计坚持以人为本，从当地农村百姓的实际需求出发，满足群众改善生活居住条件的迫切愿望。改善环境品质，通过规划延续农村人际交往的家园性特征，努力创造具有自然和谐人际关系的农村新住区。坚持从高标准、高要求、高品位角度出发，引入新观念、新技术、新材料，在保证与历史文化风貌、自然环境景观相协调的同时，实现现代化新农村的居住目标。

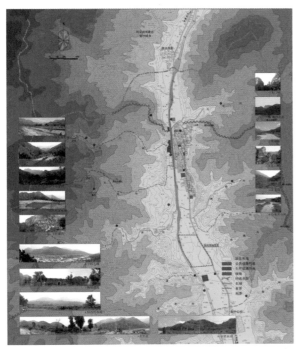

▲ 村庄用地现状图

■ 用地布局规划

依据地形特点、周边道路情况、村民出入主要流向及规划实施进度，规划新村住宅按南北两片区布局。两区中部布置服务于新村的商业及公共服务设施，形成设施完善、服务便利的有序功能空间。南北两个居住片区由若干个生活单元组成。成群成片的生活单元、一个个幽静的院落和尺度宜人的街巷，共同构成了住区肌理，展现出连续的生活场景。

在新村中部规划一条东西向商业步行街，两侧为底商式住宅。步行街东端为入口广场，沿街两侧除布置底层商业用房外，还布置有邮电代办点、储蓄所等方便居民使用的配套服务设施。步行街西端为新村中心广场，围绕中心广场布置公共服务设施。沿步行街设置绿化小品及休憩设施，创造具有传统风貌的步行空间，同时界定南北两区。在将军关石河东岸及商业步行街南北两侧布置休闲绿带，与道路绿化、组团绿化、宅间绿化相结合，与周边山体、林地、水体相呼应，创造环境优美、舒适宜人的新型农村住区。新村规划住宅共计202户。其中北部片区89户，南部片区95户，中部底商式住宅18户。

■ 规划特点

规划依托将军关村位于北京市平谷区"金海湖·大峡谷·大溶洞风景名胜区"的优势，尊重历史文化传统，创造具有典型北方传统村落特色的农村居住环境。重视生态环境，结合山、水、植被等自然环境特色，坚持经济与环境协调发展，力求最佳综合效益的可持续发展。引入最新设计理念，保持农村特有风貌，创造具有地方旅游特色的新住区。将商业步行街及公共服务设施、中心广场规划于新村中部，商业步行街两侧布置休闲绿带，营造环境优美、功能完善、景观宜人的新村形象。

▲ 现状分析图

▲ 村庄规划总平面图

第III建筑气候区山地型——四川省广元市青川县阴平村

分布范围：上海市、浙江省、江西省、湖北省、湖南省全境；江苏省、安徽省、四川省大部，陕西省、河南省南部；贵州省东部；福建省、广东省、广西壮族自治区北部和甘肃省南部的部分地区。

该区大部分地区夏季闷热，冬季湿冷，气温日较差小；年降水量大；日照偏少；春末夏初为长江中下游地区的梅雨期，多阴雨天气，常有大雨和暴雨出现；沿海及长江中下游地区夏秋常受热带风暴和台风袭击，易有暴雨大风天气。该区建筑气候特征值宜符合下列条件：

1.7月平均气温一般为25～30℃，1月平均气温为0～10℃；冬季寒潮可造成剧烈降温，极端最低气温大多可降至−10℃以下，甚至低于−20℃；年日平均气温低于或等于5℃的日数为0～90d；年日平均气温高于或等于25℃的日数为40～110d。

2.年平均相对湿度较高，为70%～80%，四季相差不大；年雨日数为150d左右，多者可超过200d；年降水量为1000～1800mm。

3.年太阳总辐射照度为110～160W/m²，四川盆地东部为低值中心，尚不足110W/m²；年日照时数为1000～2400h，川南、黔北日照极少，只有1000～1200h；年日照百分率一般为30%～50%，川南、黔北地区不足30%，是全国最低的。

4.12月至第二年2月盛行偏北风；6～8月盛行偏南风；年平均风速为1～3m/s，东部沿海地区偏大，可达7m/s以上。

5.年大风日数一般为10～25d，沿海岛屿可达100d以上；年降雪日数为1～14d，最大积雪深度为0～50cm；年雷暴日数为30～80d；年雨淞日数，平原地区一般为0～10d，山区可多达50～70d。

山地型村庄集中在岷山、邛崃山东侧、秦岭南侧、南岭北侧，以及武夷山、武陵山、大别山、大巴山、罗霄山等地区。

山地型村庄地区受到地形影响较大，一般空间布局紧凑，房屋建筑密度大，随着山地和道路自由布局，没有规整或者大面积的开敞空间，仅仅在某些节点布置小面积的广场。

山地型村庄既具有一般村庄的属性，又由于山地独特的自然、资源、经济等条件的影响而具有鲜明的山地性。山地村庄用地紧张，布局较为紧凑，发展规模受限制，其规模远低于同等级平原地区的村庄水平，但由于社会经济发展水平相对较弱，也使得山地村庄保存了鲜明的地方传统文化特色。

四川省广元市青川县阴平村村庄规划

案例名称：四川省青川县清溪镇阴平村村庄规划
设计单位：温州市城市规划设计研究院
所属类型：第III建筑气候区山地型

■ 基本概况

青溪镇地处青川县西部边陲，位于岷山山脉南麓的摩天岭脚下，青竹江上游，二省（四川省、甘肃省）三市县（四川省广元市、绵阳市及甘肃省文县）交界处。阴平村位于青溪镇建成区以北1.5km，规划区面积为34.25hm²。用地以农林种植地为主，其次是村民住宅用地。现状总建筑面积为17525m²（不含简易棚和在建建筑），总建筑基底面积为13038m²，人均建筑面积35m²。房舍多集中于丰光堰、春东路两侧。建筑多为砖结构，部分为木质、土质结构，以1、2层为主。2008年"5·12"汶川特大地震中大部分房屋不同程度受损，多数农房墙体开裂，部分质量较差的老房子倒塌，供电、通信全部中断。

■ 规划思路

本次规划是在村庄原有肌理的基础上，以保持该地域景观风貌为重点，发扬川北山区的民俗文化、传统农耕生态文化及三国蜀道文化，规划成为人居环境优良、基础设施完备、以农家乐旅游发展为主的生态型村庄。加快产业发展，促进村庄经济稳定持续增长，强化景观环境的优化与塑造，注重传统生态文化的延续，营造田园人家整体环境。

■ 用地布局规划

用地布局形成阴平蜀道文化区、农家乐体验区、川北民俗展示区、农耕文化区。新建建筑用地嵌入旧村用地中，村

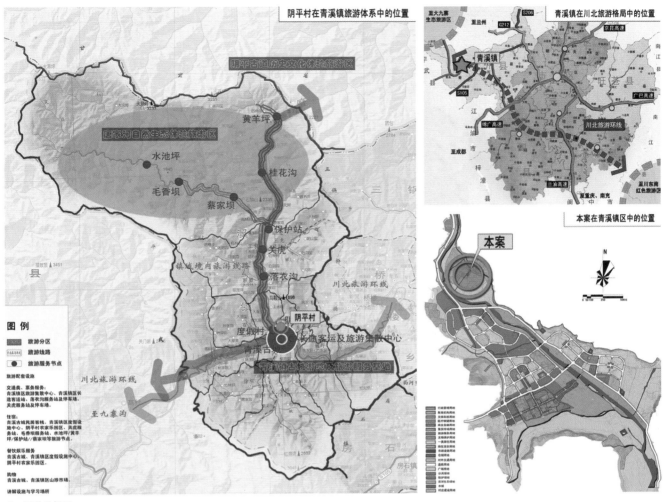

阴平村在青溪镇旅游体系中的位置　　青溪镇在川北旅游格局中的位置

本案在青溪镇区中的位置

阴平古道历史文化体验旅游区

国家级自然生态体验旅游区

黄羊坪

水池坪

桂花沟

毛香坝

蔡家坝

保护站

关虎

落衣沟

阴平村

度假村

青溪古城

本案

▲　区位分析图

庄格局基本不变，梳理村庄内部空间，开辟公共活动场地和
消防通道。

　　1. 蜀道文化区。该区依托青竹江建设，以自然风貌为主，
重点打造蜀道文化。西侧主入口处设置小型集散广场，向北
进入农家乐步行街，向南进入主要农业生产区域。广场周边
空间相对封闭，游人通过小街、小巷和树林后，显现"柳暗
花明又一村，又一方阡陌人间"景象。沿江建设自然型驳岸，
以防洪灾。

　　2. 农家乐体验区。该区作为农家乐主要发展区域，由农
家乐步行街、农家典型院落、休闲果林等组成。村庄以果林为
中心，农田和村庄相互穿插，形成田中有村、村中有田的田园
格局。以青竹江、春东路构成村庄骨架，道路环线出口处规划
重要节点和广场。步行系统贯穿全村各处。沿步行街建筑成组
成院。公共配套设施分布于春东路北端和丰光堰交汇处。

　　3. 川北民俗展示区。该区位于村庄东北区域，沿山麓分布。

建筑依山势而建，相对散落。建筑之间、院落之间有小片农
田和果林，使村庄空间层次更为丰富，更具可赏性和可游性。
可根据自身院落、场地适当发展农家乐民俗活动。

　　4. 农耕文化区。位于南部。保留区域农田肌理和风貌，
设置一处休憩建筑，作为农业生产区域，设置少量旅游设施
用于观光，避免游客大批进入，以免对日常农业生产造成影响。

■ 规划特点

　　规划在充分考虑现状的基础上，结合当地的实际情况，
在兼顾经济、社会、环境效益的前提下，把实用、经济的原
则与美观要求有机结合起来，强调规划布局的完整统一。在
有限的空间内，多方式合理组织内外空间，创造舒适宜人的
村庄生活环境，满足村民的生活需求，达到人、自然、村庄
三者之间和谐的目标。

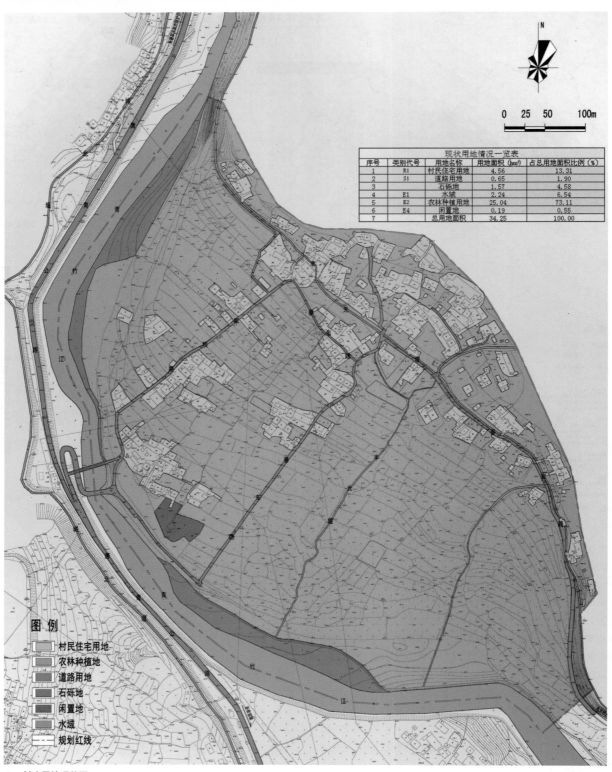

现状用地情况一览表

序号	类别代号	用地名称	用地面积（hm²）	占总用地面积比例（%）
1	R1	村民住宅用地	4.56	13.31
2	S1	道路用地	0.65	1.90
3		石砾地	1.57	4.58
4	E1	水域	2.24	6.54
5	E2	农林种植用地	25.04	73.11
6	E4	闲置地	0.19	0.55
7		总用地面积	34.25	100.00

图 例

村民住宅用地
农林种植地
道路用地
石砾地
闲置地
水域
规划红线

▲ 村庄用地现状图

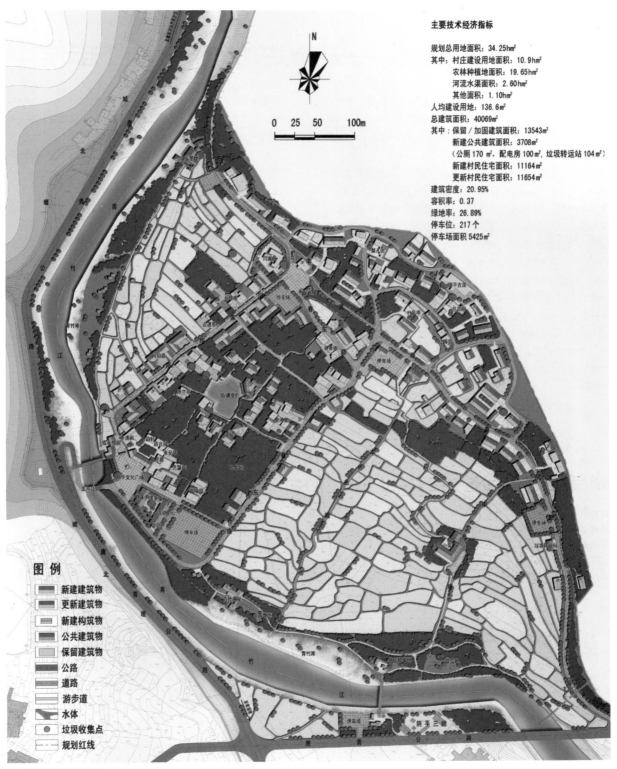

主要技术经济指标

规划总用地面积：34.25hm²
其中：村庄建设用地面积：10.9hm²
　　　农林种植地面积：19.65hm²
　　　河流水渠面积：2.60hm²
　　　其他面积：1.10hm²
人均建设用地：136.6m²
总建筑面积：40069m²
其中：保留/加固建筑面积：13543m²
　　　新建公共建筑面积：3708m²
　　　（公厕170 m²，配电房100 m²，垃圾转运站104 m²）
　　　新建村民住宅面积：11164m²
　　　更新村民住宅面积：11654m²
建筑密度：20.95%
容积率：0.37
绿地率：26.89%
停车位：217 个
停车场面积5425m²

图 例

新建建筑物
更新建筑物
新建构筑物
公共建筑物
保留建筑物
公路
道路
游步道
水体
垃圾收集点
规划红线

▲ 村庄规划总平面图

第III建筑气候区水乡型——湖南省益阳市长春镇赤江咀示范片

分布范围：上海市、浙江省、江西省、湖北省、湖南省全境；江苏省、安徽省、四川省大部；陕西省、河南省南部；贵州省东部；福建省、广东省、广西壮族自治区北部和甘肃省南部的部分地区。

该区大部分地区夏季闷热，冬季湿冷，气温日较差小；年降水量大；日照偏少；春末夏初为长江中下游地区的梅雨期，多阴雨天气，常有大雨和暴雨出现；沿海及长江中下游地区夏秋常受热带风暴和台风袭击，易有暴雨大风天气。该区建筑气候特征值宜符合下列条件：

1. 7月平均气温一般为 25 ~ 30℃，1月平均气温为 0 ~ 10℃；冬季寒潮可造成剧烈降温，极端最低气温大多可降至 −10℃以下，甚至低于 −20℃；年日平均气温低于或等于 5℃的日数为 0 ~ 90d；年日平均气温高于或等于 25℃的日数为 40 ~ 110d。

2. 年平均相对湿度较高，为 70% ~ 80%，四季相差不大；年雨日数为 150d 左右，多者可超过 200d；年降水量为 1000 ~ 1800mm。

3. 年太阳总辐射照度为 110 ~ 160W/m²，四川盆地东部为低值中心，尚不足 110W/m²；年日照时数为 1000 ~ 2400h，川南、黔北日照极少，只有 1000 ~ 1200h；年日照百分率一般为 30% ~ 50%，川南、黔北地区不足 30%。

4. 12月至第二年2月盛行偏北风；6 ~ 8月盛行偏南风；年平均风速为 1 ~ 3m/s，东部沿海地区偏大，可达 7m/s 以上。

5. 年大风日数一般为 10 ~ 25d，沿海岛屿可达 100d 以上；年降雪日数为 1 ~ 14d，最大积雪深度为 0 ~ 50cm；年雷暴日数为 30 ~ 80d；年雨凇日数平原地区一般为 0 ~ 10d，山区可多达 50 ~ 70d。

水乡型村庄：多为河湖水网密布地区，村庄发展与布局受到水系的较大影响，主要分布在沿东海地区，沿河流湖泊地区和降雨量较大地区。

水乡型村庄因其受水环境的影响，布局和水系有关，一些村庄因水系的纵横交错而呈现分散布局，或将村庄分割为几个部分。

水乡型村庄因水而生，所以村庄产业大多和水有一定的关系。

湖南省益阳市长春镇赤江咀示范片村庄规划

案例名称：赤江咀示范片建设规划
设计单位：益阳市城市规划设计院
所属类型：第III建筑气候区水乡型

■ 基本概况

赤江咀示范片位于益阳市资阳区长春镇北部，部分属长春镇镇区建设发展区域。北隔黄家湖与沅江市遥遥相望，西接新屋山、六坪甲、谢家桥和柳家桥村，南连保安、香铺仑、东塘坪和油塘坪村，东达黄家湖，与狮子山和李家坪村相邻。距益阳市区约 7.2km。

片区建设用地面积 179.2hm²，现状人口 9299 人，人均建设用地水平为 193.1m²/人。

自然地理条件：年平均气温 16.1 ~ 16.9℃，日照 1348 ~ 1772h，无霜期 263 ~ 276d，降雨量 1230 ~ 1700mm，十分适合农作物生长。

社会经济状况：近年来，片区充分利用自有资源，发挥区位优势，已引进含国家级农业产业化龙头企业唐人神集团在内的农产品加工企业 5 家，为片区走以新型工业化带动农

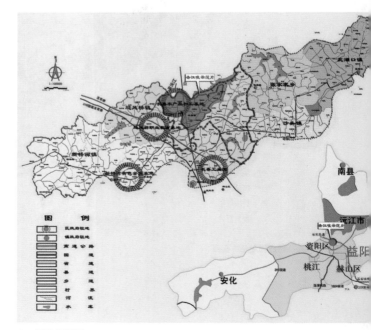

▲ 区位分析图

业产业化道路打下了坚实的基础。黄家湖绿色水上公园建设已初见成效，将黄家湖生态农业观光旅游纳入环洞庭湖湿地旅游专线已指日可待。

现状片区国内生产总值400.3万元，农民人均年纯收入3310元。

道路交通现状及规划：片区对外交通干道主要有益沅一级公路。

用地布局：赤江咀示范片现状建设用地主要以各村居住用地、长春镇城镇建设用地和流源桥工业用地为主。建设地布局较为分散，尚未形成有序、合理的功能分区。

规划思路

赤江咀示范片是具有江南水乡特色、反映湖南省农村风采、传承湖湘文化精华的社会主义新农村建设示范基地、现

代高效生态农业基地、绿色农产品加工基地、休闲观光旅游基地。

用地布局规划

考虑到交通的便捷性和片区景观需求，各村发展建设用地应靠近益沅一级公路和香摇路。

由于长春镇总体规划已经把流源桥作为长春镇农副产品加工业基地，桃子塘作为长春镇城镇居住生活发展区，故在产业及用地布局方面基本维持原总体规划不变。本次规划重点考虑九条龙、许家坝、碑石仑及赤江咀的用地布局。

在本次规划中将赤江咀示范片的居住用地分为三个部分：沿香摇路两侧的居住建筑整治区，对这部分建筑主要是建筑平面、立面的改造，片区东侧香摇路外围分散的村民住宅建设区，其余居住用地为城镇用地。以适当引导村民向香摇路

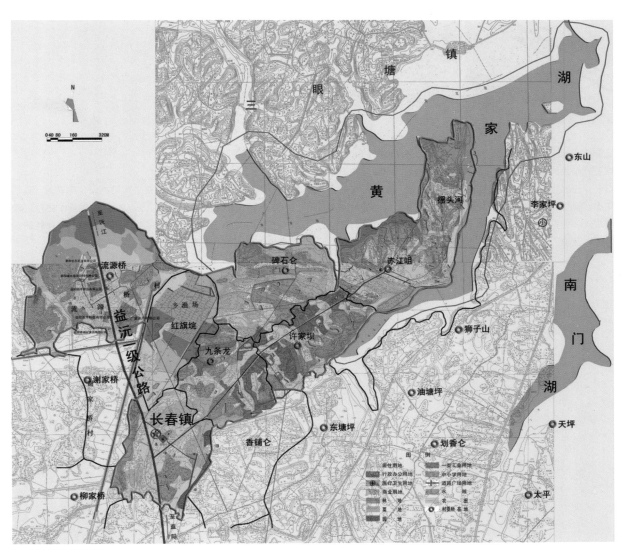

▲ 村庄用地现状图

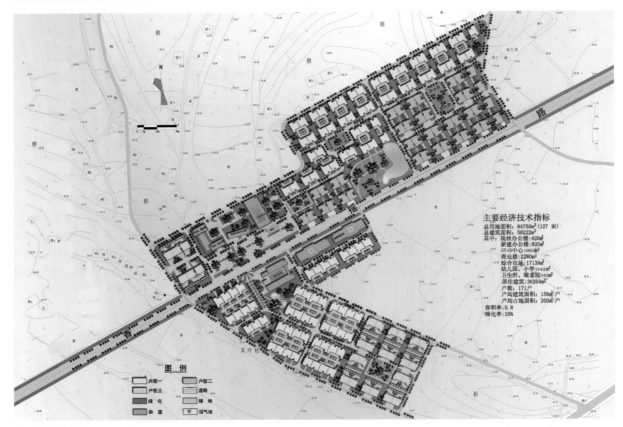

▲ 村庄规划总平面图

主要经济技术指标
总用地面积：84750m²（127 亩）
总建筑面积：58222m²
其中：现状办公楼：420m²
　　　新建办公楼：820m²
　　　活动中心：960m²
　　　商业楼：2280m²
　　　综合市场：17138m²
　　　幼儿园、小学：1142m²
　　　卫生所、敬老院：342m²
　　　居住建筑：36204m²
户数：171户
户均建筑面积：158m²/户
户均占地面积：200m²/户
容积率：0.8
绿化率：35%

及赤江咀示范片主要道路两侧集中建设为主，流源桥、桃子塘及九条龙村结合城镇建设各安排一处村民集中建房点，碑石仑、许家坝及赤江咀靠香摇路两侧各安排一处村民集中建房点，规划每处集中建房点安排 20% ～ 30% 村民居住。居住建筑以 2 ～ 3 层为主。赤江咀示范片整体布局结构为"一片、两区、三轴、六节点"。规划人均建设用地指标为 120m²／人。

■ 规划特点

结合地形与现状，形成自由式路网格局。构筑点（庭院空间）、线（干道、景观道路）、面（公园、果林）相融的绿化系统，实现点上成景、线上成荫、面上成林，变单纯的景观绿地为融绿化于生产、生活之中的绿地景观系统。

第Ⅳ建筑气候区平原型——广东省广州市荔湾区花地村

分布范围：海南省、台湾地区全境；福建省南部；广东省、广西壮族自治区大部以及云南省西部和无江河谷地区。

该区长夏，温高湿重，气温年较差和日较差均小；雨量丰沛，多热带风暴和台风袭击，易有大风暴雨天气；太阳高度角大，日照较小，太阳辐射强烈；该区建筑气候特征值宜符合下列条件：

1.1 月平均气温高于 10℃，7 月平均气温为 25 ～ 29℃，极端最高气温一般低于 40℃，个别可达 42.5℃；气温年较差为 7 ～ 19℃，年平均气温日较差为 5 ～ 12℃；年日平均气温高于或等于 25℃的日数为 100 ～ 200d。

2.年平均相对湿度为 80% 左右，四季变化不大；年降雨日数为 120 ～ 200d，年降水量大多在 1500 ～ 2000mm，是我国降水量最多的地区；年暴雨日数为 5 ～ 20d，各月均可发生，主要集中在 4 ～ 10 月，暴雨强度大，台湾地区局部地区尤甚，日最大降雨量可在 1000mm 以上。

3.年太阳总辐射照度为 130 ～ 170W／m²，在我国属较少地区之一，年日照时数大多在 1500 ～ 2600h，年日照百分率为 35% ～ 50%，12 月至第二年 5 月偏低。

4.10 月至第二年 3 月普遍盛行东北风和东风；4 ～ 9 月大多盛行东南风和西南风，年平均风速为 1 ～ 4m／s，沿海岛屿风速显著偏大，台湾海峡平均风速在全国最大，可达 7m／s 以上。

5.年大风日数各地相差悬殊，内陆大部分地区全年不足 5d，沿海为 10 ～ 25d，岛屿可达 75 ～ 100d，甚至超过 150d；年雷暴日数为 20 ～ 120d，西部偏多，东部偏少。

平原型村庄地处河流沉积平原、地势平坦地区。

平原型村庄村域一般面积较大，发展条件好，因此建设规模大，道路系统较规整，整体空间结构也比较规整，能够在节点处突出开敞空间。

广东省广州市荔湾区花地村村庄规划

案例名称：广州市荔湾区花地村更新改造规划
设计单位：广州市城市规划勘测设计研究院
所属类型：第Ⅳ建筑气候区平原型

■ 基本概况

花地村，位于广州市荔湾区南片，东、北临珠江，西面花地河，南接茶窖村与坑口村，村域总面积约 285.5hm²。目前，全村以花地大道和芳村大道作为主要对外联系干道，北面通过珠江隧道与荔湾旧城区相连；未来东面将通过洲头咀隧道与海珠区连接，交通便捷，区位优越。

2006 年全村户籍人口 3366 人，外来人口约 1.8 万人；完全产权村集体用地 44.4hm²，村建筑总面积 46.13 万 m²，其中集体物业面积 21.06 万 m²，私人住宅 25.07 万 m²。全年村集体收入 3454 万元，其中公共福利支出约 635 万元，人均年收入约 1 万元。

花地村三维空间区位

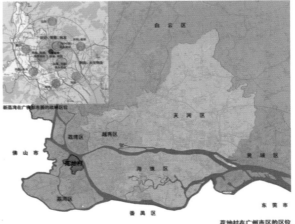

花地村在广州市区的区位

▲ 区位分析图

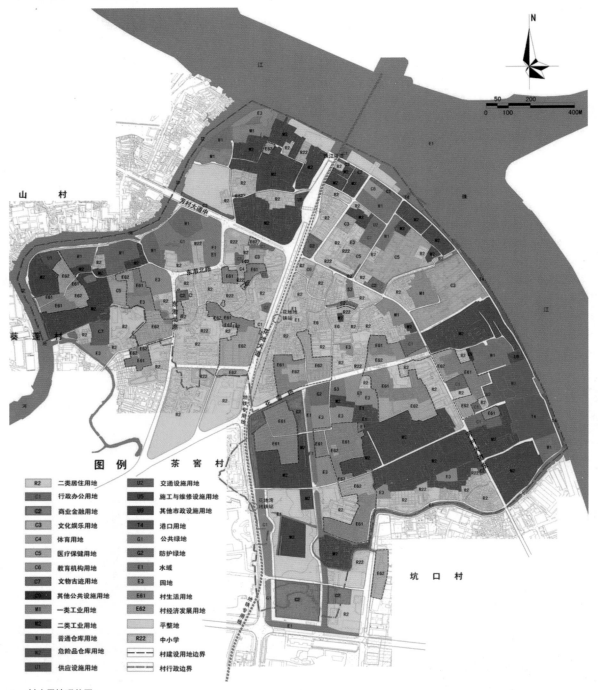

图例

R2	二类居住用地	U2	交通设施用地
C1	行政办公用地	U5	施工与维修设施用地
C2	商业金融用地	U9	其他市政设施用地
C3	文化娱乐用地	T4	港口用地
C4	体育用地	G1	公共绿地
C5	医疗保健用地	G2	防护绿地
C6	教育机构用地	E1	水域
C7	文物古迹用地	E3	园地
C9	其他公共设施用地	E61	村生活用地
M1	一类工业用地	E62	村经济发展用地
M2	二类工业用地		平整地
W1	普通仓库用地	R22	中小学
W2	危险品仓库用地		村建设用地边界
U1	供应设施用地		村行政边界

▲ 村庄用地现状图

■ 规划思路

规划提出"全村统筹,系统改造,利益归村"的改造思路,规划通过分析花地村的发展条件和村集体的发展能力,提出花地村应重点发展社区商业、专业市场、休闲服务业以及都市工业。基于改造目标,进行空间调整与整合,实现形象变革和质量的提升;核算村集体及村民的经济收益以及明确相应的土地产权,实现量的增加,保障村集体及村民的利益;

在规划方案基础上,理顺开发时序,明确开发模式,形成具体的操作计划,确保方案可以实施。

■ 用地布局规划

依据村域的用地、景观以及土地价值分布格局,规划提出了"一轴、两带、三心、四组团"的空间格局,并在此格局下形成了村建设用地土地利用规划方案。

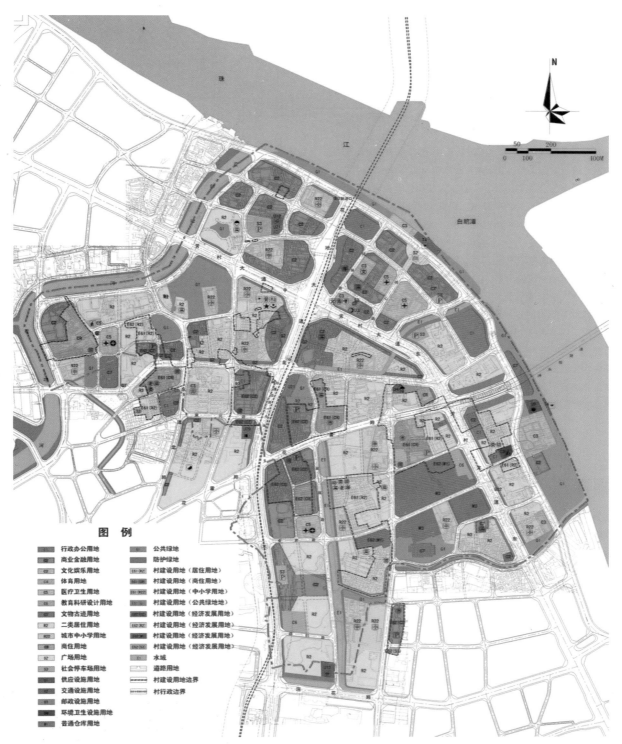

图 例

行政办公用地　　　　　公共绿地
商业金融用地　　　　　防护绿地
文化娱乐用地　　　　　村建设用地（居住用地）
体育用地　　　　　　　村建设用地（商住用地）
医疗卫生用地　　　　　村建设用地（中小学用地）
教育科研设计用地　　　村建设用地（公共绿地）
文物古迹用地　　　　　村建设用地（经济发展用地）
二类居住用地　　　　　村建设用地（经济发展用地）
城市中小学用地　　　　村建设用地（经济发展用地）
商住用地　　　　　　　村建设用地（经济发展用地）
广场用地　　　　　　　水域
社会停车场用地　　　　道路用地
供应设施用地　　　　　村建设用地边界
交通设施用地　　　　　村行政边界
邮政设施用地
环境卫生设施用地
普通仓库用地

▲　村庄规划总平面图

　　"一轴"：花地大道商贸商住综合发展轴，它也是分区规划确定的西联拓展轴的组成。

　　"两带"：花地滨水旅游景观游憩带和珠江滨水商贸文化产业带。

　　"三心"：花地商贸服务中心、芳村站商业服务中心以及花地湾站商业服务中心。

　　"四组团"：西部、东部、中部、南部四大组团。

■ 规划特点

　　为实现城乡双赢的目标，应寻找激发花地村改造意愿和城市政府能承受的合理改造途径。从花地村角度看，村有土地，重实利，寻求收入和福利水平有提高；从政府角度看，政府有空间管理权，看效果，寻求城市健康协调发展。二者的结合点与最终落脚点都在于土地，都需要与土地方案结合。通过土地方案来平衡各方的权益和落实改造的政策。

第IV建筑气候区水乡型——福建省厦门市海沧区霞阳村

分布范围：海南省、台湾地区全境；福建省南部；广东省、广西壮族自治区大部以及云南省西部和无江河谷地区。

该区长夏，温高湿重，气温年较差和日较差均小；雨量丰沛，多热带风暴和台风袭击，易有大风暴雨天气；太阳高度角大，日照较小，太阳辐射强烈。该区建筑气候特征值宜符合下列条件：

1.1月平均气温高于10℃，7月平均气温为25～29℃，极端最高气温一般低于40℃，个别可达42.5℃；气温年较差为7～19℃；年平均气温日较差为5～12℃；年日平均气温高于或等于25℃的日数为100～200d。

2.年平均相对湿度为80%左右，四季变化不大；年降雨日数为120～200d，年降水量大多在1500～2000mm，是我国降水量最多的地区；年暴雨日数为5～20d，各月均可发生，主要集中在4～10月，暴雨强度大，台湾地区局部地区尤甚，日最大降雨量可在1000mm以上。

3.年太阳总辐射照度为130～170W/m²，在我国属较少地区之一，年日照时数大多在1500～2600h，年日照百分率为35%～50%，12月至第二年5月偏低。

4.10月至第二年3月普遍盛行东北风和东风；4～9月大多盛行东南风和西南风，年平均风速为1～4m/s，沿海岛屿风速显著偏大，台湾海峡平均风速在全国最大，可达7m/s以上。

5.年大风日数各地相差悬殊，内陆大部分地区全年不足5d，沿海为10～25d，岛屿可达75～100d，甚至超过150d；年雷暴日数为20～120d，西部偏多，东部偏少。

水乡型村庄沿南海地区，受河流水网湖泊影响较大。

水乡型村庄因其受水环境的影响，布局和水系有关，一些村庄因水系的纵横交错而呈现分散布局，或将村庄分割为几个部分。

水乡型村庄因水而生，所以村庄产业大多和水有一定的关系。

福建省厦门市海沧区霞阳村村庄规划

案例名称：海沧区霞阳村村庄建设规划
设计单位：中国城市规划设计研究院厦门分院
所属类型：第IV建筑气候区水乡型

■ 基本概况

霞阳村位于厦门市海沧区新阳工业区，村庄北面为马銮湾南岸，南面为新阳工业区，西面为长庚医院，东面为厦门夏新电子厂区，村庄区位优越。村庄内建有部分公共设施，如老年人活动中心、戏台、球场、农贸市场、幼儿园等设施，还缺乏公厕、卫生所、体育健身场所等设施。现状村庄大规模翻建、违建等现象较普遍，建筑密度高。霞阳村位于工业集中区，周边企业的数量众多，带来大量的外来打工人员。现有原住户935户，户籍人口3253人；统计的外来流动人口为11516人，主要以村庄周边众多工业企业的职工为主，同时也包括在村庄中从事餐饮、服务业的外来人员。

■ 规划思路

规划霞阳村用地规模控制在51.50hm²。规划期村庄常住人口为4400人，外来暂住人口在规划期末约35600人。规划期霞阳村内人口将达到40000人。人均建设用地为

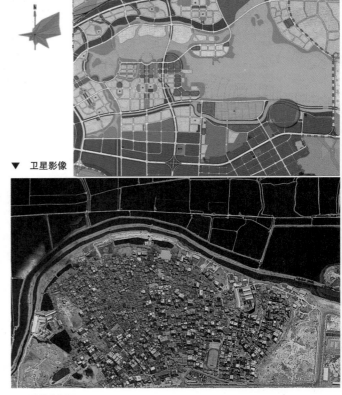

▼ 村庄区位

▼ 卫星影像

▲ 区位分析图

$12.87m^2$／人。

根据海沧区农村城市化改造的模式，规划霞阳村改造采取"金包银"的模式，以一种低成本的城市化改造模式在短期内改善村庄面貌，并利用"金边"的建设为失地农民提供就业出路及为改造"银里"提供可靠的资金。

■ 用地布局规划

规划的霞阳村包括旧村改造区、外口公寓、统建房区、宅基地批建区及通用工业厂房区等几大功能区，外口公寓及通用厂房区纳入"金边"建设中，旧村改造区和宅基地批建区则统一纳入"银里"的建设范围。

规划居住用地分为村民住宅用地、宅基地用地、统建房用地、单身公寓用地，主要位于村庄中部。规划公共服务设施用地主要位于村庄外围。规划对村庄现状主干道拓宽至7m，并打通现状的断头路，形成规划的环村主干路。村庄内部规划的支路基本保留原有村庄的肌理并加以疏通。规划保留村口的三角绿地、古榕树和杨衢云雕塑，并对其进行环境整治和景观改造。

■ 规划特点

规划在保留原有的道路肌理的基础之上，打通断头路，交通达到"顺路而穿"的效果。根据当地的居住特色，在保留部分现有住宅的基础上，结合当地风俗和传统生活习惯，进行环境整治，延续原有建筑特色与房屋朝向，体现地方鲜明的文脉特征。与现有自然景观、人文景观、公共设施与水利工程相结合，打造具有典型性、标志性的景观特色。

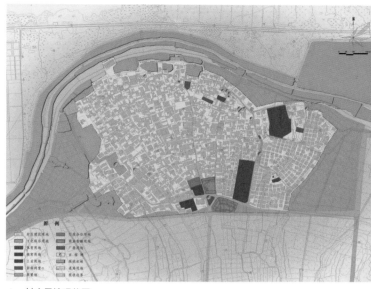

▲ 村庄用地现状图

▲ 村庄用地规划图

▲ 村庄规划总平面图

第V建筑气候区水乡型——贵州省安顺市平坝县黄土桥村

分布范围：云南省大部；贵州省、四川省西南部；西藏自治区南部一小部分地区。

该区立体气候特征明显，大部分地区冬温夏凉，干湿季分明，常年有雷暴、多雾；气温的年较差偏小，日较差偏大；日照较少，太阳辐射强烈，部分地区冬季气温偏低。该区建筑气候特征值宜符合下列条件：

1．1月平均气温为0～13℃，冬季强寒潮可造成气温大幅度下降，昆明最低气温可至−7.8℃；7月平均气温为18～25℃，极端最高气温一般低于40℃，个别地方可达42℃；气温年较差为12～20℃；由于干湿季节的不同影响，部分地区的最热月在5、6月份；年日平均气温低于或等于5℃的日数为0～90d。

2．年平均相对湿度为60%～80%；年雨日数为100～200d，年降水量在600～2000mm。该区有干季（风季）与湿季（雨季）之分，湿季在5～10月，雨量集中，湿度偏高；

干季在11月至第二年4月，湿度偏低，风速偏大。6～8月多南到西南风；12月至第二年2月东部多东南风，西部多西南风；年平均风速为1～3m/s。

3．年太阳总辐射照度为140～200W/m²，年日照时数为1200～2600h，年日照百分率为30%～60%。

4．年大风日数为5～60d；年降雪日数为0～15d，东北部偏多，最大积雪深度为0～35cm，高山有终年积雪及现代冰川；该区为我国雷暴多发地区，各月均可出现，年雷暴日数为40～120d；年雾日数为1～100d。

水乡型村庄：降雨量大、水系发达的地区。

水乡型村庄因其受水环境的影响，布局和水系有关，一些村庄因水系的纵横交错而呈现分散布局，或将村庄分割为几个部分。

水乡型村庄因水而生，所以村庄产业大多和水有一定的关系。

贵州省安顺市平坝县黄土桥村村庄规划

案例名称：平坝县羊昌乡黄土桥村村庄建设（整治）规划
设计单位：贵州省建筑设计研究院
所属类型：第V建筑气候区水乡型

■ 基本概况

黄土桥村位于安顺东南，是安顺市一个行政村，毗连本寨村、上安村、陈亮村、穿石村、黄土桥村民组。目前路通，村西面灌溉干渠穿境而过。全村7个自然村9个村民组，总户数现有村民408户，1820人，全村村域2km²。黄土桥村民组现有住户105户，村民350人。

黄土桥村立足村庄实际，充分利用现有资源，大力发展经济农业和城郊休闲娱乐服务。一方面继续加大"无公害"优质大米种植力度，增加科技投入，增强品牌意识，加大宣传力度，打造平坝品牌大米；另一方面依托羊昌河大力发展城郊旅游服务，充分利用村庄良好的自然条件，以黄土桥村为试点，逐步形成羊昌河沿岸的城郊钓鱼休闲旅游区域。

■ 规划思路

按照整治规划内容，结合具体建筑单体。环境景观设计体现自然景观和地方民族特色，将黄土桥村建设成为集近郊生态旅游、休闲、观光农业为一体的新农村示范点。

■ 用地布局规划

村庄的规划整治主要分为两部分：村庄居住主体部分整治；羊昌河及沿岸整治。

通过点、线、面结合的规划，整治黄土桥村民组，形成了"两面、两线、五点"的布置格局。"两面"为村民生活区域和旅游观光区域；"两线"是指村内主要道路及沿小溪及羊昌河的步行道路系统，"五点"是指两线上的五个广场节点。

沿河的建筑根据实际条件及地域特色，采用西南民居特有的吊脚楼形式，造价低廉、外形优美、具备亲水建筑的独特气质。

经过整治后的村庄居住主体部分空间丰富，道路畅通，活动场地、集中绿化、景观节点一应俱全，使村庄风貌及村民生活环境都得到很大的改善。

■ 规划特点

按照整治规划内容，结合具体建筑单体、环境景观设计，体现了自然景观和地方民族特色，可将黄土桥村建设成为集

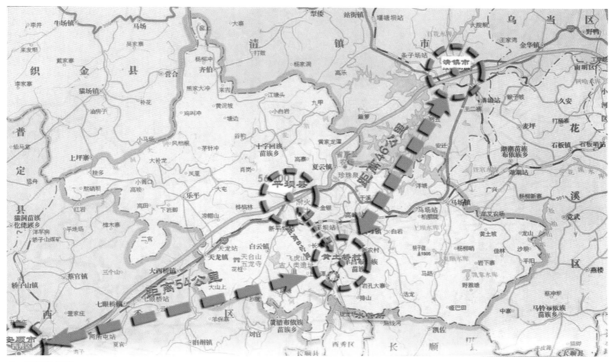

▲ 区位分析图

近郊生态旅游、休闲、观光农业为一体的新农村示范点。通过社会主义新农村试点建设，带动黄土桥村经济发展，促进农民收入快速增长。通过洁净能源普及、生活污水生态化处理、村内小溪整治、集中垃圾堆放清运等手段，使农村周边生态环境得以保护与恢复。同时对作为洪枫湖水源之一的羊昌河形成保护。

▲ 沿河景观效果

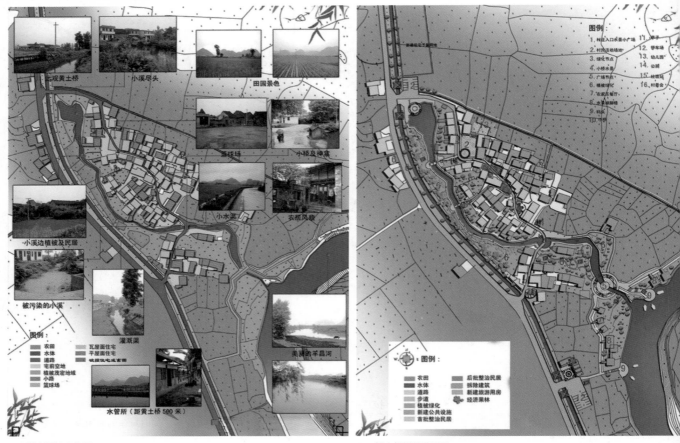

▲ 村庄用地现状图

▲ 村庄规划总平面图

第Ⅶ建筑气候区山地型
——新疆维吾尔自治区昌吉回族自治州奇台县大庄子村

分布范围：新疆维吾尔自治区大部；甘肃省北部；内蒙古自治区西部。

该区大部分地区冬季漫长严寒，南疆盆地冬季寒冷；大部分地区夏季干热，吐鲁番盆地酷热，山地较凉；气温年较差和日较差均大；大部分地区雨量稀少，气候干燥，风沙大；部分地区冻土较深，山地积雪较厚；日照丰富，太阳辐射强烈。该区建筑气候特征值宜符合下列条件：

1.1月平均气温为 −20 ~ 5℃，极端最低气温为 −20 ~ 50℃；7月平均气温为 18 ~ 33℃，山地偏低，盆地偏高；极端最高气温各地差异很大，山地明显偏低，盆地非常之高，吐鲁番极端最高气温达到47.6C，为全国最高；气温年较差大都在 30 ~ 40℃，年平均气温日较差为 10 ~ 18℃；年日平均气温低于或等于5℃的日数为 110 ~ 180d；年日平均气温高于或等于25℃的日数小于120d。

2. 年平均相对湿度为 35% ~ 70%；年降雨日数为 10 ~ 120d；年降水量为 10 ~ 600mm，是我国降水最少的地区；降水量主要集中在 6 ~ 8月，约占年总量的 60% ~ 70%；山地降水量年际变化小，盆地变化大。

3. 年太阳总辐射照度为 170 ~ 230W/m²，年日照时数为 2600 ~ 3400h，年日照百分率为 60% ~ 70%。

4.12月至第二年2月北疆西部以西北风为主，东部多偏东风；南疆东部多东北风，西部多西至西南风；6 ~ 8月大部分地区盛行西北和西风，东部地区多东北风；年平均风速为 1 ~ 4m/s。

5. 年大风日数为 5 ~ 75d，山口和风口地方多大风，持续时间长，年大风日数超过 100d；区内风沙天气盛行，是全国沙暴日数最多的地区，年沙暴日数最多可达 40d；年降雪日数为 1 ~ 100d。

山地型村庄：位处阿尔泰山、天山等地区。

山地类村庄地区受到地形影响较大，一般空间布局紧凑，房屋建筑密度大，随着山地和道路自由布局，没有规整或者大面积的开敞空间，仅仅在某些节点布置小面积的广场。

山地村庄既具有一般村庄的属性，又由于山地独特的自然、资源、经济等条件的影响而具有鲜明的山地性。山地村庄用地紧张，布局较为紧凑，发展规模受限制，其规模远低于同等级平原地区的村庄水平。但由于社会经济发展水平相对较弱，这也使得山地村庄保存了鲜明的地方传统文化特色。

新疆维吾尔自治区昌吉回族自治州奇台县大庄子村村庄规划

案例名称：奇台县半截沟镇大庄子村居民点建设规划（2008—2025）
设计单位：新疆维吾尔自治区东方瀚宇建筑规划设计有限公司
所属类型：第Ⅶ建筑气候区山地型

■ 基本概况

奇台县大庄子村位于奇台县东南15km，半截沟镇政府以北32km，西邻中葛根村，北接农六师110团，东靠农六师奇台农场，南靠腰站子村。整个居民点布局较为分散和零乱，且房屋质量较差，大多数为土木结构建筑，已经不能满足抗震安居的要求，需要结合现状进行整治、改造。现状村委会办公室集中设置了文化活动室、村委会办公室。规划居民点所在地为大庄子村五队，该居民点现状总户数 38户，总人口 152人，现状居住区总面积为 8.82hm²，人均建设用地 580m²／人。

■ 规划思路

以高层次、大区域规划目标为基础，使其生态环境、基础设施等功能辐射与大庄子村有机融合形成一个整体；加快产业的发展，促进大庄子村经济的稳定持续增长；强化景观环境的优化与塑造，注重传统生态文化的延续，营造田园人家整体环境；扬长避短、立足实用。

■ 用地布局规划

本次规划依据大庄子村功能结构需要将规划用地划分为居住区、商业服务区、村委会综合办公区、大型农机具停放场地、集中公共绿地、集中养殖区、生态防护林带等功能分区。

1. 居住用地：规划居住区位于居民点的西南侧，县乡公路的东侧，现状为部分居民院落及空置的小学用地。

2. 公共服务设施用地：位于居民点中部，沿县乡公路至村委会道路两侧进行设置，规划将该区域进行整合，新建商业服务区。村委会办公区，主要由村委会办公楼、文化活动

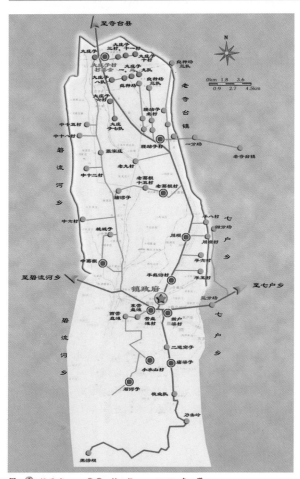

中心、幼儿园以及配建休闲活动场地组成。

3.公共绿地：规划在村委会办公区南侧、居住区内部分别设置了集中公共绿地，不仅可以优化居民点内部的环境，同时可以满足居民日常休闲、健身的要求。

4.养殖用地：规划在居民点东侧，设置一集中养殖区，主要为牛、羊养殖，规划养殖区可养牛300头、养羊3000只。

■ 规划特点

规划在充分考虑现状条件的基础上，结合当地的实际情况，在兼顾经济、社会、环境效益的前提下，把实用、经济的原则与美的要求有机结合起来，强调规划布局的完整统一。在有限的用地空间内多方式合理组织内外部空间，创造舒适宜人的村庄生活环境，满足村民们的生活需求及不同家庭生活模式的需求。达到人、自然、村庄三者之间和谐的目的。基于这种思想该用地功能布局划分为住宅用地、集中养殖设施用地、公共绿地及道路用地。居民点建设积极推广和利用新技术、新材料，使其成为村庄居民发展庭院经济、增收致富的亮点。

▼ 区位分析图

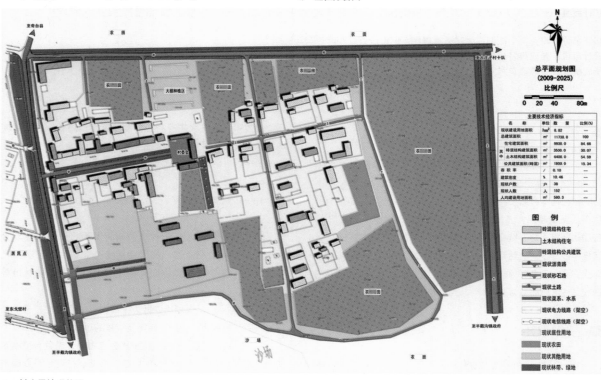

▲ 村庄用地现状图

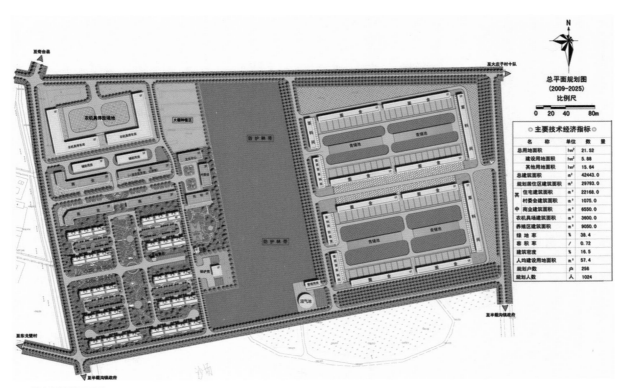

▲ 村庄规划总平面图

黄 海

成 山 林 场

成 山 工

第 **4** 章

镇、乡及村庄基础设施规划配置图样

镇、乡及村庄基础设施规划配置图样说明

一、编制背景

针对我国城镇化发展和涉及提高农民生活质量的基础设施规划建设存在的问题，更好地指导和帮助农村基础设施规划建设，编制本规划图样。重点研究基础设施规划建设中的关键技术、适用技术及技术标准等，完善相关的技术法规等。

二、图样类型划分

考虑到我国不同地区地理和气候条件决定了人类社会经济生活的很多方面，对农村基础设施的规划建设也有较大影响。例如降雨量对给排水工程的影响，气温对热力工程的影响，日照时间和辐射照度对太阳能利用的影响，风速对风能利用的影响以及地理、气候等条件对道路、给水、排水、电力、通信、燃气、热力等各专业工程规划建设及防灾减灾工程的影响等。分类以气候分区为基础，按地理位置划分镇、乡及村庄类别。

根据《建筑气候区划标准》GB50178-93，建筑气候区划系统分为一级区和二级区两级。一级区划分为7个区，二级区划分为20个区。一级区划以1月平均气温、7月平均气温、7月平均相对湿度为主要指标，以年降水量、年日平均气温低于或等于5℃的日数和年日平均气温高于或等于25℃的日数为辅助指标。一级区划分区详见表1。

参照《中国建筑气候区划图》，镇、乡及村庄按一级区划分为7个区，因此此本图样将镇、乡及村庄各分为7类，具体划分为：

类型1：I区
类型2：II区

类型3：III区
类型4：IV区
类型5：V区
类型6：VI区
类型7：VII区

图样案例按照上述分类，尽可能兼顾各省市及其他村庄分类进行搜集整理。图样中涵盖了10个省、市、自治区的镇、乡及村庄基础设施规划案例，图样内容包括了道路、供水、排水、电力、通信、燃气、热力工程、防灾等相关专业的规划。

三、图样类型分类说明

(一) 类型1

该类型镇、乡及村庄位于建筑气候区划I区。该区冬季漫长严寒，夏季短促凉爽；西部偏于干燥，东部偏于湿润；气温年较差很大；冰冻期长，冻土深，积雪厚；太阳辐射量大，日照丰富；冬半年多大风。

1. 该区建筑气候特征

(1) 1月平均气温为 −31 ~ 10℃，7月平均气温低于25℃；气温年较差为 30 ~ 50℃，年平均气温日较差为 10 ~ 16℃；3 ~ 5月平均气温日较差最大，可达 25 ~ 30℃；极端最低气温普遍低于 −35℃，漠河曾有 −52.3℃ 的全国最低纪录；年日平均气温低于或等于5℃的日数大于 145d。

(2) 年平均相对湿度为 50% ~ 70%；年降水量为 200 ~ 800mm，雨量多集中在 6 ~ 8月，年雨日数为 60 ~ 160d。

(3) 年太阳总辐射照度为 140 ~ 200W/m²，年日照时数为 2100 ~ 3100h，年日照百分率为 50% ~ 70%，12月至翌

区名	主要指标	辅助指标	各区辖行政区范围
I	1月平均气温≤−10℃ 7月平均气温≤25℃ 7月平均相对湿度≥50%	年降水量200~800mm 年日平均气温≤5℃的日数≥145d	黑龙江、吉林全境；辽宁大部；内蒙古中、北部及陕西、山西、河北、北京北部的部分地区
II	1月平均气温−10~0℃ 7月平均气温18~28℃	年日平均气温≥25℃的日数<80d 年日平均气温≤5℃的日数90~145d	天津、山东、宁夏全境；北京、河北、山西、陕西大部；辽宁南部；甘肃中东部以及河南、安徽、江苏北部的部分地区
III	1月平均气温≤0~10℃ 7月平均气温25~30℃	年日平均气温≥25℃的日数40~110d 年日平均气温≤5℃的日数0~90d	上海、浙江、江西、湖北、湖南全境；江苏、安徽、四川大部；陕西、河南南部；贵州东部；福建、广东、广西北部和甘肃南部的部分地区
IV	1月平均气温>10℃ 7月平均气温25~29℃	年日平均气温≥25℃的日数100~200d	海南、台湾地区全境；福建南部；广东、广西大部以及云南西部和无江河谷地区
V	7月平均气温18~25℃ 1月平均气温0~13℃	年日平均气温≤5℃的日数0~90d	云南大部；贵州、四川西南部；西藏南部一小部分地区
VI	7月平均气温≤18℃ 1月平均气温0~−22℃	年日平均气温≤5℃的日数90~285d	青海全境；西藏大部；四川西部、甘肃西南部；新疆南部的部分地区
VII	7月平均气温≥18℃ 1月平均气温−5~−20℃ 7月平均相对湿度<50%	年降水量10~600mm 年日平均气温≥25℃的日数<120d 年日平均气温≤5℃的日数110~180d	新疆大部；甘肃北部；内蒙古西部

▲ 一级区区划指标表

年2月偏高，可达60%～70%。

（4）12～翌年2月西部地区多偏北风，北、东部多偏北风和偏西风，中南部多偏南风；6～8月东部多偏东风和东北风，其余地区多偏南风；年平均风速为2～5m/s，12月至翌年2月平均风速为1～5m/s，3～5月平均风速最大，为3～6m/s。

（5）年大风日数一般为10～50d；年降雪日数一般为5～60d，长白山个别地区可达150d，年积雪日数为40～160d；最大积雪深度为10～50cm，长白山个别地区超过60cm；年雾凇日数为2～40d。

2．该类型镇、乡及村庄基础设施规划建设要求及特点

（1）基础设施规划建设中建筑物必须充分考虑冬季防寒、保温、防冻的要求，夏季可不考虑防热；部分地区尚应着重考虑冻土对建筑物地基、道路、供水、排水、燃气和热力等地下管线的影响。

（2）给水工程规划中人均综合用水量指标应采用下列数值：镇区（乡政府驻地）为120～250L／人·d，村庄为120～250L／人·d。人均生活用水量指标应采用下列数值：镇区（乡政府驻地）为80～160L／人·d，村庄为60～120L／人·d。

（3）排水工程规划中排水体制宜采用雨污分流制，干旱少雨地区可采用截流式合流制。

（4）架空电力、通信等管线应充分考虑风灾、雪灾等自然灾害的影响。

（5）热力工程规划应满足当地居民冬季采暖的需求。

（6）可合理利用太阳能。

（7）防灾减灾工程规划应以防风灾、火灾、雪灾和冻融危害为主。

（二）类型2

该类型镇、乡及村庄位于建筑区气候区划Ⅱ区。该区冬季较长且寒冷干燥，平原地区夏季较炎热湿润，高原地区夏季较凉爽，降水量相对集中；气温年较差较大，日照较丰富；春、秋季短促，气温变化剧烈；春季雨雪稀少，多大风风沙天气，夏秋多冰雹和雷暴。

1．该区建筑气候特征

（1）1月平均气温为−10～0℃，极端最低气温在−20～−30℃之间；7月平均气温为18～28℃，极端最高气温为35～44℃，平原地区的极端最高气温大多可超过40℃；气温年较差可达26～34℃，年平均气温日较差为7～14℃；年日平均气温低于或等于5℃的日数为90～145d；年日平均气温高于或等于25℃的日数少于80d；年最高气温高于或等于35℃的日数可达10～20d。

（2）年平均相对湿度为50%～70%；年雨日数为60～100d，年降水量为300～1000mm，日最大降水量大都为200～300mm，个别地方日最大降水量超过500mm。

（3）年太阳总辐射照度为150～190W／m²，年日照时数为2000～2800h，年日照百分率为40%～60%。

（4）东部广大地区12月至翌年2月多偏北风，6～8月

多偏南风；陕西北部常年多西南风；陕西、甘肃中部常年多偏东风；年平均风速为1～4m/s，3～5月平均风速最大，为2～5m/s。

（5）年大风日数为5～25d，局部地区达50d以上；年沙暴日数为1～10d，北部地区偏多；年降雪日数一般在15d以下，年积雪日数为10～40d，最大积雪深度为10～30cm；最大冻土深度小于1.2m；年冰雹日数一般在5d以下；年雷暴日数为20～40d。

2．该类型镇、乡及村庄基础设施规划建设要求及特点

（1）基础设施规划建设中建筑物应充分考虑冬季防寒、保温、防冻的要求，夏季部分地区应兼顾防热。

（2）给水工程规划中人均综合用水量指标应采用下列数值：镇区（乡政府驻地）为120～250L／人·d，村庄为120～250L／人·d。人均生活用水量指标应采用下列数值：镇区（乡政府驻地）为80～160L／人·d，村庄为60～120L／人·d。

（3）排水工程规划中排水体制宜采用雨污分流制，干旱少雨地区可采用截流式合流制。雨水工程应充分考虑夏季多暴雨的特点，适当提高一些重要地区的规划建设标准。

（4）热力工程规划应满足当地居民冬季采暖的需求。

（5）可合理利用太阳能。

（6）防灾减灾工程规划应以暴雨、火灾危害为主。

（三）类型3

该类型镇、乡及村庄位于建筑气候区划Ⅲ区。该区大部分地区夏季闷热，冬季湿冷，气温日较差小；年降水量大；日照偏少；春末夏初为长江中下游地区的梅雨期，多阴雨天气，常有大雨和暴雨出现；沿海及长江中下游地区夏秋常受热带风暴和台风袭击，易有暴雨大风天气。

1．该区建筑气候特征

（1）7月平均气温一般为25～30℃，1月平均气温为0～10℃；冬季寒潮可造成剧烈降温，极端最低气温大多可降至−10℃以下，甚至低于−20℃；年日平均气温低于或等于5℃的日数为0～90d；年日平均气温高于或等于25℃的日数为40～110d。

（2）年平均相对湿度较高，为70%～80%，四季相差不大；年雨日数为150d左右，多者可超过200d；年降水量为1000～1800mm。

（3）年太阳总辐射照度为110～160W／m²，四川盆地东部为低值中心，尚不足110W／m²；年日照时数为1000～2400h，川南、黔北日照极少，只有1000～1200h；年日照百分率一般为30%～50%，川南、黔北地区不足30%，是全国最低的。

（4）12月至翌年2月盛行偏北风；6～8月盛行偏南风；年平均风速为1～3m/s，东部沿海地区偏大，可达7m/s以上。

（5）年大风日数一般为10～25d，沿海岛屿可达100d以上；年降雪日数为1～14d，最大积雪深度为0～50cm；年雷暴日数为30～80d；年雨凇日数，平原地区一般为0～10d，山区可多达50～70d。

2．该类型镇、乡及村庄基础设施规划建设要求及特点

（1）基础设施规划建设中建筑物必须充分考虑夏季防热、通风降温的要求，冬季应适当兼顾防寒。

（2）给水工程规划中人均综合用水量指标应采用下列数值：镇区（乡政府驻地）为150～350L／人·d，村庄为120～260L／人·d。人均生活用水量指标应采用下列数值：镇区（乡政府驻地）为100～200L／人·d，村庄为80～160L／人·d。

（3）排水工程规划中排水体制宜采用雨污分流制，雨水工程应充分考虑降水量大的特点，一些重要地区的规划建设标准应适当提高。

（4）部分地区基础设施规划建设应包括热力工程规划，满足当地居民冬季采暖的需求。

（5）防灾减灾工程规划应注意重点防风暴、台风和防洪、防雷击等，部分地区尚应预防冬季积雪危害。

（四）类型4

该类型镇、乡及村庄位于建筑气候区划Ⅳ区。该区常年无冬，温高湿重，气温年较差和日较差均小；雨量丰沛，多热带风暴和台风袭击，易有大风暴雨天气；太阳高度角大，日照较小，太阳辐射强烈。

1．该区建筑气候特征

（1）1月平均气温高于10℃，7月平均气温为25～29℃，极端最高气温一般低于40℃，个别可达42.5℃；气温年较差为7～19℃；年平均气温日较差为5～12℃；年日平均气温高于或等于25℃的日数为100～200d。

（2）年平均相对湿度为80%左右，四季变化不大；年降雨日数为120～200d，年降水量大多在1500～2000mm，是我国降水量最多的地区；年暴雨日数为5～20d，各月均可发生，主要集中在4～10月，暴雨强度大，台湾局部地区尤甚，日最大降雨量可在1000mm以上。

（3）年太阳总辐射照度为130～170W／m²，在我国属较少地区之一，年日照时数大多在1500～2600h，年日照百分率为35%～50%，12月至翌年5月偏低。

（4）10月至翌年3月普遍盛行东北风和东风，4～9月大多盛行东南风和西南风，年平均风速为1～4m／s，沿海岛屿风速显著偏大，台湾海峡平均风速在全国最大，可达7m／s以上。

（5）年大风日数各地相差悬殊，内陆大部分地区全年不足5d，沿海为10～25d，岛屿可达75～100d，甚至超过150d；年雷暴日数为20～120d，西部偏多，东部偏少。

2．该类型镇、乡及村庄基础设施规划建设要求及特点

（1）基础设施规划建设中建筑物必须充分考虑夏季防热、通风、防雨的要求，冬季可不考虑防寒、保温。

（2）给水工程规划中人均综合用水量指标应采用下列数值：镇区（乡政府驻地）为150～350L／人·d，村庄为120～260L／人·d。人均生活用水量指标应采用下列数值：镇区（乡政府驻地）为100～200L／人·d，村庄为80～160L／人·d。

（3）排水工程规划中排水体制宜采用雨污分流制，雨水工程应充分考虑降雨量大、多暴雨的特点，一些重要地区的

规划建设标准应适当提高。

（4）防灾减灾工程规划应重点注意防风暴、台风和防洪、防雷击等。

（五）类型5

该类型镇、乡及村庄位于建筑气候区划Ⅴ区。该区立体气候特征明显，大部分地区冬温夏凉，干湿季分明；常年有雷暴、多雾；气温的年较差偏小，日较差偏大；日照较少，太阳辐射强烈，部分地区冬季气温偏低。

1．该区建筑气候特征

（1）1月平均气温为0～13℃，冬季强寒潮可造成气温大幅度下降，昆明最低气温曾降至－7.8℃；7月平均气温为18～25℃，极端最高气温一般低于40℃，个别地方可达42℃；气温年较差为12～20℃；由于干湿季节的不同影响，部分地区的最热月在5、6月份；年日平均气温低于或等于5℃的日数为0～90d。

（2）年平均相对湿度为60%～80%；年雨日数为100～200d，年降水量在600～2000mm。该区有干季（风季）与湿季（雨季）之分，湿季在5～10月，雨量集中，湿度偏高；干季在11月至翌年4月，湿度偏低，风速偏大。6～8月多南到西南风；12月至翌年2月东部多东南风，西部多西南风；年平均风速为1～3m／s。

（3）年太阳总辐射照度为140～200W／m²，年日照时数为1200～2600h，年日照百分率为30%～60%。

（4）年大风日数为5～60d；年降雪日数为0～15d，东北部偏多；最大积雪深度为0～35cm，高山有终年积雪及现代冰川；该区为我国雷暴多发地区，各月均可出现，年雷暴日数为40～120d；年雾日数为1～100d。

2．该类型镇、乡及村庄基础设施规划建设要求及特点

（1）基础设施规划建设中建筑物应充分考虑防雨和通风的要求，可不考虑防热。

（2）给水工程规划中人均综合用水量指标应采用下列数值：镇区（乡政府驻地）为150～350L／人·d，村庄为120～260L／人·d。人均生活用水量指标应采用下列数值：镇区（乡政府驻地）为100～200L／人·d，村庄为80～160L／人·d。

（3）排水工程规划中排水体制宜采用雨污分流制，雨水工程应充分考虑降水量大的特点，一些重要地区的规划建设标准应适当提高。

（4）部分地区基础设施规划建设应包括热力工程规划，满足当地居民冬季采暖的需求。

（5）防灾减灾工程规划应重点注意防洪、防雷击等。

（六）类型6

该类型镇、乡及村庄位于建筑气候区划Ⅵ区。该区常年无夏，气候寒冷干燥，南部气温较高，降水较多，比较湿润；气温年较差小而日较差大；气压偏低，空气稀薄，透明度高；日照丰富，太阳辐射强烈；冬季多西南大风；冻土深，积雪较厚；气候垂直变化明显。

1. 该区建筑气候特征

（1）1月平均气温为0～-22℃，极端最低气温一般低于-32℃，很少低于-40℃；7月平均气温为2～18℃；气温年较差为16～30℃，年平均气温日较差为12～16℃，冬季气温日较差最大，可达16～18℃；年日平均气温低于或等于5℃的日数为90～285d。

（2）年平均相对湿度为30%～70%；年雨日数为20～180d，年降水量为25～900mm；该区干湿季分明，全年降水多集中在5～9月或4～10月，约占年降水总量的80%～90%，降水强度很小，极少有暴雨出现。

（3）年太阳总辐射照度为180～260W／m²，日照时数为1600～3600h，年日照百分率为40%～80%，柴达木盆地为全国最高，可超过80%。

（4）该区东北部地区常年盛行东北风，12月至翌年2月南部和东南部盛行偏南风；其他地方大多为偏西风，6～8月北部地区多东北风，南部地区多为东风；年平均风速一般为2～4m／s，最大风速可超过40m／s；空气密度甚小；年平均气压值偏低，大多在600hPa左右，只有平原地区的1／2～2／3。

（5）年大风日数为10～100d，最多可超过200d；年雷暴日数为5～90d，全部集中在5～9月；年冰雹日数为1～30d；12月至翌年5月多沙暴，年沙暴日数为0～10d；年降雪日数为5～100d，年积雪日数为10～100d；高山终年积雪，有现代冰川，最大积雪深度为10～40cm。

2. 该类型镇、乡及村庄基础设施规划建设要求及特点

（1）基础设施规划建设中建筑物应充分考虑防寒、保温、防冻的要求，夏天不需考虑防热。部分地区尚应着重考虑冻土对建筑物地基、道路、供水、排水、燃气和热力等地下管线的影响。

（2）给水工程规划中人均综合用水量指标应采用下列数值：镇区（乡政府驻地）为100～200L／人·d，村庄为70～160L／人·d。人均生活用水量指标应采用下列数值：镇区（乡政府驻地）为70～140L／人·d，村庄为50～100L／人·d。

（3）排水工程规划中排水体制宜采用雨污分流制，干旱少雨地区可采用截流式合流制。

（4）部分地区基础设施规划建设应包括热力工程规划，满足当地居民冬季采暖的需求。

（5）应充分利用太阳能。

（6）防灾减灾工程规划应重点注意防风沙、防雷击等，部分地区尚应注意冻土对地下管道的影响。

（七）类型7

该类型镇、乡及村庄位于建筑气候区划Ⅶ区。该区大部分地区冬季漫长严寒，南疆盆地冬季寒冷；大部分地区夏季干热，吐鲁番盆地酷热，山地较凉；气温年较差和日较差均大；大部分地区雨量稀少，气候干燥，风沙大；部分地区冻土较深，山地积雪较厚；日照丰富，太阳辐射强烈。

1. 该区建筑气候特征

（1）1月平均气温为-20～-5℃，极端最低气温为-20～-50℃；7月平均气温为18～33℃，山地偏低，盆地偏高；极端最高气温各地差异很大，山地明显偏低，盆地非常之高，吐鲁番极端最高气温达到47.6℃，为全国最高；气温年较差大都在30～40℃，年平均气温日较差为10～18℃；年日平均气温低于或等于5℃的日数为110～180d；年日平均气温高于或等于25℃的日数小于120d。

（2）年平均相对湿度为35%～70%；年降雨日数为10～120d；年降水量为10～600mm，是我国降水最少的地区；降水量主要集中在6～8月，约占年总量的60%～70%；山地降水量年际变化小，盆地变化大。

（3）年太阳总辐射照度为170～230W／m²，年日照时数为2600～3400h，年日照百分率为60%～70%。

（4）12月至翌年2月北疆西部以西北风为主，东部多偏东风；南疆东部多东北风，西部多西至西南风；6～8月大部分地区盛行西北和西风，东部地区多东北风；年平均风速为1～4m／s。

（5）年大风日数为5～75d，山口和风口地方多大风，持续时间长，年大风日数超过100d；区内风沙天气盛行，是全国沙暴日数最多的地区，年沙暴日数最多可达40d；年降雪日数为1～100d。

2. 该类型镇、乡及村庄基础设施规划建设要求及特点

（1）基础设施规划建设中建筑物必须充分考虑冬季防寒、保温、防冻的要求，夏季部分地区应兼顾防热；部分地区尚应着重考虑冻土对建筑物地基、道路、供水、排水、燃气和热力等地下管线的影响。

（2）给水工程规划中人均综合用水量指标应采用下列数值：镇区（乡政府驻地）为100～200L／人·d，村庄为70～160L／人·d。人均生活用水量指标应采用下列数值：镇区（乡政府驻地）为70～140L／人·d，村庄为50～100L／人·d。

（3）排水工程规划中排水体制宜采用雨污分流制，干旱少雨地区可采用截流式合流制。

（4）架空电力、电信等管线应充分考虑风灾、雪灾等自然灾害。

（5）热力工程规划应满足当地居民冬季采暖的需求。

（6）应充分利用太阳能、风能。

（7）防灾减灾工程规划应注意重点防风沙、雪灾等。

镇基础设施规划配置图样

建筑气候区划I区型——内蒙古自治区赤峰市元宝山区元宝山镇
建筑气候区划II区型——山东省威海市荣成市成山镇
建筑气候区划III区型——江苏省常州市金坛市薛埠镇
建筑气候区划IV区型——广东省汕头市潮南区两英镇

建筑气候区划 I 区型
——内蒙古自治区赤峰市元宝山区元宝山镇

该类型镇、乡及村庄位于建筑气候区划 I 区。该区冬季漫长严寒，夏季短促凉爽；西部偏于干燥，东部偏于湿润；气温年较差很大；冰冻期长，冻土深，积雪厚；太阳辐射量大，日照丰富；冬半年多大风。

1. 该区建筑气候特征

（1）1月平均气温为 −31 ~ 10℃，7月平均气温低于 25℃；气温年较差为 30 ~ 50℃，年平均气温日较差为 10 ~ 16℃；3 ~ 5月平均气温日较差最大，可达 25 ~ 30℃；极端最低气温普遍低于 −35℃，漠河曾有 −52.3℃的全国最低纪录；年日平均气温低于或等于 5℃的日数大于 145d。

（2）年平均相对湿度为 50% ~ 70%；年降水量为 200 ~ 800mm，雨量多集中在 6 ~ 8月，年雨日数为 60 ~ 160d。

（3）年太阳总辐射照度为 140 ~ 200W/m²，年日照时数为 2100 ~ 3100h，年日照百分率为 50% ~ 70%，12月至翌年 2月偏高，可达 60% ~ 70%。

（4）12月至翌年 2月西部地区多偏北风，北、东部多偏北风和偏西风，中南部多偏南风；6 ~ 8月东部多偏东风和东北风，其余地区多偏南风；年平均风速为 2 ~ 5m/s，12月至翌年 2月平均风速为 1 ~ 5m/s，3 ~ 5月平均风速最大，为 3 ~ 6m/s。

（5）年大风日数一般为 10 ~ 50d；年降雪日数一般为 5 ~ 60d；长白山个别地区可达 150d，年积雪日数为 40 ~ 160d；最大积雪深度为 10 ~ 50cm，长白山个别地区超过 60cm；年雾凇日数为 2 ~ 40d。

2. 该类型镇、乡及村庄基础设施规划建设要求及特点

（1）基础设施规划建设中建筑物必须充分考虑冬季防寒、保温、防冻的要求，夏季可不考虑防热；部分地区尚应着重考虑冻土对建筑物地基、道路、供水、排水、燃气和热力等地下管线的影响。

（2）给水工程规划中人均综合用水量指标应采用下列数值：镇区（乡政府驻地）为 120 ~ 250L/人·d，村庄为 120 ~ 250L/人·d。人均生活用水量指标应采用下列数值：镇区（乡政府驻地）为 80 ~ 160L/人·d，村庄为 60 ~ 120L/人·d。

（3）排水工程规划中排水体制宜采用雨污分流制，干旱少雨地区可采用截流式合流制。

（4）架空电力、通信等管线应充分考虑风灾、雪灾等自然灾害的影响。

（5）热力工程规划应满足当地居民冬季采暖的需求。

（6）可合理利用太阳能。

（7）防灾减灾工程规划应以防风灾、火灾、雪灾和冻融危害为主。

内蒙古自治区赤峰市元宝山区元宝山镇总体规划

案例名称： 内蒙古自治区赤峰市元宝山镇总体规划（2006—2020）
设计单位： 中国建筑设计研究院城镇规划设计研究院
所属类型： I 区型

■ 基本概况

1. 地理位置

元宝山镇地处内蒙古赤峰市东部。镇区距赤峰市中心城区 35 公里。

2. 自然条件

元宝山镇地处中温带，为干旱大陆性季风气候。阳光充足，大风日数多，全年多为西北风，平均风速 3.5 ~ 4m/s，年 8 级以上大风日 50 ~ 60d。

3. 人口：

镇域总人口 9.6 万人，其中常住人口 8.8 万人，城镇人口 5.8 万人。

4. 经济条件：

2005 年全镇地区生产总值 69899 万元，财政收入 4980 万元，城镇居民人均可支配收入 8250 元，农民人均纯收入 4602 元，城乡居民储蓄存款余额 23 亿元。

5. 建设现状

元宝山镇行政辖区范围面积 319.3km²。镇区现状建设用地规模 10.61km²，规划至 2020 年，镇区建设用地规模控制在 12km² 以内。元宝山镇域范围内煤炭资源丰富，此外，非金属矿产（如玄武岩、石灰岩、煤矸石、红黏土等）也分布广泛。元宝山镇处于半干旱地区，生态环境非常脆弱。随着元宝山镇进入经济快速发展时期，元宝山要面对经济社会快速发展所带来的资源环境压力，元宝山镇的资源消耗和污染排放将面临非常严峻的形势。

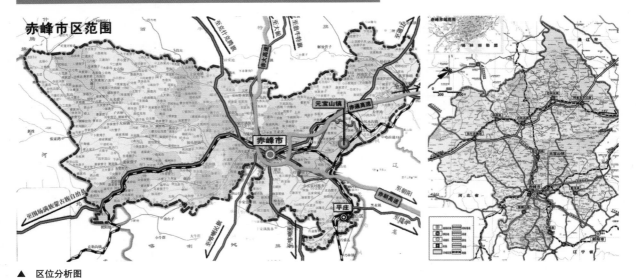

▲ 区位分析图

■ 基础设施现状

1. 道路交通现状

赤元公路连接赤峰市中心城区与元宝山镇区；赤平公路连接赤峰市中心城区与平庄城区，经过元宝山镇域南部；平元公路连接平庄城区与元宝山镇区；上安公路向东北方向延伸，至风水沟镇、松山区安庆镇并连接赤通高速公路。

元宝山镇区现状道路广场用地为 129.57hm^2，占镇区建设用地总面积的 12.21%，人均道路广场用地面积 24.45m^2。

2. 给水现状

元宝山镇区内建昌营组团居民生活用水由元宝山区疏干水资源管理所取露天疏干水供应；云杉路组团内有云杉

▲ 镇区用地现状图

▲ 镇区用地布局规划图

路自来水公司一处，采取在老哈河沿岸提水的方式，疏到高位水池后直接供云杉路城区居民用水；元宝山山上组团居民生活用水取自老哈河沿岸的自备水源井。电厂现状用水量 12 万 m^3，耗水量大。

3. 排水现状

元宝山镇区排水现状主要采取明渠排水。主要的排水混凝土渠位于云杉路城区，南至老哈河边，由北向南，运行情况良好。

4. 电力现状

元宝山镇域范围内有电厂两座，分别为：赤峰宝山能源（集团）热电有限责任公司、元宝山发电公司。赤峰宝山能源（集团）热电有限责任公司年发电 $2 \times 10^9 kW \cdot h$，输出电压等级 66kV；元宝山发电公司年发电 $95 \times 10^9 kW \cdot h$，输出电压等级为 220kV 与 500kV。

5. 通信现状

元宝山镇域通信服务由移动公司、联通公司以及网通公司三家共同提供，信号基本覆盖服务范围内的所有行政村和自然村，移动电话客户总数达 30000 余户。全镇域有固定电话装机容量 20432 门，实际安装 12286 门。

6. 供热现状

元宝山镇部分区域利用电厂余热供热，其他地区利用小型锅炉房，放热率低，排烟量大，对周围环境造成一定的污染，且缺乏统一的供热规划。

■ 基础设施规划

1. 道路交通规划

镇域以改善镇域内与赤朝、赤通高速以及辽宁省之间的交通联系为主要措施，加强镇域与周边区域交通系统对接，建立镇级交通网络。

镇区形成镇区外环线，联系元宝山组团、云杉路组团、元宝山电厂以及建昌营组团。镇区主干道路红线宽 30 ～ 36m，为组团之间主要联系道路以及各组团内主要交通干道。

2. 给水规划

规划采用分区供水，电厂生产用水以及镇区生活用水水源均为煤矿疏干水。电厂生产用水来源于自建水厂，对源水进行达标处理后应用；元宝山区疏干水水厂扩建至 3 万 m^2/d，供应镇区生活用水；赤峰市自来水公司第三水厂作为镇区生活用水紧急备用水源予以保留。

为保证供水安全可靠，供水管网环状布置，给水管道沿线设消火栓，配水管预留管可结合消火栓按常规预留。

3. 排水规划

根据国家排水体制的有关规定，排水体制采用雨污分流。

污水工程

规划镇区东南侧设置污水处理厂一座，处理规模 $1.2 \times 10^4 m^3/d$，考虑未来水处理设施占地，污水处理厂占地面积按 3hm² 控制。

▲ 道路交通规划图

▲ 给水工程规划图

▲ 污水工程规划图

规划建议电厂自行建设污水处理厂，根据企业需求对生产废水处理后回用，减少水资源耗费，减轻水环境压力。

根据规划路网、规划用地性质和场地、道路竖向设计及污水排水分区沿规划路设置污水管。为便于维护管理，市政路下的污水管最小管径取 D400mm。

雨水工程

雨水管道尽量采用重力流，节约投资，原则上沿规划道路铺设，根据地形和道路坡度，就近排入水体；结合规划区地形特点，避免雨水管与污水管过多交叉；考虑与城市景观结合，加大生态排水力度；为便于维护管理，市政路下的雨水管最小管径取 D400mm。

4.电力规划

采用单位用地面积负荷密度法预测电力负荷。镇区范围内工业用地均为两电厂用地，电厂用电自行解决，规划不纳入镇区供电系统考虑。根据负荷预测，镇区新建110kV变电站一座，主变容量 3×50MW，占地面积 5000m²，近期建设主变容量 2×50MW；元宝山二次变规划扩建至 2×20MW，现状占地面积能满足需求。

5.通信规划

电话主线普及率远期按 40% 计，配套设施按 8.5 万人计，规划电话主线 3.4 万门。电信局容量按 3.4 万线进行配置，对现状电信支局扩容，建设电信端局两处，电信支局单独占地，

面积 4000m²，端局结合其他建筑进行设置，不单独占地。

新建通信管网系统为综合管群，包含电信业务、有线电视、交通信号、公安专网、局间中继、数据用户等多种信息传输功能。所有信息传输业务所需管孔应全部纳入综合管群，同期设计施工。

6.供热规划

规划利用电厂余热，热媒为高温高压蒸汽，由电厂至规划区修建高温高压蒸汽输送干线。新建热交换站不单独占地，考虑与其他建筑合建。镇区规划建设用地供暖耗热量 403MW，工业区供暖耗热量 828MW，考虑周边供暖需求，热电厂供暖负荷 1250MW。规划一级蒸汽管网由热电厂引出，规划中心区主干网环状布置，其他区域主干网及二级管网为枝状。

7.燃气规划

规划耗热定额参照发达城市的耗热定额，居民耗热定额取 2930MJ／人·年（70 万千卡／人·年）。规划 2020 年，规划人口 8.5 万人，民用气气化率按 100% 计算，公共设施用气量按居民用气量的 30% 计，工业用气根据需求自备。液化石油气管道供应的储气由气化站内储罐解决，根据规范要求储气量应满足 2～3d 的用气量要求。储气站与气化站考虑合建，相应储气量考虑适当放大。天然气管网输配系统由天然气中压管网、调压箱（站）及庭院管、户内管组成。中压管网尽量布置成环状，规格为 D100～D250mm。

▲ 雨水工程规划图

▲ 电力工程规划图

▲ 电信工程规划图

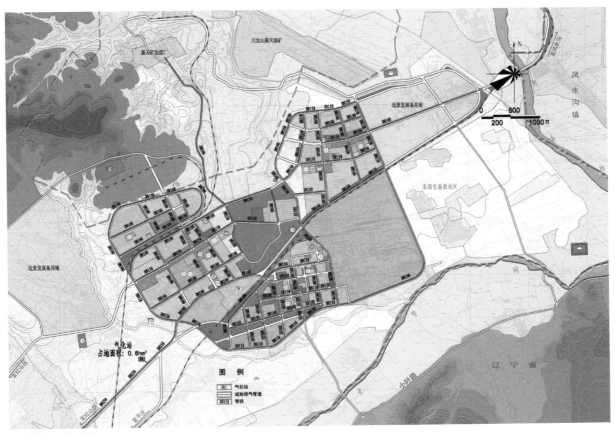

▲ 燃气工程规划图

▲ 热力工程规划图

8. 防灾规划

消防规划

规划保留并扩建现有元宝山镇区的消防站；在元宝山组团、平元公路的北侧增建标准消防站一处。结合道路交通规划，以公路及城镇道路为主要消防车通道，同时在城镇规划建设中严格控制次一类消防通道。道路交叉口 50m 内均应设置消火栓；道路宽度超过 60m 时，其两侧均应设置消火栓，间距不应超过 120m。消火栓一般采用地上式，设置管段管径不应小于 100mm。

人防工程

按人防工程战术技术要求，二等工程掩体面积为 1.5m²/人，人防工程建设规划总面积为 $3.5 \times 10^4 m^2$。

突发性公共卫生事件的防控规划

按照《突发公共卫生事件应急条例》、《内蒙古自治区突发公共卫生事件应急办法》，结合元宝山镇实际情况及规划目标，编制镇区突发性公共卫生事件防控体系。

■ **规划评述**

该镇基础设施规划在原有设施基础上完善了镇区对外交通及内部道路系统；供水水源充分利用疏干水，采用分质和分区供水；排水采用雨污分流制，雨污处理采用集中与分散相结合的方式，对改善镇区环境将起到重要作用；供热采用集中供热，燃气采用压缩天然气；并重点对地震、防洪及消防进行了综合防灾规划。

建筑气候区划Ⅱ区型——山东省威海市荣成市成山镇

该类型镇位于建筑气候区划Ⅱ区。该区冬季较长且寒冷干燥，平原地区夏季较炎热湿润，高原地区夏季较凉爽，降水量相对集中；气温年较差较大，日照较丰富；春、秋季短促，气温变化剧烈；春季雨雪稀少，多大风风沙天气，夏秋多冰雹和雷暴。

1. 该区建筑气候特征

（1）1月平均气温为 −10 ~ 0℃，极端最低气温在 −20 ~ −30℃之间；7月平均气温为 18 ~ 28℃，极端最高气温为 35 ~ 44℃；平原地区的极端最高气温大多可超过 40℃；气温年较差可达 26 ~ 34℃，年平均气温日较差为 7 ~ 14℃；年日平均气温低于或等于 5℃的日数为 90 ~ 145d；年日平均气温高于或等于 25℃的日数少于 80d；年最高气温高于或等于 35℃的日数可达 10 ~ 20d。

（2）年平均相对湿度为 50% ~ 70%；年雨日数为 60 ~ 100d，年降水量为 300 ~ 1000mm，日最大降水量大都为 200 ~ 300mm，个别地方日最大降水量超过 500mm。

（3）年太阳总辐射照度为 150 ~ 190W/m²，年日照时数为 2000 ~ 2800h，年日照百分率为 40% ~ 60%。

（4）东部广大地区 12月至翌年 2月多偏北风，6 ~ 8月多偏南风，陕西北部常年多西南风；陕西、甘肃中部常年多偏东风；年平均风速为 1 ~ 4m/s，3 ~ 5月平均风速最大，为 2 ~ 5m/s。

（5）年大风日数为 5 ~ 25d，局部地区达 50d 以上；年沙暴日数为 1 ~ 10d，北部地区偏多；年降雪日数一般在 15d 以下，年积雪日数为 10 ~ 40d，最大积雪深度为 10 ~ 30cm；最大冻土深度小于 1.2m；年冰雹日数一般在 5d 以下；年雷暴日数为 20 ~ 40d。

2. 该类型镇基础设施规划建设要求及特点

（1）基础设施规划建设中建筑物应充分考虑冬季防寒、保温、防冻的要求，夏季部分地区应兼顾防热。

（2）给水工程规划中人均综合用水量指标应采用下列数值：镇区（乡政府驻地）为 120 ~ 250L／人·d，村庄为 120 ~ 250L／人·d。人均生活用水量指标应采用下列数值：镇区（乡政府驻地）为 80 ~ 160L／人·d，村庄为 60 ~ 120L／人·d。

（3）排水工程规划中排水体制宜采用雨污分流制，干旱少雨地区可采用截流式合流制。雨水工程应充分考虑夏季多暴雨的特点，适当提高一些重要地区的规划建设标准。

（4）热力工程规划应满足当地居民冬季采暖的需求。

（5）可合理利用太阳能。

（6）防灾减灾工程规划应以暴雨、火灾危害为主。

山东省威海市荣成市成山镇总体规划

案例名称：荣成市成山镇总体规划（2006—2020）
设计单位：山东省城乡规划设计研究院
所属类型：Ⅱ区型

■ 基本概况

1. 地理位置

荣成市成山镇位于胶东半岛最东端，三面环海，海岸线 100km，面积 100km²。

2. 自然条件

成山镇地处沿海，属温带海洋性季风气候，年平均气温 12.1℃；年平均日照时数 2499.8h；年降水量 739mm；无霜期平均为 240 ~ 275d。镇区内地势北高南低，海拔一般在 100 ~ 200m 之间。成山镇大理石等矿藏资源十分丰富。

3. 人口

成山镇总户数 12532 户，总人口数为 36665 人。

4. 经济条件

2004 年全镇年经济总收入 57.2 亿元，经济纯收入 7.8 亿元，财政收入 6000 万元，农民人均可支配收入 5500 元，人均储蓄余额 2 万元。

5. 建设现状

城镇现用地包括成山卫（含出口加工区）和龙须岛两片，建设用地 334.4hm²，人均建设用地 145.4m²。现状建成区居住用地 187.5hm²，占现状城镇建设用地的 56.1%，远高于国标；现状公共设施用地面积为 21.07m²，占建设用地的 12.09%，用地布局不尽合理，缺少一些必要的公共设施，服务体系布局缺乏层次。

■ 基础设施现状

1. 道路交通现状

对外交通以公路运输为主，现状无客运站。国家干线公路为二级公路，有三条，分别是石烟线 9.7km、成龙 21.3km、北环海路 10km，其余县乡路 34km。

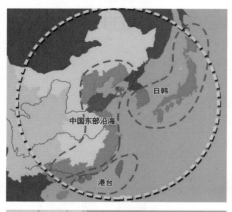

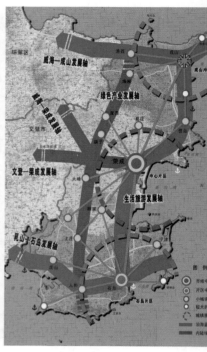

▲ 区位分析图

成山镇现状道路系统性较差。现有硬质铺装道路4条：成龙路、荣山路、东大街和兵营街，均在镇中心位置。镇区道路主要由成龙路和荣山路构成十字形骨架，其他道路布局混乱，不成系统。镇区仅有停车场、广场各一处。

2．给水工程现状

成山镇现有天鹅湖自来水公司，合计供水能力1000～2000m³/d；建有高位水池一座，水塔两处。供水普及率100%，但面临供水水源不足、供水设施及管道老化、布局不合理等问题。

3．排水工程现状

成山镇现状排水体制为雨、污合流制。镇区现状地貌高低起伏较大，自然形成了沙沟河、石水河、于家河的汇水系统，未建成污水处理厂，部分生活污水和工业废水直接排入荣山河或北泊河，造成河道污染日益严重。

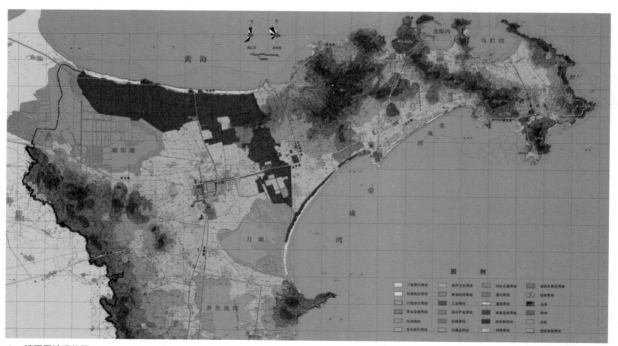

▲ 镇区用地现状图

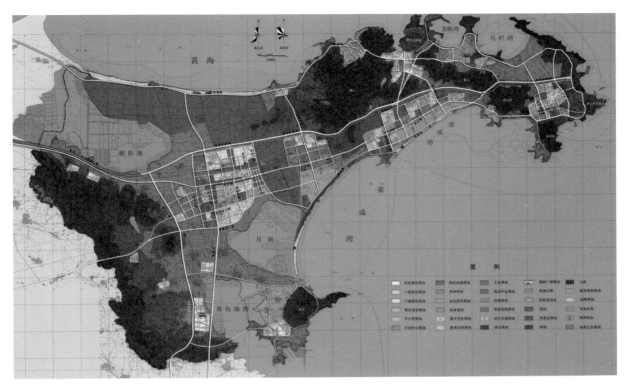

▲ 镇区用地布局规划图

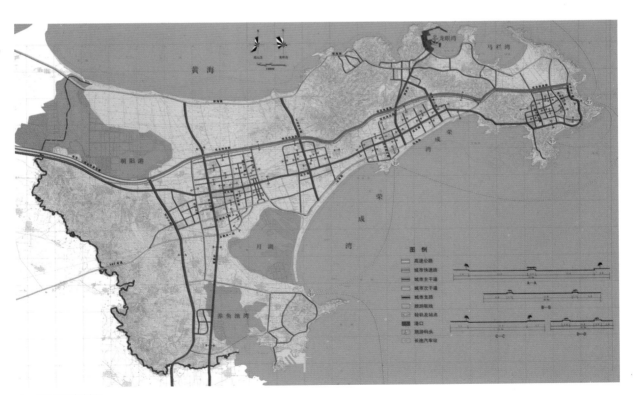

▲ 道路交通规划图

图例

		规划输水管
		规划给水管
		现状水厂
		规划水厂
		规划污水处理厂
	DN300	规划给水管径（mm）

▲ 给水工程规划图

图例

		规划污水压力管
		规划污水管
		规划雨水管
		规划污水提升泵站
		规划污水处理厂
	D500	规划排水管径（mm）

▲ 排水工程规划图

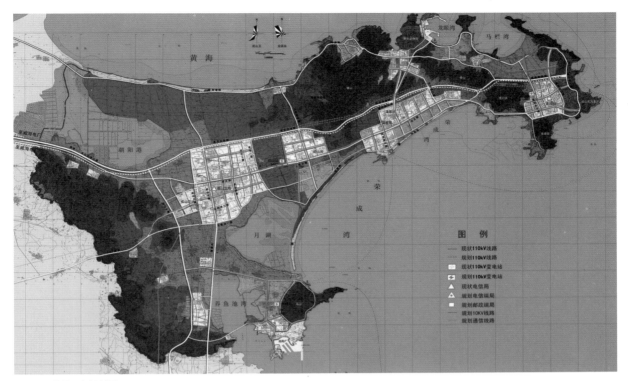

▲ 电力电信工程规划图

4．电力工程现状

成山镇现有 110kV 成山卫变电站一处，变压器容量为 3.15 万 kVA，由 220kV 荣成变电站供电，电源容量不足；10kV 配电线路架空线较多，线径过细，供电半径过大，所带的负荷过大，老化现象严重。

5．通信工程现状

成山镇内现有电信分公司一处，数字程控交换机 7000 门，出局电缆 6000 对，镇内敷设有电信电缆管道；此外，中国网通公司成山分公司位于成山镇区。

6．供热工程现状

成山镇建设了一批小型供热锅炉房，一般容量都在 2.8MW 以下，但尚未形成较大的集中供热规模。小型锅炉房放热率低，排烟量大，对周围环境造成一定的污染，且缺乏统一的供热规划，运行管理水平低。

7．燃气工程现状

成山镇燃气现状主要采用液化石油气，镇区拥有 3 处液化气站，总容量为 150m³，液化气用户达到 6000 户。

■ 基础设施规划

1．道路交通规划

现状成大路、石烟路（301 省道）是成山对外联系的主要道路，穿过镇区，生活和交通之间干扰较多。规划构筑以公路、轻轨、港口等多种交通方式相互衔接的综合交通系统。

镇区道路延续方格网的布局方式，将道路网分为快速路、主干路、次干路和支路四个等级。规划区域性交通干路采用两块板的断面形式；主干路、次干路采用一块板为主的断面形式，个别有条件地段可采用三块板形式；支路为一块板断面形式。规划增加长途客运站、广场、公共停车场以及加油（气）站等静态交通设施的设置。

2．给水工程规划

远期镇区总用水量预测为 3.84 万 m³/d。在维持现状水厂供水规模不变的情况下，新建地表水二水厂，供水规模 2.5 万 m³/d，供水水源为纸坊水库和白龙河；在马山岛南部的造船工业基地，规划新建一座海水淡化水厂，海水淡化厂供水规模 0.45 万 m³/d。在现状供水管网基础上，完善镇区供水管网及输水管道，使供水管网形成环状。

3．排水工程规划

成山镇排水体制为雨、污分流排水体制。远期规划镇区污水量为 3.49 万 m³/d。规划将镇区划分为四个排放区域，在成山卫组团、中部组团、龙须岛组团和马山岛南部分别规划一处二级污水处理厂（站），远期处理规模分别为 1.5m³/d、0.7m³/d、0.9m³/d 和 0.55 万 m³/d；根据发展的需要，马山岛南部配套用地分别设置小型污水处理站，污水就地处理。

雨水规划将镇区划分为四个排放区域：成山卫组团区域、中部组团区域、龙须岛组团区域、马山岛南部区域。规划完善镇区雨水排水管网系统，充分利用地形，尽量使雨水以最短的路线、较小的管渠尺寸就近排入水体，形成以排水分区为界的枝状管网布局。

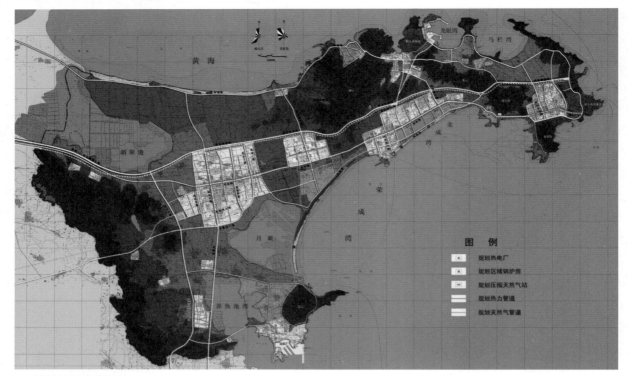

▲ 燃气热力工程规划图

4. 电力工程规划

预测成山镇远期用电负荷为 20 万 kW。规划城区原有 35kV 公用变电站点逐步升压改建为 110kV 变电站或淘汰；规划扩建 110kV 成山卫变电站，变压器容量为 2×5 万 kVA；规划新建成山、蒲家、龙须和大疃四处变电站。规划采用环网供电方式，居民小区建设采用以箱变为主。

5. 通信工程规划

规划城区电话普及率为 70 部／百人，规划人口 10 万人，城区电话机可达 7 万部，规划交换机容量 10 万门。规划扩建现状成山卫局交换机容量为 5 万门；规划有线电视线路与通信线路同路由布置敷设，有线电视覆盖率实现 100%。

6. 供热工程规划

成山镇规划远期集中供热率为 50%，远期总供热蒸汽量为 169t／d。规划设置 2 处热源，出口加工区内设置 1 处热电厂，东部设置 1 处区域锅炉房为热源。管道采用架空与直埋相结合方式，重要路段采用地下直埋敷设。

7. 燃气工程规划

成山镇规划远期燃气普及率为 80%，远期总用气量为 4 万 m³／d。规划东、西部各设置一处压缩天然气站（CNG）供应管道燃气，待天然气管道到达后将 CNG 站改为城镇门站。规划以中压燃气管网供气。

8. 综合防灾规划

规划确定城镇防洪标准为重现期 20 年一遇，设防等级为 Ⅵ 级。海岸按抵御 20 年一遇潮水位设计。成山镇按照基本地震烈度 7 度设防，对于重点工程，经批准后，其设防可以比基本烈度高一度；次要性的建筑物，人员减少的辅助建筑物，其设计烈度可比基本烈度降低一度。规划利用公园、广场、运动场以及学校的操场等作为地震时的主要疏散场地。规划设置普通消防站 3 个。

■ 规划评述

该镇基础设施规划在原有设施基础上完善了镇区对外交通及内部道路系统；供水水源增加了海水淡化；排水采用了雨污分流制，雨污处理采用集中与分散相结合的方式，对改善镇区环境将起到重要作用；供热采用集中供热，燃气采用压缩天然气；并重点对地震、防洪及消防进行了综合防灾规划。

建筑气候区划III区型——江苏省常州市金坛市薛埠镇

该类型镇位于建筑气候区划III区。该区大部分地区夏季闷热，冬季湿冷，气温日较差小；年降水量大；日照偏少；春末夏初为长江中下游地区的梅雨期，多阴雨天气，常有大雨和暴雨出现；沿海及长江中下游地区夏秋常受热带风暴和台风袭击，易有暴雨大风天气。

1. 该区建筑气候特征

（1）7月平均气温一般为25～30℃，1月平均气温为0～10℃；冬季寒潮可造成剧烈降温，极端最低气温大多可降至−10℃以下，甚至低于−20℃；年日平均气温低于或等于5℃的日数为0～90d；年日平均气温高于或等于25℃的日数为40～110d。

（2）年平均相对湿度较高，为70%～80%，四季相差不大；年雨日数为150d左右，多者可超过200d；年降水量为1000～1800mm。

（3）年太阳总辐射照度为110～160W/m²，四川盆地东部为低值中心，尚不足110W/m²；年日照时数为1000～2400h，川南、黔北日照极少，只有1000～1200h；年日照百分率一般为30%～50%，川南、黔北地区不足30%，是全国最低的。

（4）12月至翌年2月盛行偏北风；6～8月盛行偏南风；年平均风速为1～3m/s，东部沿海地区偏大，可达7m/s以上。

（5）年大风日数一般为10～25d，沿海岛屿可达100d以上；年降雪日数为1～14d，最大积雪深度为0～50cm；年雷暴日数为30～80d；年雨凇日数，平原地区一般为0～10d，山区可多达50～70d。

2. 该类型镇基础设施规划建设要求及特点

（1）基础设施规划建设中建筑物必须充分考虑夏季防热、通风降温的要求，冬季应适当兼顾防寒。

（2）给水工程规划中人均综合用水量指标应采用下列数值：镇区（乡政府驻地）为150～350L/人·d，村庄为120～260L/人·d。人均生活用水量指标应采用下列数值：镇区（乡政府驻地）为100～200L/人·d，村庄为80～160L/人·d。

（3）排水工程规划中排水体制宜采用雨污分流制，雨水工程应充分考虑降水量大的特点，一些重要地区的规划建设标准应适当提高。

（4）部分地区基础设施规划建设应包括热力工程规划，满足当地居民冬季采暖的需求。

（5）防灾减灾工程规划应注意重点防风暴、台风和防洪、防雷击等，部分地区尚应预防冬季积雪危害。

江苏省常州市金坛市薛埠镇总体规划

案例名称： 金坛市薛埠镇总体规划（2005—2020）
设计单位： 江苏省城市规划设计研究院
所属类型： III区型

■ 基本概况

1. 地理位置

薛埠镇位于茅山、方山东麓，是常州市的西大门，距金坛市区19km，东隔薛埠河与西岗镇相望，西与句容市接壤，南与溧阳市毗连，北与茅麓镇相接，位于金坛、溧阳、句容三市交界处。全镇总面积163.9km²。

2. 自然条件

薛埠镇在气候上属北亚热带季风气候区，常年主导风向东南风，四季分明，年平均温度为15.3℃，年平均日照数为2033h，年降水量为1062mm；主要河道包括薛埠河、石马河、西阳河，内达通济河、丹金溧漕河；地形西高东低，属于山区丘陵地区；矿产、山石资源丰富。

3. 人口

薛埠镇镇区常住人口43730人，外来人口为3500人。

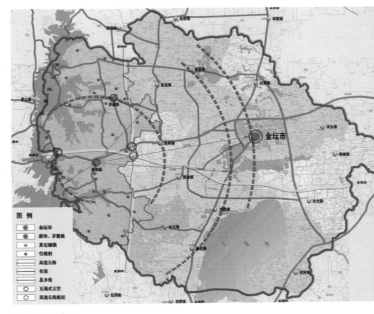

▲ 区位分析图

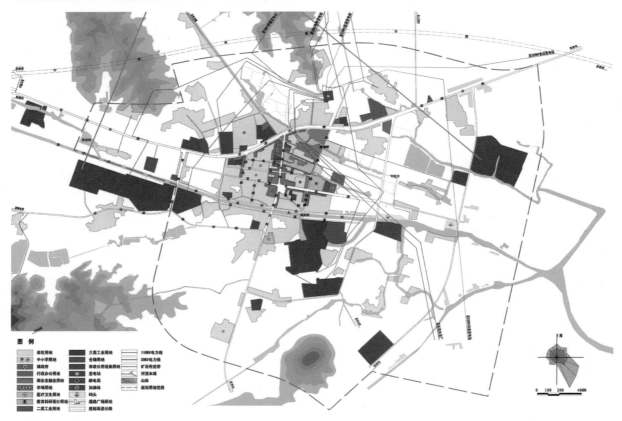

▲ 镇区用地现状图

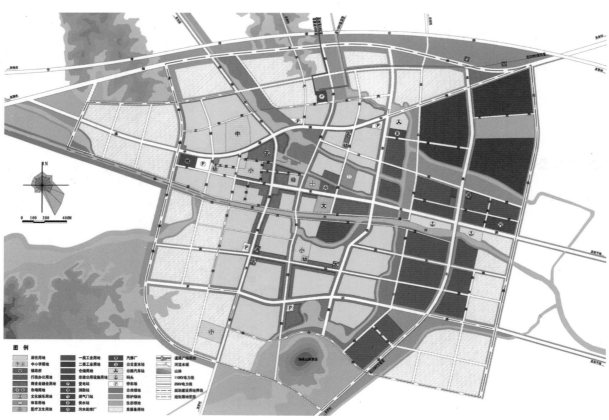

▲ 镇区用地布局规划图

第4章　镇、乡及村庄基础设施规划配置图样

4. 经济条件

2004 年薛埠镇 GDP 为 13.6 亿元，人均 GDP3.11 万元，属于中高收入地区。

5. 建设现状

薛埠镇镇区建设用地面积为 2.64km²，现状住宅用地以三类居住用地为主，用地面积 115.9hm²，占现状建设用地 43.6%；公共设施用地 14hm²，生产建筑用地 73.3hm²，对外交通用地 11.9hm²，道路广场用地 23.5hm²。

■ 基础设施现状

1. 道路交通现状

薛埠镇目前的对外交通联系主要以东西向为主，常溧公路（二级）横贯东西，形成了薛埠镇区对外联系的主要通道。薛埠向北向南为次一级通道，联系各主要乡镇。现状没有公路客货运站场。目前城镇道路主要呈方格网布局，城镇中心区路网密度较大，用地相对紧凑，外围地区路网密度较低，主要以主干路骨架为主，用地相对稀疏。

2. 给水工程现状

薛埠镇自来水目前由镇自来水厂统一供水，水厂位于镇区西部的茅山水库南侧，规模为 10000m³/d，水源取自茅山水库。给水输水管经水厂二泵房增压后沿镇中路送往镇区，管径 DN300mm，镇区现状配水管主要沿百花路及薛埠大街枝状布置，管道短、管径小、管网密度低，不能满足供水要求。

3. 排水工程现状

镇区现状排水制度为雨污合流制。排水管以混凝土管排水沟为主，总长度约 6km，排水管最大管径 D1000mm，位于镇中路、薛埠大街二侧，尚有部分地区利用明沟排水。薛埠镇尚无污水处理厂，工业废水部分自行处理，部分未处理；生活污水均未处理，就近排入薛埠大河，给薛埠大河造成一定程度的污染。

4. 电力工程现状

110kV 薛埠变电所位于常虹路与仙湖路交叉口西北角，占地 2100m²，主变容量 2×31.5MVA。薛埠变电所现有 3 路 110kV 线路、10 路 35kV 线路、10 路 10kV 线路，作为薛埠镇的主供电源对镇区供电，并作为 35kV 茅麓变电所的供电电源。镇区供电电源点单一，可靠性差；变电所容量偏小，供电压力大；供电线路陈旧。

5. 通信工程现状

薛埠镇电信局位于邮政路与薛埠大街交叉口西南角，电信长途光缆由金坛市电信交换中心沿镇中路北侧敷设至薛埠镇，主干光纤容量 622 兆，部分光缆下地埋设，并实现了镇区内政府和学校的光纤接入。电信局交换机装机容量 10000 门，目前用户 6700 户，宽带用户 120 户。薛埠镇邮政局紧邻薛埠镇电信局。

6. 燃气工程现状

薛埠镇现状居民生活用气均为罐装液化石油气，主要由金坛市供气。现状镇区燃气普及率 95%，年居民生活耗气量 560t，公共事业用户、工业用户耗气量 60t，总耗气量 620t。

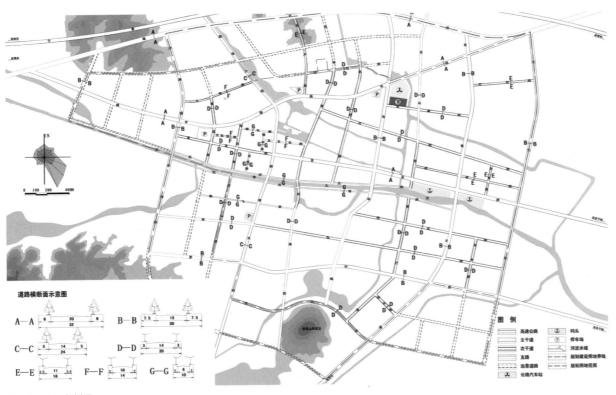

道路横断面示意图

▲ 道路交通规划图

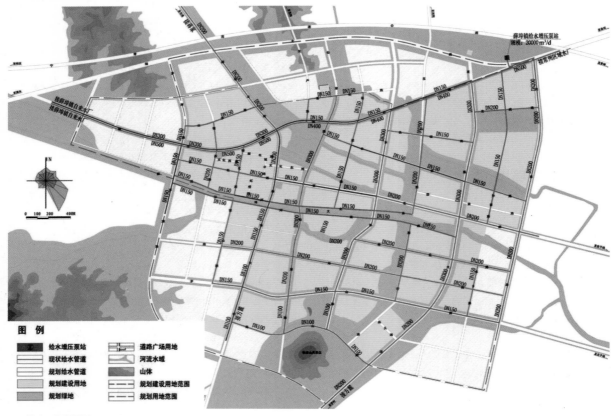

▲ 给水工程规划图

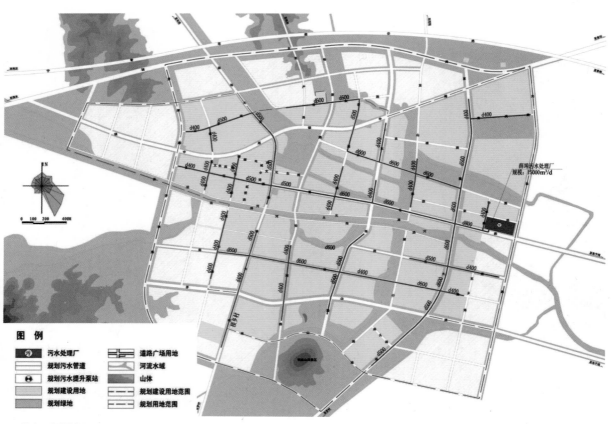

▲ 排水工程规划图

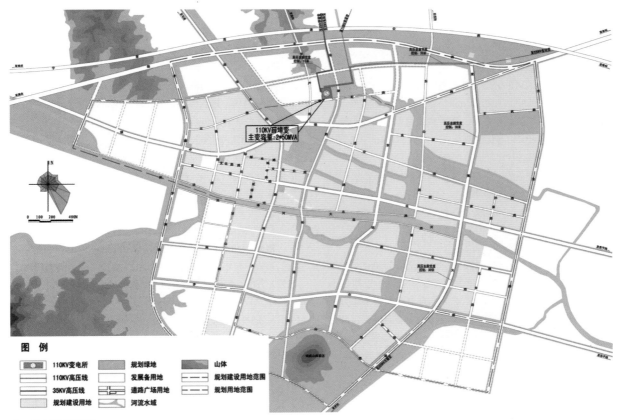

▲ 电力工程规划图

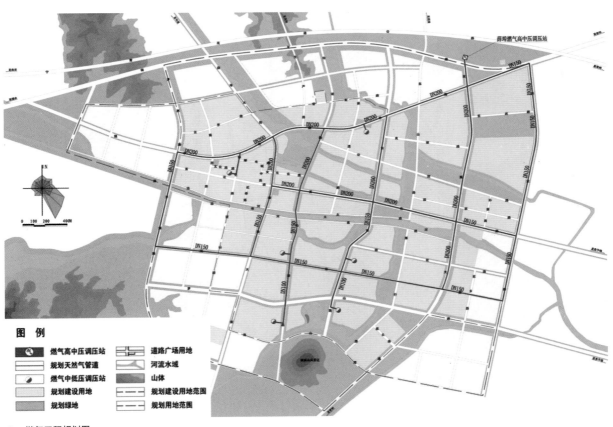

▲ 燃气工程规划图

■ 基础设施规划

1. 道路交通规划

规划在原有的对外公路体系基础上建立9条对外联系公路，依托建设中的宁常高速公路和扬溧高速公路，以东西向联系作为城镇的主要联系方向，同时构建南北向通道，减少宁常高速公路所造成的南北阻隔。

主干路是镇区各片区之间的主要交通联系道路，形成"四横五纵"的主干路系统，干路网密度为4.5km/km²。次干路与支路以各片区为单元自成网络。

规划形成城乡一体化的公交系统，集中布置5处公共停车场。

2. 给水工程规划

规划总用水量：近期16200m³/d，远期25200m³/d。规划期内薛埠镇的给水主要由镇区自来水厂供给，近期规模15000m³/d，远期规模30000m³/d。常州区域水厂供水作为薛埠镇的备用水源，并为金坛市实施区域供水作好准备。镇区给水管道结合发展规划及道路网架的建设分期分批实施。给水管道沿镇中路为主输水管道，配水管道沿规划道路呈环状布置。

3. 排水工程规划

薛埠镇排水体制为雨、污分流排水体制。规划污水集中处理量：近期5500m³/d，远期14400m³/d。规划污水处理厂位于薛埠镇东部薛埠大河北岸，规模近期为5000m³/d，远期为15000m³/d，并按20000m³/d控制用地。污水厂采用二级生化处理方式，尾水排入薛埠大河。结合污水管线布置和地理自然条件，镇区规划布置污水提升泵站3座。

雨水尽量排入内河，在汛期通过排涝泵站调节内河水位，保证排水通畅。排入薛埠大河、溢洪道及溢洪道分流线的雨水管出水口要求设防潮阀。

4. 电力工程规划

规划对镇区的高压线路进行梳理。同时，对镇区内穿越地块的线路进行改线，改线后的高压线路沿规划的高压走廊及道路绿化带敷设。10kV配电接线方式以单环网形式为主，开环运行，形成辐射互联。

5. 通信工程规划

规划近期固定电话主线普及率达50线／百人，远期60线／百人，规划近期镇区固定电话主线需求量为1.5万门，远期为3万门。保留薛埠镇电信支局和邮政局，加强光纤接入网的建设。

6. 燃气工程规划

结合金坛市及薛埠镇的实际情况，近期采用液化石油气作为居民生活的主气源，远期采用天然气。液化气（液态）供应量近期为1300t／a，远期为1030t／a；天然气供应量近期为37万m³／a，远期为300万m³／a。输气管网沿镇中路布置，采用环状加枝状供气管网。

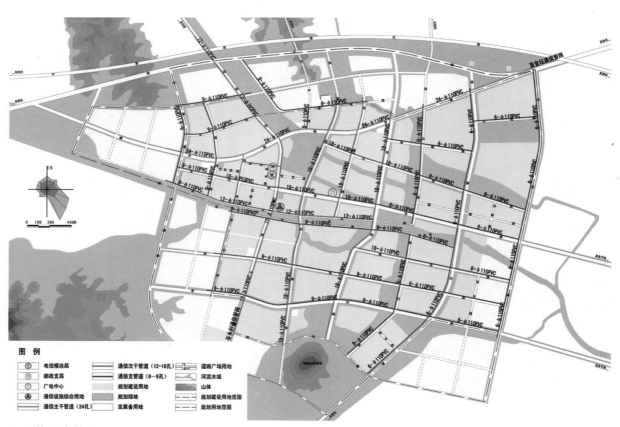

图例

电信模块局	通信次干管道（12-18孔）	道路广场用地
邮政支局	通信支管道（6-9孔）	河流水域
广电中心	规划绿地	山体
通信设施综合用地	规划建设用地	规划建设用地范围
通信主干管道（24孔）	发展备用地	规划用地范围

▲ 通信工程规划图

7. 综合防灾规划

薛埠镇抗震设防地震动峰值加速度为 0.10g（相当于地震烈度Ⅶ度），镇区新建、改建、扩建工程必须进行抗震设防。减轻和防止次生灾害发生。远期薛埠镇规划建设 2 座二级普通消防站，分别位于公园路与发展大道东南角、南环路与薛埠大街东北角。在镇政府等少数大型公共设施、广场等处，安排人防工程，镇区人防工程以满足镇区人口的 30% 的防护要求。

■ 规划评述

该镇基础设施规划完善了镇区对外交通及内部道路系统；供水为集中式供水，考虑了区域联合供水，提高了供水保证率；排水采用了雨污分流制，对改善镇区河道水环境将起到重要作用；燃气采用液化石油气，远期普及天然气管网；并重点对地震及消防进行了综合防灾规划。

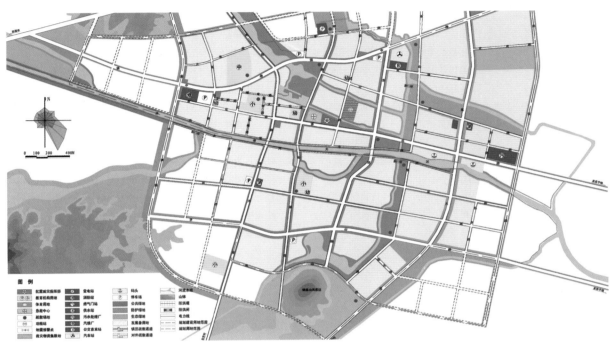

▲　综合防灾规划图

建筑气候区划Ⅳ区型——广东省汕头市潮南区两英镇

该类型镇位于建筑气候区划Ⅳ区。该区长夏无冬，温高湿重，气温年较差和日较差均小；雨量丰沛，多热带风暴和台风袭击，易有大风暴雨天气；太阳高度角大，日照较小，太阳辐射强烈。

1. 该区建筑气候特征

（1）1月平均气温高于10℃，7月平均气温为25～29℃，极端最高气温一般低于40℃，个别可达42.5℃；气温年较差为7～19℃，年平均气温日较差为5～12℃；年日平均气温高于或等于25℃的日数为100～200d。

（2）年平均相对湿度为80%左右，四季变化不大；年降雨日数为120～200d，年降水量大多在1500～2000mm，是我国降水量最多的地区；年暴雨日数为5～20d，各月均可发生，主要集中在4～10月，暴雨强度大，台湾局部地区尤甚，日最大降雨量可在1000mm以上。

（3）年太阳总辐射照度为130～170W/m²，在我国属较少地区之一，年日照时数大多在1500～2600h，年日照百分率为35%～50%，12月至翌年5月偏低。

（4）10月至翌年3月普遍盛行东北风和东风，4～9月大多盛行东南风和西南风。年平均风速为1～4m/s，沿海岛屿风速显著偏大，台湾海峡平均风速在全国最大，可达7m/s以上。

（5）年大风日数各地相差悬殊，内陆大部分地区全年不足5d，沿海为10～25d，岛屿可达75～100d，甚至超过150d；年雷暴日数为20～120d，西部偏多，东部偏少。

2. 该类型镇基础设施规划建设要求及特点

（1）基础设施规划建设中建筑物必须充分考虑夏季防热、通风、防雨的要求，冬季可不考虑防寒、保温。

（2）给水工程规划中人均综合用水量指标应采用下列数值：镇区（乡政府驻地）为150～350L／人·d，村庄为120～260L／人·d。人均生活用水量指标应采用下列数值：镇区（乡政府驻地）为100～200L／人·d，村庄为80～160L／人·d。

（3）排水工程规划中排水体制宜采用雨污分流制，雨水工程应充分考虑降雨量大、多暴雨的特点，一些重要地区的规划建设标准应适当提高。

（4）防灾减灾工程规划应重点注意防风暴、台风和防洪、防雷击等。

广东省汕头市潮南区两英镇总体规划

案例名称：汕头市潮南区两英镇总体规划（2005—2020）
设计单位：汕头市城市规划设计研究院
所属类型：Ⅳ区型

■ 基本概况

1. 地理位置

两英镇位于北纬23°16′、东经116°35′，地处粤东大南山北麓，位居潮南区西南部、大南山区和练江平原的结合部。两英镇东邻胪岗镇，南接红场镇，西连仙城镇，北枕司马镇，东北部与峡山相接。

2. 自然条件

两英镇地处大南山北麓山前地带，属沿海丘陵山地地貌，历年平均气温为21.40℃，年平均雨量达2030mm，历年平均有台风3.7次，年平均日照1891.7h。河流水系主要有两英大溪和九斗溪，矿产资源主要为花岗岩。

3. 人口

至2004年末，两英镇现状总人口18.8万人。其中户籍人口169812人，暂住人口1.82万人；旅外华侨约165400人。

4. 经济条件

两英镇是粤东工业重镇，以针织服装为主的轻型加工业发展很快。2004年，全镇完成地区生产总值12.79亿元，工农业总产值45.38亿元，外贸出口总额1112万美元。农民人均年收入3609元。

5. 建设现状

两英镇镇域总面积72.4km²，至2004年底，镇域建成区总面积约15.60km²。居住、工业用地占总建设用地的78.91%；道路建设呈现适度超前的态势，占总建设用地达15.63%；公共设施、市政设施、绿地仅占总建设用地的5.46%。

■ 基础设施现状

1. 道路交通现状

至2004年底，两英镇公路（含县、乡公路）总里程约

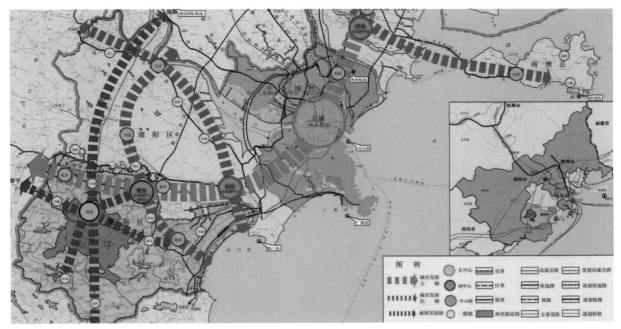

▲ 区位分析图

▲ 镇区用地现状图

50km，全镇二级以上公路约占23%，公路密度为每百平方公里69km。两英镇现状主要道路有华英路、中兴路、兴英路、英深路、美鹤路、司英路、司神公路、东英路等，道路建设适度超前。目前存在问题主要有：路网技术等级低、道路通行能力低、缺乏客运场站和公共交通体系。

2. 给水工程现状

两英镇内现有秋风水厂一座，位于镇区南约1km处的古厝林场，取水水源为秋风水库；生产能力为7万t/d，实际生产量约为5万t/d。现状输配水管道系统较为完善。目前存在问题主要有：水资源紧张、水资源保护形势严峻、地下水开采过度。

▲ 镇区用地布局规划图

3. 排水工程现状

两英镇现状排水体制为合流制，沿道路两侧建设有1.0～1.8m的浅埋石方沟，地面水主要通过漫流进入石方沟后就近排入两英大溪等沟渠。镇内东北村南侧建有一小型排涝泵站，排水入南山截洪渠，装机容量24匹。镇内现状无污水处理厂，生活污水及大量生产废水都就近排入水体，造成水体污染严重。

4. 电力工程现状

两英镇总供电量为2.1亿万kW·h，现有小水电站两座，现状电源为两英220kV变电站。全镇建有220kV和35kV变电站各一处，10kV变电所共11座。供电线路敷设方式为架空。目前存在问题主要有：电网改造任务繁重、电压质量差和线路建设困难。

5. 通信工程现状

两英镇电信分局位于司神公路中段西侧，占地仅几百平方米，交换机型号为S1240，容量20480门；现状有邮政分局1处，位于司神公路中段西侧，占地约6000m²，下属有东北邮政所一座，占地0.33hm²，空置未使用。目前存在问题主要有：用地规模不足、线路敷设缺乏统筹规划、架空交叉隐患多。

6. 燃气工程现状

两英镇现状用气量约为4200t/a，均为生活用气；现状气源为液化石油气，液化石油气瓶装储罐站2座。目前存在问题主要有：管道煤气发展滞后、供气质量及管理有待改进、供气点密集隐患大、气化率需进一步提高。

■ 基础设施规划

1. 道路交通规划

两英镇的对外交通联系须依托于汕头市的对外交通系统进行建设发展。汕头市将建设"二纵、三环、九射"的干线公路网，在两英镇境内经过的有："三环"中的三环高速公路、"九射"中的"第八射"即陈沙公路。同时，规划两英镇内东西向、南北向主干路均向外延伸。

规划镇区道路分为快速路、主干路、次干路和支路4个等级。规划快速路总长约5.4km，规划主干道总长约21.7km，规划次干道总长约19.4km；干道网密度为2.4km/km²。同时完善静态交通设施。

2. 给水工程规划

通过预测并同时考虑村镇用水需求，镇区规划区用水标准为400L/人·d，确定两英镇规划期末总用水量为9.2万m³/d；规划在原秋风水厂的基础上扩建为规模达15万t的水厂，占地按7hm²控制；以红口水库为水源新建供水能力达3万t的水厂，占地按3.5hm²控制。另外，规划于崎沟设置1处加压泵站。规划供水管网采用环状供水管网，以提高供水的可靠性。

3. 排水工程规划

两英镇排水体制为雨、污分流排水体制。规划污水量为6万m³/d，规划污水处理厂位于两英大溪南岸、兴英路桥东；近期规模为3万m³/d，远期为6万m³/d；用地规模为7hm²。规划将两英镇污水收集分为4个分区分别送至规划污水处理厂。

▲　道路交通规划图

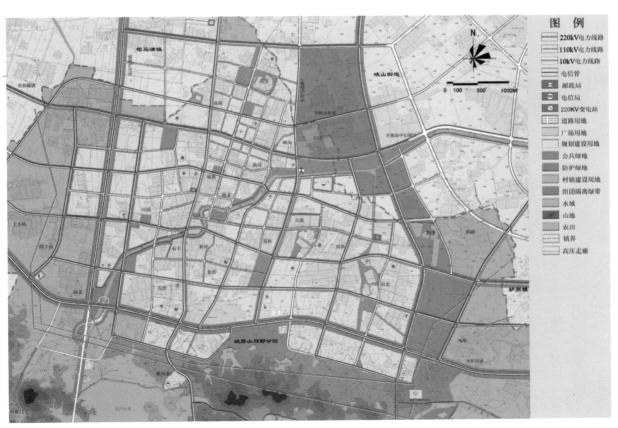

▲　电力通信工程规划图

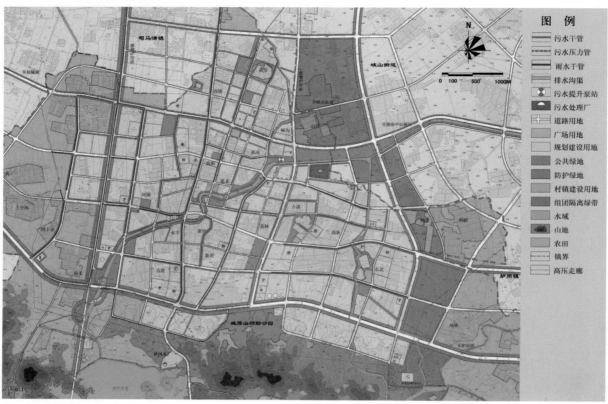

▲ 排水工程规划图

▲ 给水工程规划图

第4章 镇、乡及村庄基础设施规划配置图样

图 例
▱ 高压燃气管
▱ 中压燃气管
▣ 高中压调压站
▣ 液化石油气储灌站
▱ 道路用地
▱ 广场用地
▱ 规划建设用地
▱ 公共绿地
▱ 防护绿地
▱ 村镇建设用地
▱ 组团隔离绿带
▱ 水域
▱ 山地
▱ 农田
▱ 镇界
▱ 高压走廊

▲ 燃气工程规划图

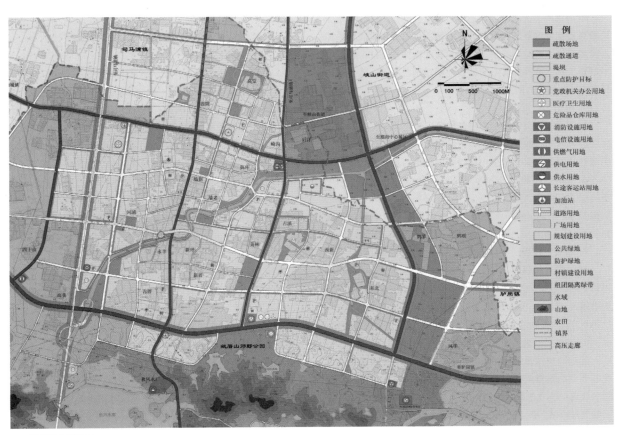

图 例
▱ 疏散场地
▱ 疏散通道
▱ 堤坝
◯ 重点防护目标
✪ 党政机关办公用地
⊞ 医疗卫生用地
⊗ 危险品仓库用地
⊟ 消防设施用地
⊟ 电信设施用地
▣ 供燃气用地
⚡ 供电用地
▽ 供水用地
✿ 长途客运用地
⊠ 加油站
▱ 道路用地
▱ 广场用地
▱ 规划建设用地
▱ 公共绿地
▱ 防护绿地
▱ 村镇建设用地
▱ 组团隔离绿带
▱ 水域
▱ 山地
▱ 农田
▱ 镇界
▱ 高压走廊

▲ 综合防灾规划图

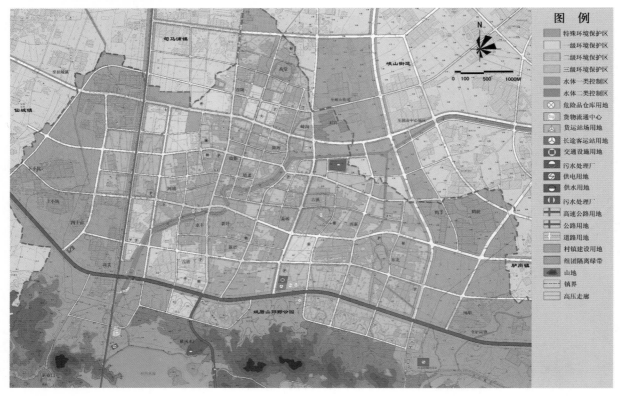

▲ 环境保护规划图

规划将两英大溪作为城镇排洪最主要的排洪沟。雨水管渠布置按就近排放的原则，镇西北部通过雨水管渠收集后排入崎沟明渠、司英路排水渠并经司马浦镇排往练江；镇区中南部直接排入两英大溪；镇区东部通过东北明渠、古溪明渠将雨水收集后排入两英大溪。

4. 电力工程规划

规划期末两英镇全镇用电量预测值为 9.5 亿 kW·h，最大综合利用小时数按 5000h 计，用电负荷为 19 万 kW。规划电源是通过两英 220kV 变电站以省网送电为主。规划高压和中压配电网电压等级分别为 220kV 和 10kV，低压配电网电压等级为 380V 和 220V。于 2015 年 220kV 变电站主变容量扩建至 3×180MVA，10kV 配电线路采用地下电缆与架空线路相结合。

5. 通信工程规划

规划两英镇镇区电话普及率为 70 部／百人，村镇农业户口电话普及率为 50 部／百人。新建两英电信支局，位于崎沟潮南大道南侧，规划电话装机容量为 20 万门，占地面积约 1.5hm²。电信管道沿道路西侧或北侧铺设，采用电缆地埋铺设。

6. 燃气工程规划

规划两英镇远期燃气以管道供应天然气为主气源，以液化石油气为辅助气源。规划气化率按 100% 计，远期管道供气气化率 70%，瓶装液化石油气气化率 30%。规划新建液化石油气储罐站 1 座，位于规划纬一路与陈沙公路交叉口东北角，占地 1hm²。管道燃气的供气范围为城镇规划建设区，采用中压一级供气系统，通过调压柜及调压箱向用户供气。

7. 综合防灾规划

两英镇基本烈度为 Ⅷ 度，镇区内建筑物均应采取防震措施，对于重要的工程及建筑物，经批准后，其设计烈度可比基本烈度提高一度。城镇公园绿地、广场、运动场、学校操场、农田空地等为避震疏散场地；城镇主干道为主要避震疏散通道。规划秋风岭水库防洪堤、南山截洪堤采用 50 年一遇的标准设防；两英大溪的防洪标准按同时满足秋风岭水库溢洪与 20 年一遇标准综合考虑进行设防。消防站责任区划分须满足"消防队接到报警后五分钟内到达责任区最远点"的要求，消防人员按照城区总人口的万分之八至十进行配备。全面贯彻"人防建设与城市建设相结合"的方针，提高城镇的防护能力和抗毁能力。

■ 规划评述

该镇基础设施规划完善了镇区对外交通及内部道路系统；供水采用多水源集中式供水，镇中心区采用了环状网，提高了供水保证率；排水采用了雨污分流制，污水进行处理后排放至镇内水体，对改善镇区水环境将起到重要作用；燃气以管道天然气为主，液化石油气为辅；并重点对地震、防洪及消防进行了综合防灾规划。

白道子村

东娘娘庄村

西娘娘庄村

何庄子村

芦各寨北山村

相古庄村

大官屯村

东小河村

尹家台村

芦各寨西山村

芦各寨南山村

尹庄子村

乡基础设施规划配置图样

建筑气候区划Ⅱ区型——河北省沧州市肃宁县河北留善寺乡
建筑气候区划Ⅲ区型——四川省绵阳市北川羌族自治县坝底乡
建筑气候区划Ⅲ区型——安徽省六安市裕安区石板冲乡

建筑气候区划Ⅱ区型
——河北省沧州市肃宁县河北留善寺乡

该类型乡位于建筑气候区划Ⅱ区。该区冬季较长且寒冷干燥，平原地区夏季较炎热湿润，高原地区夏季较凉爽，降水量相对集中；气温年较差较大，日照较丰富；春、秋季短促，气温变化剧烈；春季雨雪稀少，多大风风沙天气，夏秋多冰雹和雷暴。

1. 该区建筑气候特征

（1）1月平均气温为−10～0℃，极端最低气温在−20～−30℃之间；7月平均气温为18～28℃，极端最高气温为35～44℃；平原地区的极端最高气温大多可超过40℃；气温年较差可达26～34℃，年平均气温日较差为7～14℃；年日平均气温低于或等于5℃的日数为90～145d；年日平均气温高于或等于25℃的日数少于80d；年最高气温高于或等于35℃的日数可达10～20d。

（2）年平均相对湿度为50%～70%；年雨日数为60～100d，年降水量为300～1000mm，日最大降水量大多为200～300mm，个别地方日最大降水量超过500mm。

（3）年太阳总辐射照度为150～190W/m²，年日照时数为2000～2800h，年日照百分率为40%～60%。

（4）东部广大地区12月至翌年2月多偏北风，6～8月多偏南风，陕西北部常年多西南风；陕西、甘肃中部常年多偏东风；年平均风速为1～4m/s，3～5月平均风速最大，为2～5m/s。

（5）年大风日数为5～25d，局部地区达50d以上；年沙暴日数为1～10d，北部地区偏多；年降雪日数一般在15d以下，年积雪日数为10～40d，最大积雪深度为10～30cm；最大冻土深度小于1.2m；年冰雹日数一般在5d以下；年雷暴日数为20～40d。

2. 该类型乡基础设施规划建设要求及特点

（1）基础设施规划建设中建筑物应充分考虑冬季防寒、保温、防冻的要求，夏季部分地区应兼顾防热。

（2）给水工程规划中人均综合用水量指标应采用下列数值：镇区（乡政府驻地）为120～250L/人·d，村庄为120～250L/人·d。人均生活用水量指标采用下列数值：镇区（乡政府驻地）为80～160L/人·d，村庄为60～120L/人·d。

（3）排水工程规划中排水体制宜采用雨污分流制，干旱少雨地区可采用截流式合流制。雨水工程应充分考虑夏季多暴雨的特点，适当提高一些重要地区的规划建设标准。

（4）热力工程规划应满足当地居民冬季采暖的需求。

（5）可合理利用太阳能。

（6）防灾减灾工程规划应以暴雨、火灾危害为主。

河北省沧州市肃宁县河北留善寺乡规划

案例名称：肃宁县河北留善寺乡规划（2010—2020）
设计单位：河北阡陌城市规划设计咨询有限公司
所属类型：Ⅱ区型

■ 基本概况

1. 地理位置

河北留善寺乡位于河北省沧州市域西北，地处肃宁、河间、献县三县交界之地。东接河间市，南邻献县，西连肃宁县梁村、窝北两镇，省道河肃路贯穿乡北部，交通便利，地理位置优越。乡域总面积41.3km²。

2. 自然条件

河北留善寺乡地形为冲积平原，属滹沱河、古洋河、唐河交互沉积形成，地势平坦；海拔10～17m，气候属暖温带大陆性季风气候，四季分明。年气温12℃，年平均无霜期200d，平均降水量为529mm。乡域内土壤肥沃，是肃宁县鸭梨、棉花、辣椒、大蒜的主产区。

3. 人口

河北留善寺乡辖22个行政村，截至2009年末总人口32553人、户数7410户；其中农业人口3117人，非农业人口1436人。全乡劳动力人口为16177人。

4. 经济条件

2009年全乡工业总产值完成13.5875亿元，同比增长10.2%；增加值完成34710万元，同比增长8.1%；营业收入完成131120万元，同比增长8.6%；实现利润13970万元，同比增长7.6%；上缴税金594万元，同比增长6.8%。农民人均纯收入4345元。

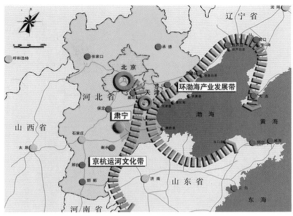

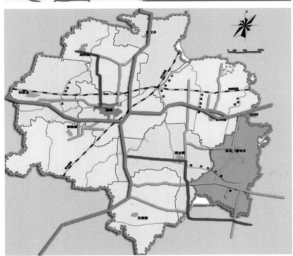

▲ 区位分析图

5. 建设现状

河北留善寺乡域现状总建设用地（含集镇、村庄）为752.3hm²，乡域人均建设用地（含集镇、村庄）约为230m²。河北留善寺乡政府驻地为河北留善寺村，乡政府驻地村建设用地75.3hm²，乡政府驻地的人均建设用地为258m²。总体布局较为分散。

■ 基础设施现状

1. 道路交通现状

乡域内现有道路已经实现"村村通油路"，整体通行条件一般。乡域主要与外界联系的硬化道路有河肃路、管河—河韩路、柳大路以及胜利—留西路等，除河肃路为省级公路以外，其余道路均为乡镇公路，宽度为5～7m。其他大部分连接村庄的硬化道路的宽度在3～4m。乡内现有发自县城的客运线路一条，沿管河—河韩路运行，能覆盖乡域大部分村庄。

2. 给水工程现状

乡域范围内无集中供水设施，除乡政府驻地村部分居民采用小水塔小面积集中供水外，其余村庄均为自备水井，无消毒、净化措施。现有各村庄饮用水经过改造，能够基本满足村民使用需求。乡域内现有韩村引水干渠、于家河及洋河，这些河渠均常年无水，现状承担一定的防洪排涝的功能，农用灌溉以地下水为主。

3. 排水工程现状

乡域范围内无完善排水系统，现状以自然散排为主。

4. 电力工程现状

现状供电由位于乡域中部的河北乡35kV变电站提供，通过10kV高压线引入到乡域各村内，能够满足乡域需求。

5. 通信工程现状

河北留善寺乡现已实现通信普及，大部分为移动用户，家庭固话安装率约为50%。

6. 供热工程现状

乡域内各村庄主要为分户式供暖，主要采用家庭小煤炉取暖、电热取暖等方式。

■ 基础设施规划

1. 道路交通规划

规划重点结合管河—河韩路、柳大路以及胜利—留西路的建设，严格控制道路红线及两侧建设，提高其运输能力。在乡域范围内建设合理的乡村道路网，保证村镇之间、中心村与对外交通公路间的交通便捷，重要乡村道路达到三级路面标准，形成便捷、高效的乡域道路网络。

管河—河韩路为乡域主要对外道路，规划改造后路面宽度9m，其中穿越乡政府驻地地段的红线宽度24m。柳大路和胜利—留西路的路面宽度不小于7m，穿越村庄路段宽度不小于9m。

乡政府驻地内主干道红线宽度为20～24m，次干道红线宽度25m，支路红线宽度12m。

2. 给水工程规划

规划最高日供水量约为0.82万m³/d。在乡政府驻地的北侧规划有自来水水厂一处，日出水量为0.85万m³，在乡集镇内可实现集中式的供水。供水管网沿规划道路铺设，呈环状管网布置。

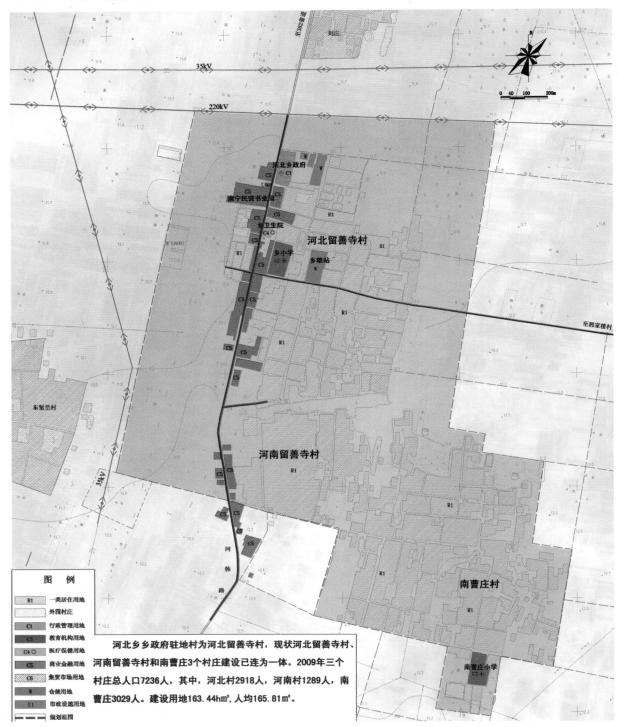

河北乡乡政府驻地村为河北留善寺村,现状河北留善寺村、河南留善寺村和南曹庄3个村庄建设已连为一体。2009年三个村庄总人口7236人,其中,河北村2918人,河南村1289人,南曹庄3029人。建设用地163.44hm²,人均165.81m²。

图 例

R1	一类居住用地
	外围村庄
C1	行政管理用地
C2 ◎	教育机构用地
C4 ◎	医疗保健用地
C5	商业金融用地
C6	集贸市场用地
W	仓储用地
U1	市政设施用地
---	规划范围

▲　乡政府驻地用地现状图

3. 排水工程规划

排水体制为雨、污分流排水体制。乡集镇地区的污水排放量为 0.79 万 m³/d。沿规划主要道路铺设污水管道,最终向西北流入规划污水处理厂内。污水处理厂的处理标准应达到一级 A 标准,处理后的水作为绿化及道路浇洒用水,尾水通过道路边沟进入沟渠。乡集镇雨水排除采用分片式的排水方式,汇入到主要道路边沟后就近排入沟渠。

4. 电力工程规划

河北留善寺乡年总耗电量约为 5850 万 kW·h,乡集镇规划区域内的用电负荷为 13.4MW。全乡逐步实现 10kV 电力线路的切改,由河北留善寺乡 35kV 的变电站将其变压,再输送到乡集镇,在集镇的中部规划一处 10kV 的开闭站。

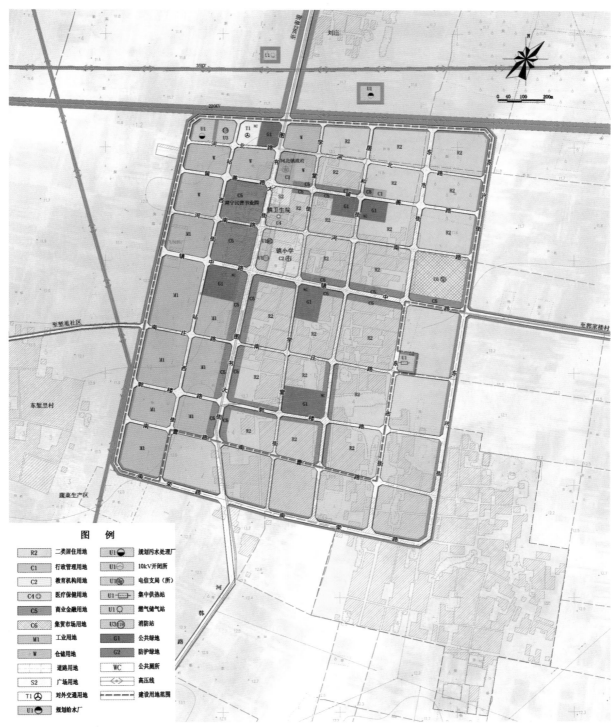

图 例

R2	二类居住用地	U1 💧	规划污水处理厂
C1	行政管理用地	U1 🔆	10kV 开闭所
C2	教育机构用地	U1 📞	电信支局（所）
C4 ✛	医疗保健用地	U1 🔥	集中供热站
C5	商业金融用地	U1 ⛽	燃气储气站
C6	集贸市场用地	U3 🚒	消防站
M1	工业用地	G1	公共绿地
W	仓储用地	G2	防护绿地
	道路用地	WC	公共厕所
S2	广场用地	◆──◆	高压线
T1 ☿	对外交通用地	─ ─ ─	建设用地范围
U1 💧	规划给水厂		

▲ 乡政府驻地用地布局规划图

5. 通信工程规划

　　根据该地区的规划用地性质和规模，按照相关电信规划指标进行预测，普通住宅 200 部／万 m^2，公建设施 200 部／万 m^2，学校、托幼等按 35 部／万 m^2，规划区域内电话总需求量约为 1.84 万部，按设备容量占用率 80% 计算，则需要交换机容量约为 1.47 万门，规划取 1.5 万门。在集镇中

部预留电信用地并规划邮政支局一座。

6. 供热工程规划

　　在集镇的东侧规划有供热站一处，占地面积约 0.49hm²。根据《河北省村镇规划技术规定》和《河北省沧州市肃宁县城总体规划》(2010 - 2020) 规划采暖指标为：居民采暖热指标为 50W／m^2，公建采暖热指标为 70W／m^2，供热普及率

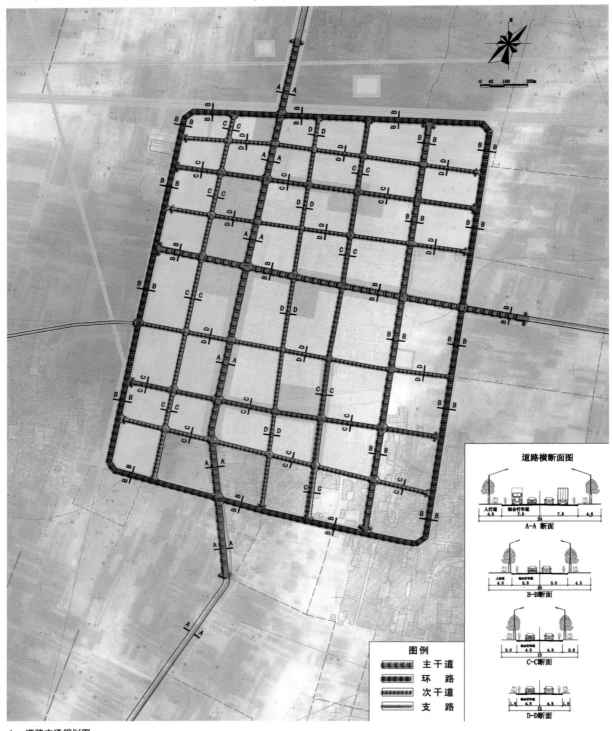

道路横断面图

A-A 断面

B-B断面

C-C断面

D-D断面

图例

主干道
环　路
次干道
支　路

▲　道路交通规划图

2020 年为 100%，则采暖热负荷 2020 年为 62.91MW。

　　7. 综合防灾规划

　　河北留善寺乡所在地区属于地震基本烈度Ⅶ度设防地区，将规划范围内的集中绿地、广场作为紧急疏散区，作为抗震人员疏散暂时安置地。乡域河流水渠防洪标准为 5 年一遇。

规划在集镇建消防站一处，占地 0.77hm²；同时，规划建议利用规划地块内的开敞空间如停车场、广场、集中绿地公园和学校操场及周边的农田、林地，开辟一些防空避难所，这些避难所与其他灾害发生时可共用。

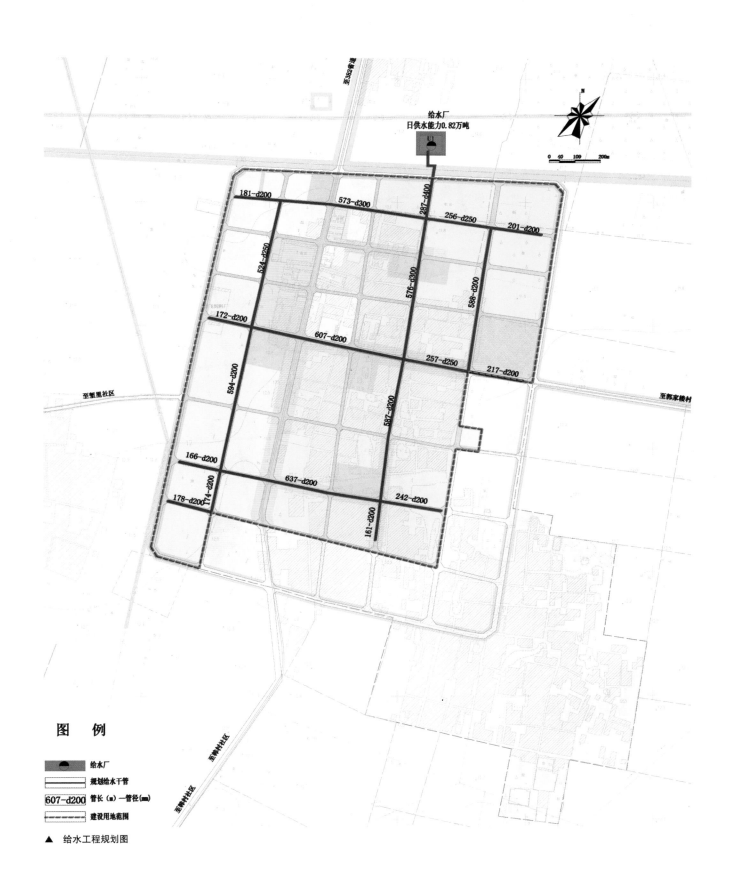

给水厂
日供水能力0.82万吨

181-d200
573-d300
287-d400
256-d250
201-d200
524-d250
576-d300
588-d200
172-d200
607-d200
257-d250
217-d200
594-d200
587-d200
166-d200
637-d200
242-d200
174-d200
178-d200
161-d200

至382省道
至甄里社区
至郭家楼村
至鲁南村社区

N
0 40 100 200m

图　例

给水厂
规划给水干管
607-d200 　管长(m)—管径(mm)
建设用地范围

▲　给水工程规划图

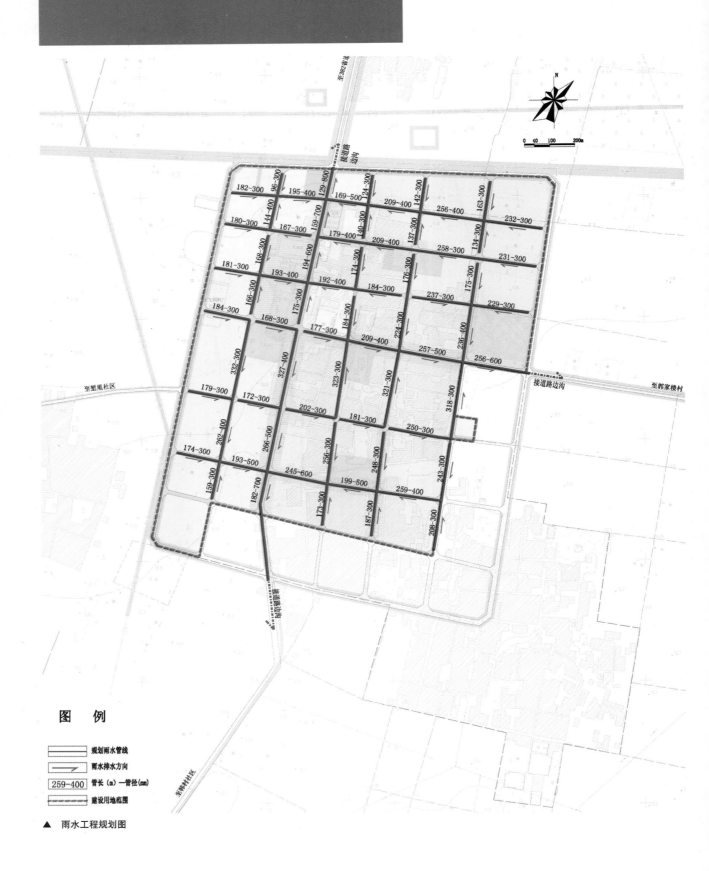

图 例

<table>
<tr><td>规划雨水管线</td></tr>
<tr><td>雨水排水方向</td></tr>
<tr><td>259-400</td><td>管长（m）—管径（mm）</td></tr>
<tr><td>建设用地范围</td></tr>
</table>

▲ 雨水工程规划图

至382省道

污水处理厂
日处理能力0.8万吨。

U1
203-600   195-600   169-400   209-300   258-300   230-200
128-500 69-600
201-300   165-200   158-500
186-400   179-400   209-300   258-300   234-200
202-300   171-200   194-500   192-400   209-300   258-300   226-200
181-400
202-300   167-200   199-500   205-300   209-300   257-200   230-200
334-400
328-400
至甄甩社区
202-300   170-200   224-300   197-300   247-200
258-300
267-400
202-300   166-200   246-300   199-300   228-200
385-200   183-400
385-200   248-300   201-300   226-200

至郭家楼村

0 40 100   200m

图   例

污水处理厂

规划污水管线

污水排水方向

328-400   管长（m）—管径（mm）

建设用地范围

▲   污水工程规划图

至师家社区

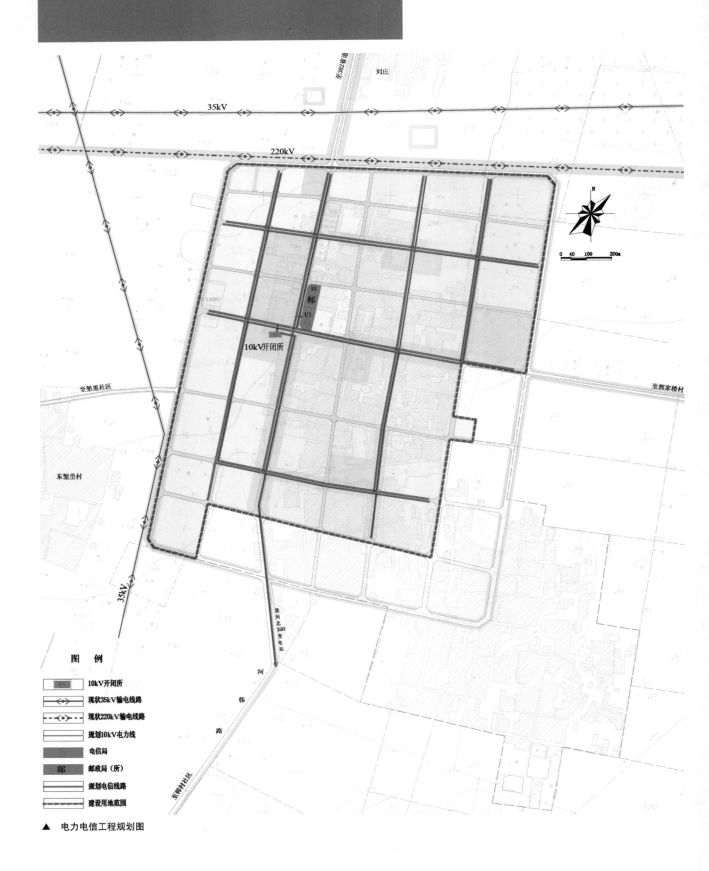

图 例

- 10kV开闭所
- 现状35kV输电线路
- 现状220kV输电线路
- 规划10kV电力线
- 电信局
- 邮政局（所）
- 规划电信线路
- 建设用地范围

▲ 电力电信工程规划图

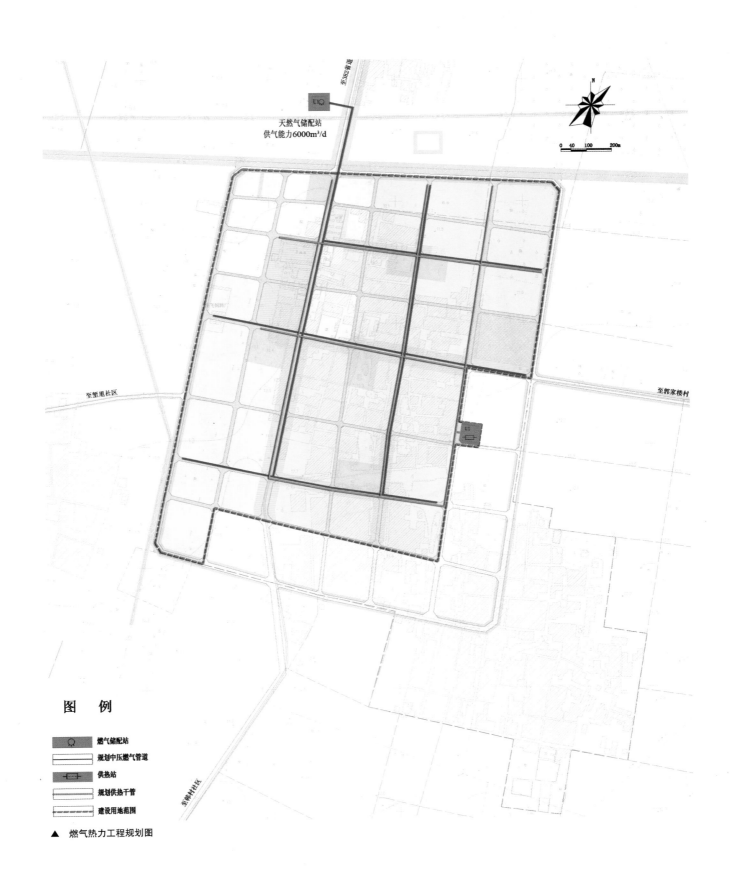

天然气储配站
供气能力6000m³/d

N

0 40 100   200m

至382省道

至堡里社区

至郭家楼村

图　例

燃气储配站
规划中压燃气管道
供热站
规划供热干管
建设用地范围

▲　燃气热力工程规划图

至郭村社区

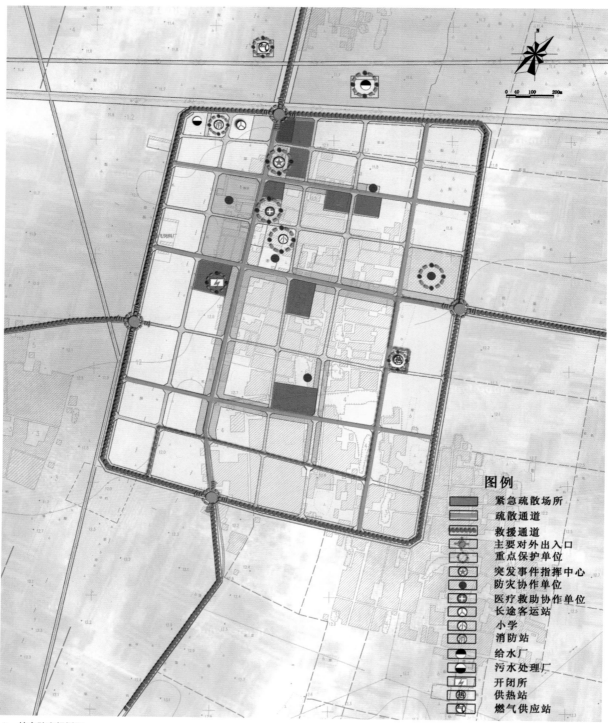

▲ 综合防灾规划图

图例

- 紧急疏散场所
- 疏散通道
- 救援通道
- 主要对外出入口
- 重点保护单位
- 突发事件指挥中心
- 防灾协作单位
- 医疗救助协作单位
- 长途客运站
- 小学
- 消防站
- 给水厂
- 污水处理厂
- 开闭所
- 供热站
- 燃气供应站

■ 规划评述

　　该乡基础设施规划重点完善了乡域对外交通系统；供水由分散式供水改为集中式供水，供水管网采用环状网，提高了供水保证率；排水采用了雨污分流制，对改善周边环境将起到重要作用；采用集中供热，规划了供热站；并重点对地震及消防进行了综合防灾规划。

建筑气候区划III区型
——四川省绵阳市北川羌族自治县坝底乡

该类型乡位于建筑气候区划III区。该区大部分地区夏季闷热，冬季湿冷，气温日较差小；年降水量大；日照偏少；春末夏初为长江中下游地区的梅雨期，多阴雨天气，常有大雨和暴雨出现；沿海及长江中下游地区夏秋常受热带风暴和台风袭击，易有暴雨大风天气。

1. 该区建筑气候特征

（1）7月平均气温一般为 25 ～ 30℃，1月平均气温为 0 ～ 10℃；冬季寒潮可造成剧烈降温，极端最低气温大多可降至 -10℃ 以下，甚至低于 -20℃；年日平均气温低于或等于 5℃ 的日数为 0 ～ 90d；年日平均气温高于或等于 25℃ 的日数为 40 ～ 110d。

（2）年平均相对湿度较高，为 70% ～ 80%，四季相差不大，年雨日数为 150d 左右，多者可超过 200d；年降水量为 1000 ～ 1800mm。

（3）年太阳总辐射照度为 110 ～ 160W/m^2，四川盆地东部为低值中心，尚不足 110W/m^2；年日照时数为 1000 ～ 2400h，川南、黔北日照极少，只有 1000 ～ 1200h；年日照百分率一般为 30% ～ 50%，川南、黔北地区不足 30%，是全国最低的。

（4）12月至翌年2月盛行偏北风；6 ～ 8月盛行偏南风；年平均风速为 1 ～ 3m/s，东部沿海地区偏大，可达 7m/s 以上。

（5）年大风日数一般为 10 ～ 25d，沿海岛屿可达 100d 以上；年降雪日数为 1 ～ 14d，最大积雪深度为 0 ～ 50cm；年雷暴日数为 30 ～ 80d，年雨凇日数，平原地区一般为 0 ～ 10d，山区可多达 50 ～ 70d。

2. 该类型乡基础设施规划建设要求及特点

（1）基础设施规划建设中建筑物必须充分考虑夏季防热、通风降温的要求，冬季应适当兼顾防寒。

（2）给水工程规划中人均综合用水量指标应采用下列数值：镇区（乡政府驻地）为 150 ～ 350L／人·d，村庄为 120 ～ 260L／人·d。人均生活用水量指标应采用下列数值：镇区（乡政府驻地）为 100 ～ 200L／人·d，村庄为 80 ～ 160L／人·d。

（3）排水工程规划中排水体制宜采用雨污分流制，雨水工程应充分考虑降水量大的特点，一些重要地区的规划建设标准应适当提高。

（4）部分地区基础设施规划建设应包括热力工程规划，满足当地居民冬季采暖的需求。

（5）防灾减灾工程规划应注意重点防风暴、台风和防洪、防雷击等，部分地区尚应预防冬季积雪危害。

四川省绵阳市北川羌族自治县坝底乡规划

案例名称：北川羌族自治县坝底乡灾后重建规划（2008—2015）
设计单位：东营市城市规划设计研究院
所属类型：III区型

■ 基本概况

1. 地理位置

坝底乡位于北川羌族自治县县境西南部，东临禹里乡，南连墩上乡，西与茂县毗邻，北靠马槽乡。乡政府位于青片河中游，北纬31°50′、东经104°09′，是进入青片林区和九寨沟自然保护区的必经之地。幅员面积83km²。

2. 自然条件

坝底乡属亚热带季风气候，大陆性季风气候特点较显著。气候温和，四季分明，雨量充沛。年均雨量450mm，平均气温16℃，无霜期229d，年日照数1112h，东北风向。

坝底乡地处龙门山断裂带，属于地震灾害多发地区，小震不断；乡域海拔940 ～ 1980m；森林覆盖率63%；水利资源极为丰富；另有沙金、石英石等矿产资源。

3. 人口

坝底乡总人口7274人，其中农业人口6618人，非农业人口656人；男性3805人，女性3469人。

4. 经济条件

坝底乡属典型的山区经济，2007年财政收入20万元，农民人均可支配收入3087元。该乡主要以种养业为支撑，其中高山生态蔬菜、生猪养殖为农民主要增收项目。

5. 建设现状

坝底乡现状建设用地11.98hm²，其中居住用地4.06hm²、公共设施用地3.52hm²、对外交通用地1.06hm²、工程设施用地0.67hm²，其他建设用地2.67hm²。现状建设存在问题主要有：道路较少，且不成系统；用地分散，规模偏小；建筑布局零乱，建筑质量较差。

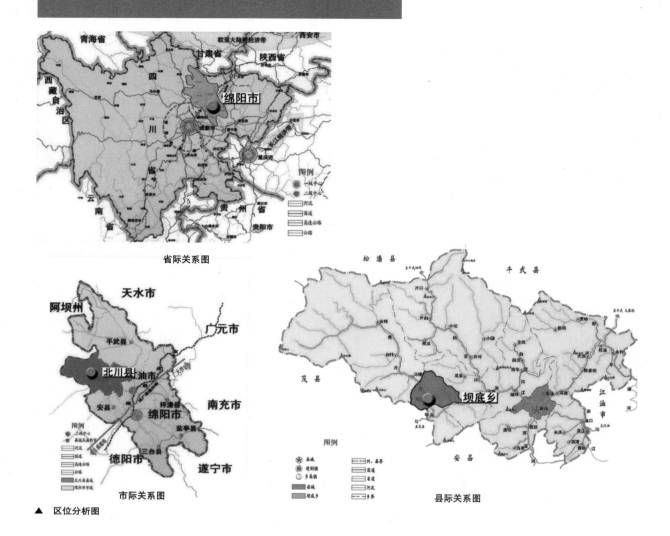

省际关系图

市际关系图

县际关系图

▲ 区位分析图

■ 基础设施现状

1. 道路交通现状

现状坝底乡驻地主要道路有5条,其中乡驻地4条,分别是坝溪路、顺河上街、顺河下街和北街,另一条是东部组团经过水田新区的县级过境路墩青路。其中坝溪路从坝底乡驻地通往三溪村,境内长度5.7km,现状路宽4m;墩青路从墩上乡至青片乡,坝底乡境内长度7km,现状路宽6.5m。其他道路3~5m不等。

现状长途汽车站位于坝底乡驻地顺河下街17号,占地面积约360m²,主要向马槽、白什、青片及原县城发车。

2. 给水工程现状

坝底乡地下水属山泉水,乡驻地现状供水设施是位于坝底村的坝底水站,设计供水规模为240m³/d,实际供水量为45m³/d,取水点位置在三溪村,现状供水管线管径为624mm。

3. 电力通信工程现状

电源来源于国网及部分地方小水电,用电负荷480kW,电压10kV。受地震影响,原有坝底水电站和弱电管线及设备均遭受破坏,无法正常运行。

■ 基础设施规划

1. 道路交通规划

坝底乡驻地道路根据其性质、作用和道路宽度等,将其分为三级:一级即墩青路,是一条过境路,也是一条乡驻地联系对外对内交通的主要道路,规划道路宽度为12m;二级道路为担负对内对外联系的一些主要道路,主要包括友谊路、共建路、顺河街等,规划道路宽度为7m;三级道路主要是驻地各组团内部的联系道路,规划道路宽度为5m。

2. 给水工程规划

坝底乡规划综合生活用水量指标:2015年100L／人·d。在乡驻地北部新建供水站,为坝底乡及周边村庄提供安全可靠的饮用水,水源地根据地震受损程度制定维护措施,经鉴定不能继续使用的需重新选址。远期扩大水站供水规模,保证用水量需求,水质达到国家饮用水质标准。

水源地附近应建立水源保护区,保护区内严禁一切污染水源水质的行为和建设任何可能危害水源水质的设施。

规划给水管网环状布置与枝状布置相结合。管道铺设随规划区开发建设分期实施,随道路建设逐步铺设,考虑经济易行，近期先枝状布置，远期形成环网。

3. 排水工程规划

预测坝底乡污水量为：2015 年 437m³/d。

规划近期采用雨污合流制排水体制，远期逐步改为雨污分流制。生活污水近期利用化粪池、沼气池等设施进行预处理，后通过管道收集后排入水体；远期采用坑塘、洼地等稳定塘处理系统处理生活污水。雨水经过管道收集后，就近排入青片河河道。

4. 电力通信工程规划

通过单位建设用地负荷指标法进行估算，计算用电负荷为 2330kW。规划远期电源取自 35kV 墩上变电站，实现与北川电网联网运行。

依据电信部门规划，参照国内现阶段通信水平，规划采用如下指标：到 2015 年电话普及率为 40%。乡驻地内电话门数预测：1680 门。

根据通信要求，交换机实装率为 80%，规划新建电话模块局一处，交换机总容量为 2100 门。现有弱电管线全部是架空线，将来逐步过渡到电缆管线。

5. 综合防灾规划

根据坝底乡实际地质情况，规划乡驻地一般建筑物、构筑物按基本烈度 8 度设防；重点建筑物、构筑物应提高一度设防，按地震烈度 9 度设防。抗震减灾指挥中心应配备双路

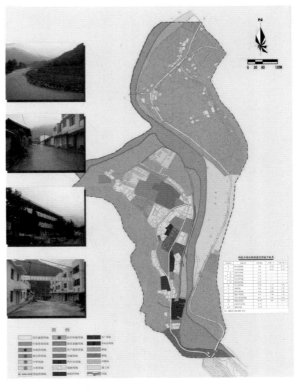

▲ 乡政府驻地用地现状图

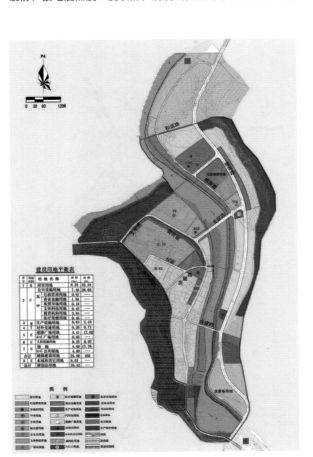

▲ 乡政府驻地用地布局规划图

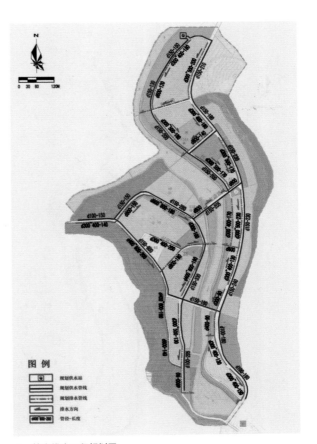

▲ 给水排水工程规划图

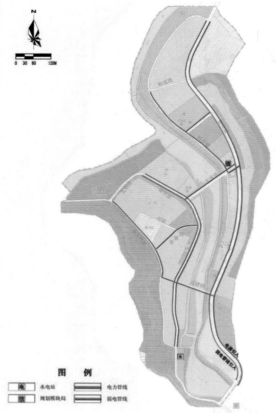

通信线路、专用电话线路和必要的交通工具。结合乡驻地用地布局，将城市绿地、公园、学校操场、广场作为避难场所。

规划坝底乡驻地防洪按照十年一遇标准。防洪以堤防为主，工程措施和非工程措施相结合，全面恢复并确保主河道青片河泄洪防洪能力。

本着"防消合一"的原则，建设乡消防体系，整合报警和通信网络，均匀设置消防站点，加强消防水源建设，努力提高综合消防能力。

■ 规划评述

该乡基础设施规划完善了乡域对外交通及内部道路系统；供水采用区域联合集中式供水，以乡政府驻地为中心，向周边村庄辐射供水，提高了供水保证率；排水采用了雨污分流制，污水处理采用稳定塘处理系统，对改善镇区环境将起到重要作用；并重点对地震、防洪及消防进行了综合防灾规划。

▲ 电力电信工程规划图

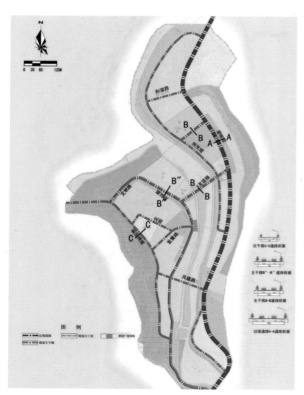

▲ 道路交通规划图

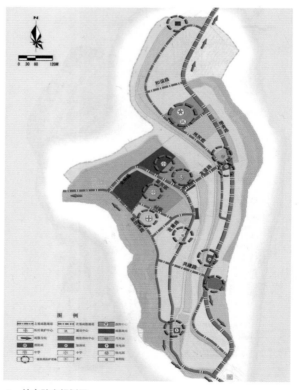

▲ 综合防灾规划图

建筑气候区划Ⅲ区型——安徽省六安市裕安区石板冲乡

该类型乡位于建筑气候区划Ⅲ区。该区大部分地区夏季闷热，冬季湿冷，气温日较差小；年降水量大；日照偏少；春末夏初为长江中下游地区的梅雨期，多阴雨天气，常有大雨和暴雨出现；沿海及长江中下游地区夏秋常受热带风暴和台风袭击，易有暴雨大风天气。

1. 该区建筑气候特征

（1）7月平均气温一般为 25 ～ 30℃，1月平均气温为 0 ～ 10℃；冬季寒潮可造成剧烈降温，极端最低气温大多可降至 −10℃ 以下，甚至低于 −20℃；年日平均气温低于或等于 5℃ 的日数为 0 ～ 90d；年日平均气温高于或等于 25℃ 的日数为 40 ～ 110d。

（2）年平均相对湿度较高，为 70% ～ 80%，四季相差不大；年雨日数为 150d 左右，多者可超过 200d；年降水量为 1000 ～ 1800mm。

（3）年太阳总辐射照度为 110 ～ 160W/m^2，四川盆地东部是低值中心，尚不足 110W/m^2；年日照时数为 1000 ～ 2400h，川南、黔北日照极少，只有 1000 ～ 1200h；年日照百分率一般为 30% ～ 50%，川南、黔北地区不足 30%，是全国最低的。

（4）12月至翌年2月盛行偏北风；6 ～ 8 月盛行偏南风；年平均风速为 1 ～ 3m/s，东部沿海地区偏大，可达 7m/s 以上。

（5）年大风日数一般为 10 ～ 25d，沿海岛屿可达 100d 以上；年降雪日数为 1 ～ 14d，最大积雪深度为 0 ～ 50cm；年雷暴日数为 30 ～ 80d，年雨凇日数，平原地区一般为 0 ～ 10d，山区可多达 50 ～ 70d。

2. 该类型乡基础设施规划建设要求及特点

（1）基础设施规划建设中建筑物必须充分考虑夏季防热、通风降温的要求，冬季应适当兼顾防寒。

（2）给水工程规划中人均综合用水量指标应采用下列数值：镇区（乡政府驻地）为 150 ～ 350L／人·d，村庄为 120 ～ 260L／人·d。人均生活用水量指标应采用下列数值：镇区（乡政府驻地）为 100 ～ 200L／人·d，村庄为 80 ～ 160L／人·d。

（3）排水工程规划中排水体制宜采用雨污分流制，雨水工程应充分考虑降水量大的特点，一些重要地区的规划建设标准应适当提高。

（4）部分地区基础设施规划建设应包括热力工程规划，满足当地居民冬季采暖的需求。

（5）防灾减灾工程规划应注意重点防风暴、台风和防洪、防雷击等，部分地区尚应预防冬季积雪危害。

安徽省六安市裕安区石板冲乡规划

案例名称： 六安市裕安区石板冲乡规划（2006—2020）
设计单位： 安徽建苑城市规划设计研究院
所属类型： Ⅲ区型

■ 基本概况

1. 地理位置

石板冲乡位于安徽省六安市裕安区西南，大别山北麓，老淠河西岸，淠史杭水利工程上游。东面与苏埠镇隔河相望，西北与独山镇接壤，西南与西河口乡相邻。石板冲乡乡域总面积 48km^2，是安徽省江淮分水岭综合开发重点乡镇。

2. 自然条件

石板冲乡气候温和，年平均温度 15.3℃，年降水量 600 ～ 1300mm，主要集中在 4 ～ 6 月，易发生洪水；八月后少雨易旱。石板冲乡属于山区丘陵地貌。乡域内主要河流为淠河，自南向北境内里程长 30 多里。在淠河沿线有黄沙、铁砂等矿产资源。

3. 人口

石板冲乡辖 9 个行政村，185 个村民小组。2005 年全乡 6029 户，2.4 万人，其中乡政府驻地 0.2 万人。人口密度 505.6 人/km^2，自然增长率 3.5‰。

4. 经济条件

石板冲乡山多地少，耕地面积占全乡土地总面积的 34.7%，粮食作物以水稻、玉米为主，经济作物以棉麻为主。石板冲乡是绿茶产区，绿茶生产加工发展较快。乡镇工业主要是砖瓦等建材工业、竹编手工业和林业加工等。

5. 建设现状

石板冲乡现状建成区总面积为 21hm^2，其中居住用地为 8.0hm^2，工业用地为 3.5hm^2，仓储用地 0.4hm^2，公共服务设施用地 3.2hm^2。

现状建设存在的主要问题：过境交通苏石公路路面狭窄，乡域道路没有形成体系；集镇整体建设零散，土地利用率较低；用地结构比例不合理，主要功能设施用地偏小；居住环境有待改善；集镇基础设施配套不完善、功能不合理。

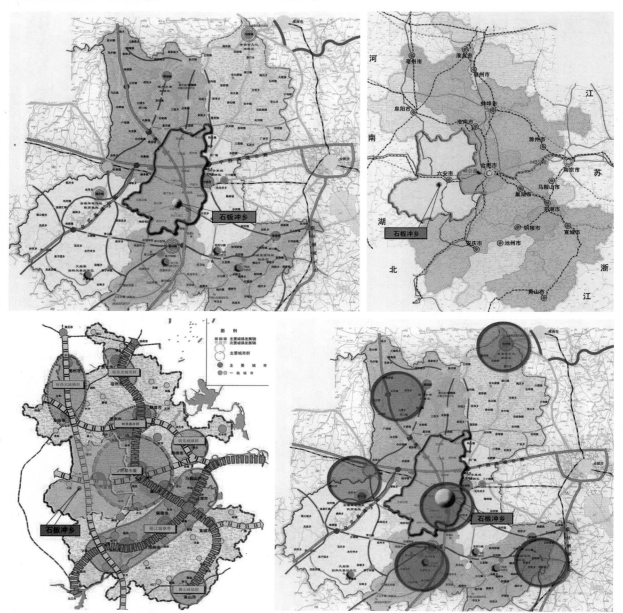

▲ 区位分析图

■ 基础设施现状

1. 道路交通现状

石板冲乡对外交通方式主要为石板冲—苏埠公路,路面狭窄,通行能力差。乡政府驻地部分道路等级较低,路况较差;道路功能、等级不明,生活性、生产性、过境交通相互混杂,相互干扰严重。

2. 给排水现状

给水无集中供水设施,主要依靠砖井、手压井、土井、坑、塘取水,水质不符合国家生活饮用水卫生标准。集镇无污水处理设备,大部分地区无排水设施,现状生活污水和工业废水直接排放,雨污水就近排入自然沟渠。

3. 电力通信现状

石板冲供电所位于石板冲街道西部,现有1台主变,总容量为6000kVA,电压等级均为10kV;乡政府驻地有邮电局和电信局各一所。

4. 环卫设施

直接用车运送垃圾,每天以清扫的方式保洁,处理方式为人工喷药及黄土覆盖等简易方式。

■ 基础设施规划

1. 道路交通规划

对外交通规划:修建苏石大桥,线形保持平顺,达到山

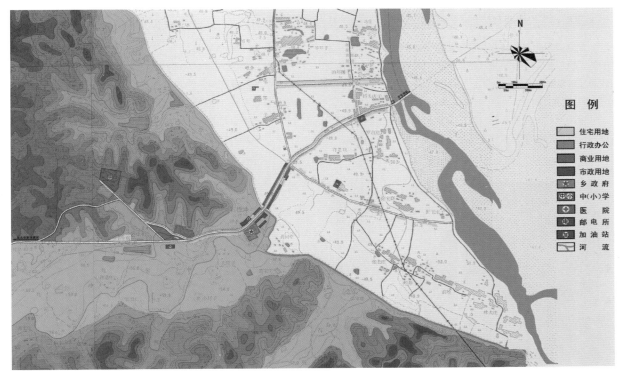

▲ 乡政府驻地用地现状图

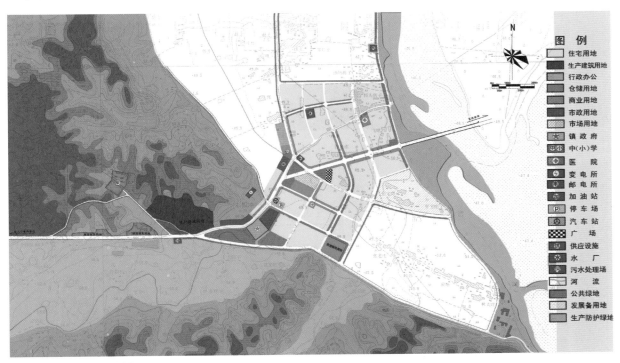

▲ 乡政府驻地用地布局规划图

区二级公路的标准；在乡政府驻地西、北入口结合加油站等设置交通服务设施；在过境公路南部入口处设置汽车站；在相应过境路段设置加油站。

乡政府驻地内交通规划：结合现状路网情况，规划采用自由式方格网式的道路系统。道路等级主要采用主干道—次干道—支路三级道路体系。主干道红线宽度分别为 25m、20m，次干道红线宽度 16m，支路红线宽度 9m。

乡政府驻地中心规划停车场，在专业市场内设置停车泊位，居住社区规划时应充分考虑家用小汽车的停车问题。

2．给水规划

石板冲乡规划综合生活用水量指标：2020 年 100L／人·d，工业用水标准取生活用水量的 1.5 倍。在乡政府驻地东南部新建自来水厂，远期水厂以地下水为水源，加强对水源地的保护，在取水口处按照相关规范要求划定保护范围。

规划采用生活、生产、消防相统一的供水管网系统，主干管、次干管与支管呈枝状布置，水质达到国家规定的生活饮用水水质标准。

3.排水规划

采用雨污分流制。在乡政府驻地西南部规划污水处理设施，采用暗沟与涵管相结合的排水方式，雨水分片汇集，就近排入河流。

4.电力通信规划

乡政府北边规划变电所，远期取 1000kW·h／人·年；采用环、枝状相结合的电网进行供电；主干线形成环网，支线呈枝状布置，电力线架空敷设。

乡政府驻地中心规划邮政支局；集镇电话远期为 40 门／百人；新建和扩建一级道路时应同时埋设通信光缆，二级道路和三级道路实行架空通信光缆。

▲　给水排水工程规划图

▲　电力电信工程规划图

▲ 综合防灾规划图

环卫设施：乡政府驻地西南侧建设全封闭式环卫基地1处，在乡政府驻地主要道路、公共场所、居住社区内建设6座水冲式公厕。

5.综合防灾规划

石板冲乡的抗震设防标准为6度；各类建筑在规划设计时应结合当地抗震设防标准和国家有关技术规范确定合理的抗震设防标准和措施。

防洪规划：结合乡政府驻地内水系，结合滨河道路和沿岸绿化建设，加固堤防，疏浚河道，整修河岸。乡政府驻地防洪近期达到十年一遇的标准，远期达到二十年一遇的标准。

消防用水以集镇自来水为主、天然水源为辅的原则，采用生活、生产、消防统一的给水系统。

■ 规划评述

石板冲乡基础设施规划完善了乡域对外交通及乡政府驻地内部道路系统；供水在新建自来水厂基础上，采用生活、生产、消防相统一的供水管网系统，提高了供水保证率；排水采用了雨污分流制，乡政府驻地规划了污水处理设施，排水采用暗沟与涵管相结合的排水方式，经济性和实用性较强，对改善乡政府驻地环境将起到重要作用；并重点对地震、防洪及消防进行了综合防灾规划。规划中污水量预测、重点建筑抗震设防标准内容缺乏。

独岭 86m

沿山生态林带

核心区旅游
服务中心

村庄公共
服务中心

红色会馆
旅游片区

38m

观光农业带

村庄公共
服务中心

海防林带

观光休闲海岸

风
情
旅
游
海
岸

滨海风情
旅游片区

红石洞

村庄基础设施规划配置图样

建筑气候区划 II 区型——河北省邢台市宁晋县雷家庄村
建筑气候区划 III 区型——四川省资阳市安岳县大桥村
建筑气候区划 IV 区型——广东省肇庆市德庆县武垄村

建筑气候区划Ⅱ区型——河北省邢台市宁晋县雷家庄村

该类型村庄位于建筑气候区划Ⅱ区。该区冬季较长且寒冷干燥，平原地区夏季较炎热湿润，高原地区夏季较凉爽，降水量相对集中；气温年较差较大，日照较丰富；春、秋季短促，气温变化剧烈；春季雨雪稀少，多大风风沙天气，夏秋多冰雹和雷暴。

1. 该区建筑气候特征

（1）1月平均气温为－10～0℃，极端最低气温在－20～－30℃之间；7月平均气温为18～28℃，极端最高气温为35～44℃；平原地区的极端最高气温大多可超过40℃；气温年较差可达26～34℃，年平均气温日较差为7～14℃；年日平均气温低于或等于5℃的日数为90～145d；年日平均气温高于或等于25℃的日数少于80d；年最高气温高于或等于35℃的日数可达10～20d。

（2）年平均相对湿度为50%～70%；年雨日数为60～100d，年降水量为300～1000mm，日最大降水量大多为200～300mm，个别地方日最大降水量超过500mm。

（3）年太阳总辐射照度为150～190W/m²，年日照时数为2000～2800h，年日照百分率为40%～60%。

（4）东部广大地区12月至翌年2月多偏北风，6～8月多偏南风，陕西北部常年多西南风；陕西、甘肃中部常年多偏东风；年平均风速为1～4m/s，3～5月平均风速最大，为2～5m/s。

（5）年大风日数为5～25d，局部地区达50d以上；年沙暴日数为1～10d，北部地区偏多；年降雪日数一般在15d以下，年积雪日数为10～40d，最大积雪深度为10～30cm；最大冻土深度小于1.2m；年冰雹日数一般在5d以下；年雷暴日数为20～40d。

2. 该类型村庄基础设施规划建设要求及特点

（1）基础设施规划建设中建筑物应充分考虑冬季防寒、保温、防冻的要求，夏季部分地区应兼顾防热。

（2）给水工程规划中人均综合用水量指标应采用下列数值：镇区（乡政府驻地）为120～250L/人·d，村庄为120～250L/人·d。人均生活用水量指标应采用下列数值：镇区（乡政府驻地）为80～160L/人·d，村庄为60～120L/人·d。

（3）排水工程规划中排水体制宜采用雨污分流制，干旱少雨地区可采用截流式合流制。雨水工程应充分考虑夏季多暴雨的特点，适当提高一些重要地区的规划建设标准。

（4）热力工程规划应满足当地居民冬季采暖的需求。

（5）可合理利用太阳能。

（6）防灾减灾工程规划应以暴雨、火灾危害为主。

河北省邢台市宁晋县雷家庄村村庄规划

案例名称：宁晋县大陆村镇雷家庄村新民居建设规划（2011—2020）
设计单位：河北农业大学城乡建设学院
所属类型：Ⅱ区型

■ 基本概况

1. 地理位置

雷家庄村隶属于河北省宁晋县大陆村镇，位于大陆村镇东部边缘，距离镇区仅有4km，东、南与纪昌庄乡相邻，西与常家庄相接，北与芝兰镇交界。幅员面积4.2km²。

2. 自然条件

雷家庄村属冲积平原，地势平坦，海拔在35～100m之间。处于暖温带大陆性气候区，属半湿润气候。年平均气温13℃。年平均降水量501mm，年内分配不均，年际变化较大。年日照2501h。早霜始于10月中下旬，晚霜终于4月上旬，无霜期约200d。

3. 人口

雷家庄、雷李庄、武家庄、张家庄、草厂五村，2011年年底总人口为7754人，共1864户。

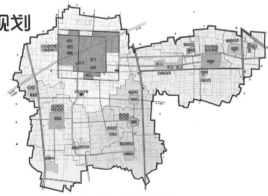

规划的五个村在大陆村镇的位置

大陆村镇在宁晋县的位置

▲ 区位分析图

4. 经济条件：2011年五村国内生产总值1228.3万元，村人均收入约7435元。五村传统农业结构特征明显，产业结构单一，农业产业以粮食种植业为主导，工业主要以机件加工、橡胶塑料为主。

5. 建设现状：

目前五村村庄居住用地面积过大，布局分散。村庄基础设施建设不足。

■ **基础设施现状**

1. 道路交通现状

现状村庄新民居区域内主要交通道路为"村村通"公路，宽度为5m，是新民居对外联系的主要通道，其余道路均非"村村通等级公路"，路面质量较差，且区域内南北向的道路没有形成畅通完善的体系，南北向联系极为不便。道路附属设施不够齐全，无停车场。

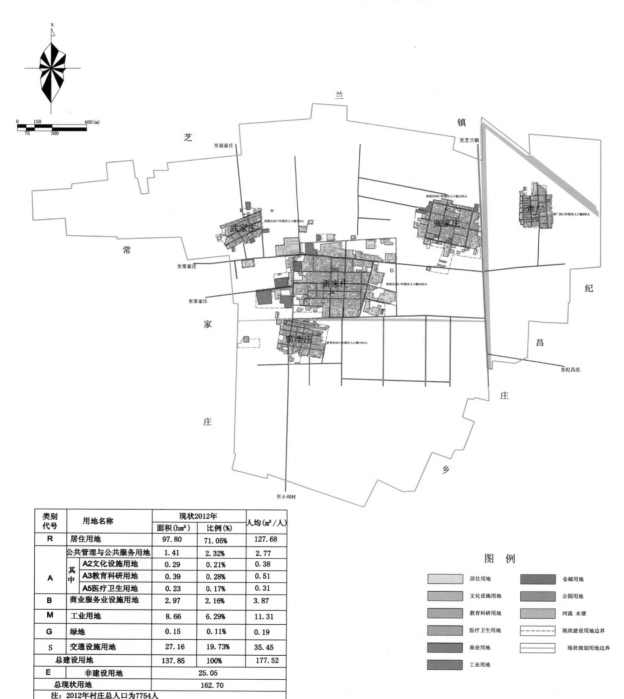

类别代号	用地名称		现状2012年		人均(m²/人)
			面积(hm²)	比例(%)	
R	居住用地		97.80	71.05%	127.68
A	公共管理与公共服务用地		1.41	2.32%	2.77
	其中	A2文化设施用地	0.29	0.21%	0.38
		A3教育科研用地	0.39	0.28%	0.51
		A5医疗卫生用地	0.23	0.17%	0.31
B	商业服务业设施用地		2.97	2.16%	3.87
M	工业用地		8.66	6.29%	11.31
G	绿地		0.15	0.11%	0.19
S	交通设施用地		27.16	19.73%	35.45
	总建设用地		137.85	100%	177.52
E	非建设用地		25.05		
	总现状用地		162.70		
注：2012年村庄总人口为7754人					

图　例

居住用地　　　　　仓储用地
文化设施用地　　　公园用地
教育科研用地　　　河流 水塘
医疗卫生用地　　　现状建设用地边界
商业用地　　　　　现状规划用地边界
工业用地

▲ 村庄用地现状图

2. 给水现状

目前五个村庄供水方式多采用水源井直供或单位自备水源井供水。

现状供水存在以下主要问题：无集中统一供水，各村庄供水分散，给水系统不完善，浪费现象严重；大量自备井造成了电力、设备、资金及运行管理费用的浪费；水源防护难以有效保证。

3. 排水现状

大部分村庄无排水设施，雨、污水直接排入沟渠，雨水多沿路面排放。

存在的问题：排水设施缺乏，污水未经处理直接排入沟渠河道，对地下水源和地表水体造成一定污染；污废水未能有效利用；排水设施的建设落后于发展要求，影响居民生活环境质量。

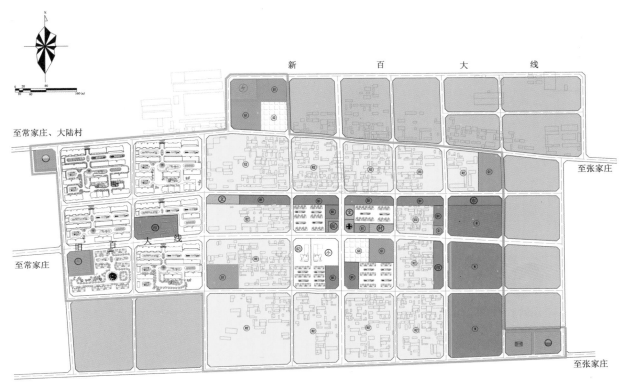

图 例

- 居住用地
- 中小学托幼用地
- 村委会用地
- 文化设施用地
- 教育科研用地
- 医疗卫生用地
- 零售商业用地
- 市场用地
- 工业用地
- 仓储用地
- 道路广场用地
- 供水用地
- 供电用地
- 供热用地
- 邮政设施用地
- 排水设施用地
- 环卫设施用地
- 公共绿地
- 生产防护绿地
- 未来发展用地
- 规划范围

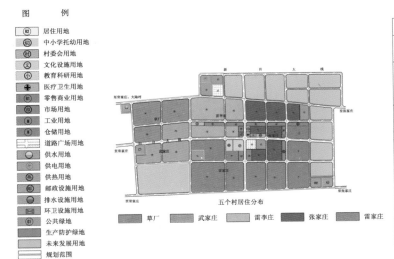

五个村居住分布

- 草厂
- 武家庄
- 雷李庄
- 张家庄
- 雷家庄

类别代号	用地名称		规划2020年		人均(m²/人)
			面积(hm²)	比例(%)	
R	居住用地		36.91	60.46%	72.56
	其中	住宅用地	36.64	60.02%	72.04
		幼儿园用地	0.27	0.44%	0.52
A	公共管理与公共服务用地		1.41	2.32%	2.77
	其中	A1行政办公用地	0.17	0.29%	0.34
		A2文化设施用地	0.56	0.92%	1.10
		A3教育科研用地	0.59	0.97%	1.16
		A5医疗卫生用地	0.09	0.14%	0.17
B	商业服务业设施用地		2.81	4.60%	5.52
	其中	零售商业用地	2.34	3.83%	4.60
		农贸市场用地	0.47	0.77%	0.92
M	工业用地		3.88	6.36%	7.63
W	物流仓储用地		0.55	0.91%	1.09
S	交通设施用地		8.55	15.00%	16.80
	其中	S1道路用地	8.48	13.89%	16.67
		S4交通场站用地	0.07	0.11%	0.13
U	公共设施用地		1.81	2.96%	3.56
	其中	U1供应设施用地	1.03	1.69%	2.03
		U2环境设施用地	0.78	1.27%	1.53
G	绿地		5.12	8.38%	10.06
	其中	G1公园绿地	4.51	7.38%	8.86
		G2防护绿地	0.61	1.00%	1.20
	总建设用地		61.03	100%	120

注：2020年村庄规划总人口为5086人

▲ 村庄规划总平面图

4．电力现状

雷家庄等五村现状电力系统由县城变电站110kV变电站供给，近期在不增加重大项目投入的前提下，完全能满足工业、农业及居民生活用电需要，将来可根据需要随时增容。

5．通信现状

雷家庄等五村电信线路由大陆村镇接入，全村电话普及率达60%。

■ 基础设施规划

1．道路交通规划

村庄道路主要划分为"干路（宽15、12m）—支路（宽8m）"。

干路是道路系统的骨架，规划干路16、12m宽，为村庄5条主街，主要承担村庄对外交通联系及内部交通集散的功能，规划设计车速30～40km/h，总长度3.6km。

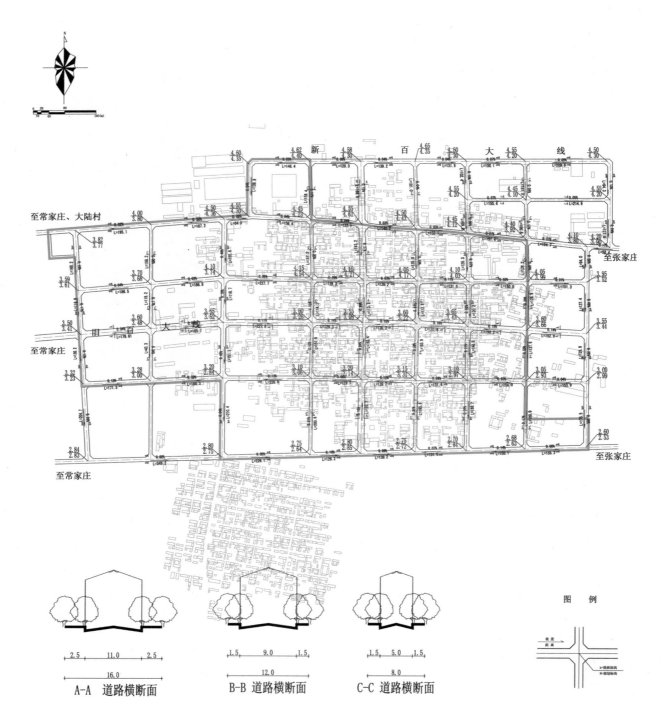

A-A 道路横断面　　　B-B 道路横断面　　　C-C 道路横断面

图 例

▲ 道路交通规划图

支路是村庄内部的联系道路，担负巷道交通的集散任务。规划支路 8m 宽，服务于局部地区交通，其功能是把各种用地与干路网连接起来，将交通均匀地分散于各个片区内。

2. 给水规划

规划人均综合用水量按 120L／人·d 计。水厂建在村庄西部，日供水能力按 610.3m³／d 规划，按 0.05hm² 规划水厂用地。给水管网布置形式采用环状和枝状的形式，主要管道管径采用 DN200mm，次要管道采用 DN150mm。规划在主要道路上布置消火栓，间距不大于 120m。

3. 排水规划

排水体制采用雨污分流制。

规划村内污水量按用水量的 80％ 计，村庄污水尽量利用地形自然排放，避免设置泵站，排水管道采用钢筋混凝土管，埋深符合当地地埋要求。污水通过排水管道统一输送到东部的污水处理厂进行处理，达标后可农用或排入村庄沟渠中。

排水方向总体表现为由北向南、由西向东，污水经过管道汇集，汇入到污水处理厂进行处理，处理后排入村庄沟渠中或浇灌绿地。污水管的管径为 200mm。

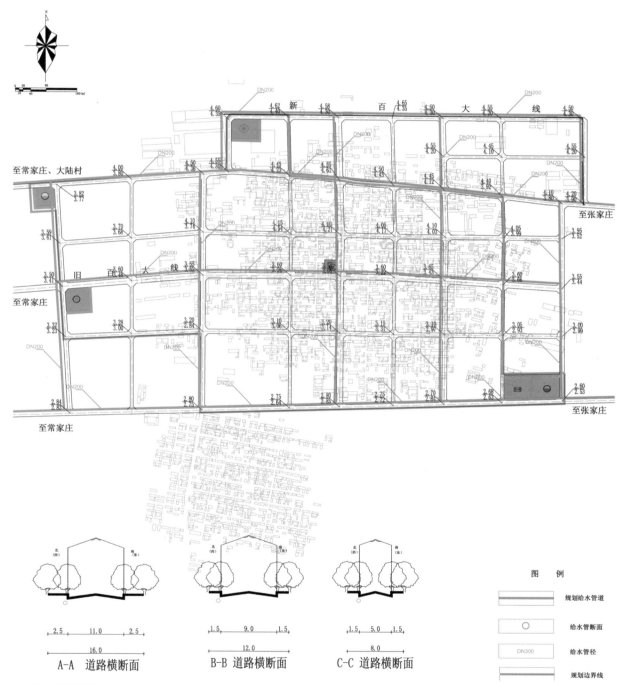

A-A 道路横断面   B-B 道路横断面   C-C 道路横断面

图　例

▬▬▬▬▬　规划给水管道

○　给水管断面

DN300　给水管径

▬▬▬▬▬　规划边界线

▲　给水工程规划图

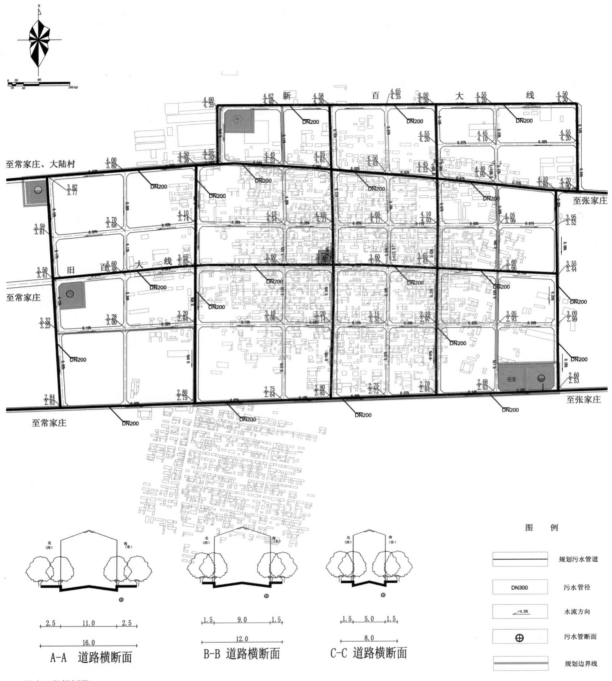

A-A 道路横断面

B-B 道路横断面

C-C 道路横断面

图　例

	规划污水管道
DN300	污水管径
	水流方向
⊕	污水管断面
	规划边界线

▲　污水工程规划图

4．电力规划

村庄新民居电源继续采用来自县城的110kV变电站，对县城110kV变电站的10kV出线至村庄新民居的配电线路进行优化改造，结合用电负荷大小，设变配电箱，再分区分配给用户。

预测规划期末，居民生活用电量达到中等水平，人均生活用电量标准采用每人年均400kW·h。公建用电量按生活用电量的20%计，则年总用电量为243万kW·h。

5．通信规划

规划电信线缆由大陆村镇电信支局接入，各类电信线路统一铺设通信管道，根据各部门需要确定通信管道规格数量，一般通信管道沿道路西侧和南侧敷设，通信主管沿东西向的主要道路敷设。2020年村庄新民居有线电视普及率达到100%，规划固定电话普及率为100%。

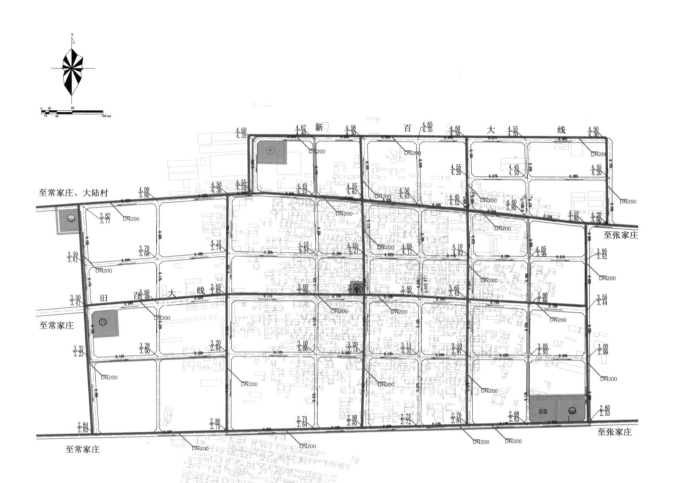

至常家庄、大陆村

至常家庄

至常家庄

至张家庄

至张家庄

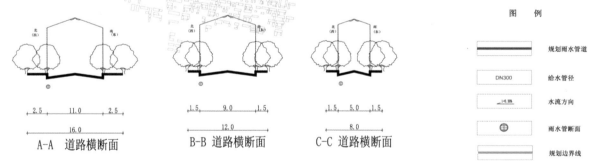

A-A 道路横断面

2.5　11.0　2.5
16.0

B-B 道路横断面

1.5　9.0　1.5
12.0

C-C 道路横断面

1.5　5.0　1.5
8.0

▲　雨水工程规划图

图　例

规划雨水管道

DN300　给水管径

水流方向

⊕　雨水管断面

规划边界线

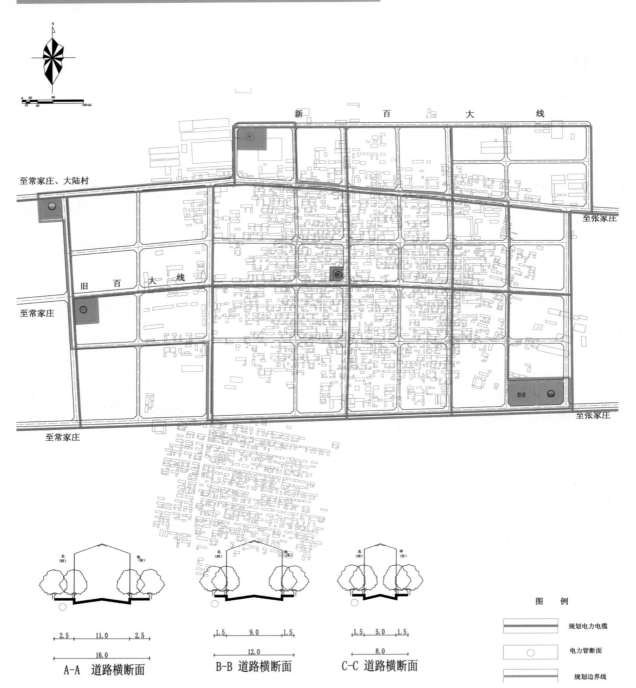

新 百 大 线

至常家庄、大陆村

至张家庄

旧 百 大 线

至常家庄

至常家庄

至张家庄

	2.5	11.0	2.5

16.0

A-A 道路横断面

1.5	9.0	1.5

12.0

B-B 道路横断面

1.5	5.0	1.5

8.0

C-C 道路横断面

图 例

规划电力电缆

电力管断面

规划边界线

▲ 电力工程规划图

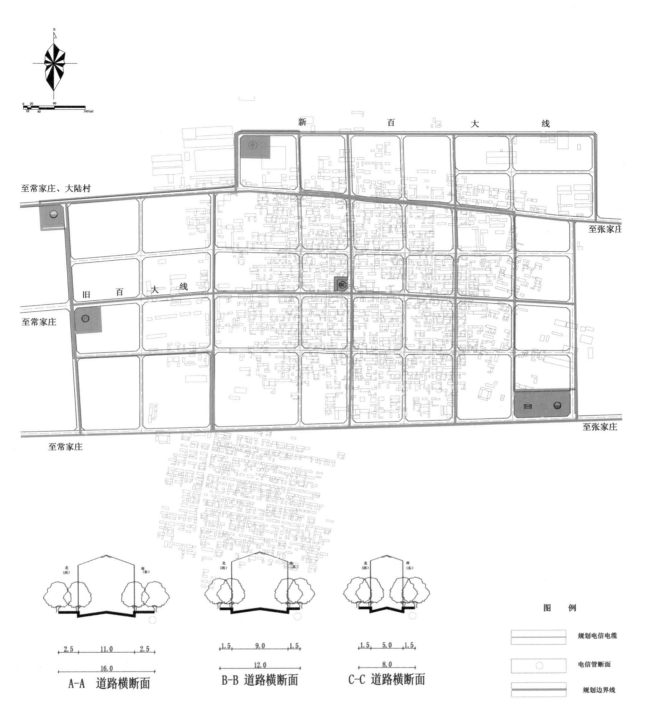

新　百　大　线

至常家庄、大陆村

至张家庄

旧　百　大　线

至常家庄

至张家庄

至常家庄

北
(西)

南
(东)

2.5　11.0　2.5

16.0

A-A　道路横断面

北
(西)

南
(东)

1.5　9.0　1.5

12.0

B-B　道路横断面

北
(西)

南
(东)

1.5　5.0　1.5

8.0

C-C　道路横断面

图　例

规划电信电缆

电信管断面

规划边界线

▲　电信工程规划图

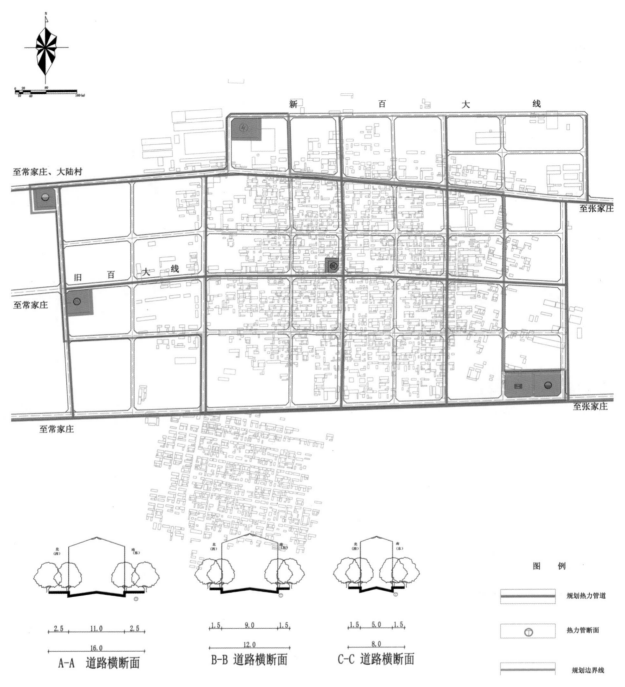

新 百 大 线

至常家庄、大陆村

至张家庄

旧 百 大 线

至常家庄

至常家庄

至张家庄

| | 2.5 | 11.0 | 2.5 | |
| | | 16.0 | | |

A-A 道路横断面

| | 1.5 | 9.0 | 1.5 | |
| | | 12.0 | | |

B-B 道路横断面

| | 1.5 | 5.0 | 1.5 | |
| | | 8.0 | | |

C-C 道路横断面

图　例

	规划热力管道
	热力管断面
	规划边界线

▲　热力工程规划图

■ 规划评述

　　五村迁并，节约土地，有利于设施共享，降低投资。该村庄基础设施规划完善了雷家庄村庄对外交通及村庄内部道路系统；供水由分散式供水改为集中式供水，提高了供水保证率；排水采用了雨污分流制，对改善村庄环境将起到重要作用。

建筑气候区划III区型——四川省资阳市安岳县大桥村

该类型村庄位于建筑气候区划III区。该区大部分地区夏季闷热，冬季湿冷，气温日较差小；年降水量大；日照偏少；春末夏初为长江中下游地区的梅雨期，多阴雨天气，常有大雨和暴雨出现；沿海及长江中下游地区夏秋常受热带风暴和台风袭击，易有暴雨大风天气。

1. 该区建筑气候特征

（1）7月平均气温一般为25～30℃，1月平均气温为0～10℃；冬季寒潮可造成剧烈降温，极端最低气温大多可降至-10℃以下，甚至低于-20℃；年日平均气温低于或等于5℃的日数为0～90d；年日平均气温高于或等于25℃的日数为40～110d。

（2）年平均相对湿度较高，为70%～80%，四季相差不大；年雨日数为150d左右，多者可超过200d；年降水量为1000～1800mm。

（3）年太阳总辐射照度为110～160W/m²，四川盆地东部为低值中心，尚不足110W/m²；日日照时数为1000～2400h，川南、黔北日照极少，只有1000～1200h；年日照百分率一般为30%～50%，川南、黔北地区不足30%，是全国最低的。

（4）12月至翌年2月盛行偏北风；6～8月盛行偏南风；

年平均风速为1～3m/s，东部沿海地区偏大，可达7m/s以上。

（5）年大风日数一般为10～25d，沿海岛屿可达100d以上；年降雪日数为1～14d，最大积雪深度为0～50cm；年雷暴日数为30～80d；年雨凇日数，平原地区一般为0～10d，山区可多达50～70d。

2. 该类型村庄基础设施规划建设要求及特点

（1）基础设施规划建设中建筑物必须充分考虑夏季防热、通风降温的要求，冬季应适当兼顾防寒。

（2）给水工程规划中人均综合用水量指标应采用下列数值：镇区（乡政府驻地）为150～350L／人·d，村庄为120～260L／人·d。人均生活用水量指标应采用下列数值：镇区（乡政府驻地）为100～200L／人·d，村庄为80～160L／人·d。

（3）排水工程规划中排水体制宜采用雨污分流制，雨水工程应充分考虑降水量大的特点，一些重要地区的规划建设标准应适当提高。

（4）部分地区基础设施规划建设应包括热力工程规划，满足当地居民冬季采暖的需求。

（5）防灾减灾工程规划应注意重点防风暴、台风和防洪、防雷击等，部分地区尚应预防冬季积雪危害。

四川省资阳市安岳县大桥村村庄规划

案例名称：安岳县龙台镇大桥村村庄建设（治理）规划
设计单位：资阳市城市规划建筑设计院
所属类型：III 区型

■ 基本概况

1. 地理位置

大桥村隶属于四川省安岳县龙台镇，位于龙台镇镇区东部边缘，距离镇区仅有2km，东与马头村相邻，西与禾麻村相接，北与天灯村和黑滩村交界，南与米筛村毗邻。紧靠国道319线，幅员面积2.0km²。

2. 自然条件

大桥村属低山浅丘地形，平均海拔高度270m。大桥村气候温和，雨量充沛，四季分明，年平均气温17.9℃，年降雨量为986.6mm，无霜期314d，主导风向为东南风。

3. 人口

大桥村辖7个社，2006年年底总人口为1115人，共358户。

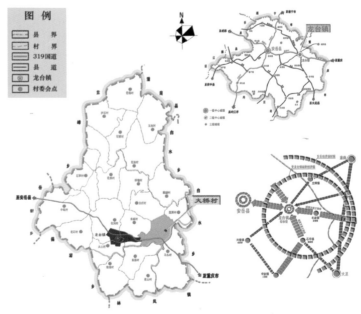

▲ 区位分析图

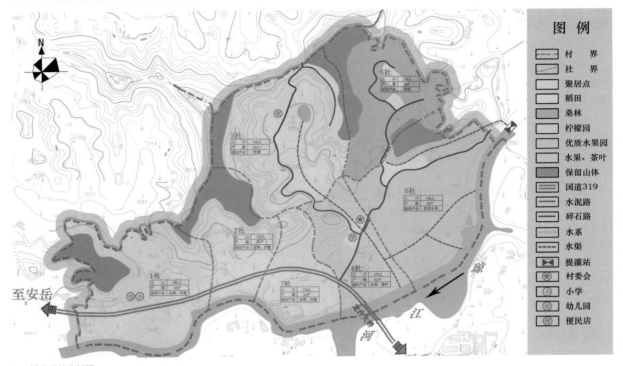

▲ 村庄现状分析图

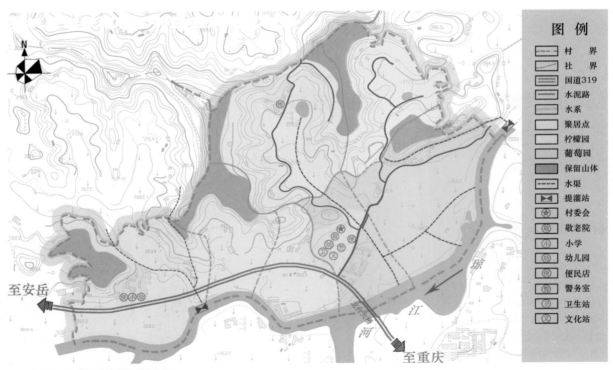

▲ 村庄基础设施和公共服务设施规划图

4. 经济条件

2006 年全村国内生产总值 468.3 万元，村人均收入约 4200 元。全村种植业以柠檬、蚕桑和优质水果为主，养殖业以养蚕和养猪为主。

5. 建设现状

大桥村布局较为凌乱，土地浪费较为严重。村庄基础设施建设不足。

■ 基础设施现状

1. 道路交通现状

大桥村对外交通联系方便，紧邻国道 319 线，且有村级宽 4m 的水泥路与国道 319 线相连，路面质量较好。村内主要地段部分有宽 4m 的水泥路通达，全长 400m，村内其余道路为 3m 宽的碎石路。现有的道路网系统不完善，除村内主要道路外，村内其余道路均为碎石路；村内道路衔接不通畅，存在断头路；道路附属设施不够齐全，无停车场。

2. 给水工程现状

大桥村生活、生产用水均取用地下水源，每户村民家均设有取水井，经过水泵或人力提升至户内供人畜饮用，无集中供水设施。

3. 排水工程现状

大桥村内的村级道路两侧有排水明沟，其他道路两侧排水设施不完善，雨水及生活污水自然排放，雨天淤泥，夏天容易滋生蚊蝇。

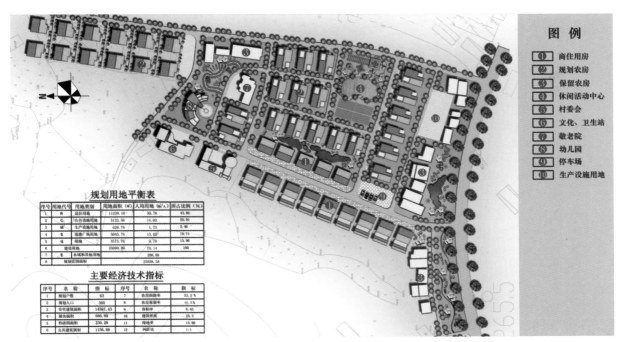

规划用地平衡表

主要经济技术指标

▲ 村庄规划总平面图

▲ 道路交通规划图

4. 电力工程现状

大桥村电源接龙台镇 35kV 变电站,村域内有两处变压器,一处位于 5 社,一处位于 7 社,容量为 30kVA。

5. 通信工程现状

大桥村电信线路由龙台镇接入,全村电话普及率达 60%。

6. 能源工程现状

大桥村 50% 以上的农户建有沼气池,用上了节能灶,解决了烟熏火燎的问题,做到了厨房的干净、整洁。

■ 基础设施规划

1. 道路交通规划

村庄道路主要划分为"干路—支路"。

规划对大桥村现状对外交通联系的 4m 宽的水泥路拓宽至 7m。结合现状 4m 宽的村级水泥路并新建两条 4m 宽的水泥路作为村庄内部联系主路,其他村庄内部道路为 3m 宽的硬化水泥路。村庄内停车场位于商业街侧。

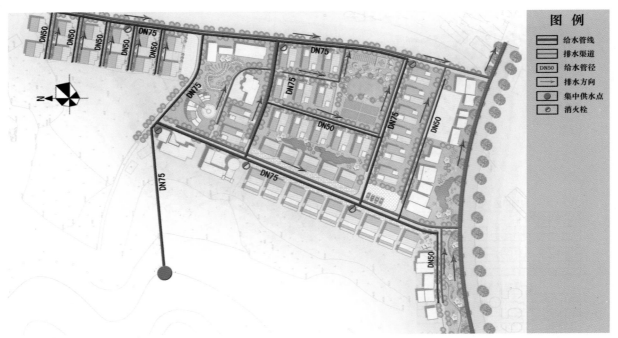

▲ 给水排水工程规划图

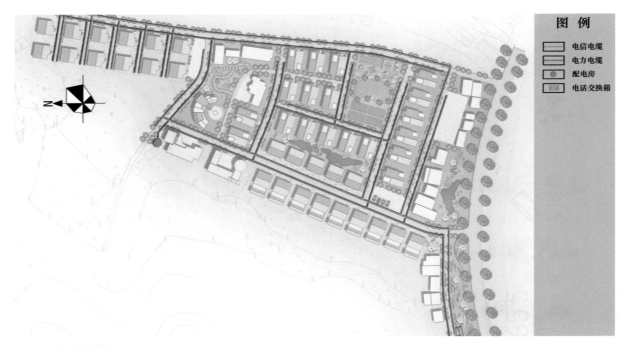

▲ 电力电信工程规划图

2．给水工程规划

规划人均综合用水量按120L／人·d计。在村庄背后的山顶规划集中供水点，采用高位水池统一对村庄进行供水。给水管网布置形式采用环状和枝状的形式，主要管道管径采用DN75mm，次要管道采用DN50mm。规划在主要道路上布置消火栓，间距不大于120m。

3．排水工程规划

排水体制采用雨污分流制。

规划村内污水量按用水量的80％计，村民生活污水、牲畜排泄物收纳于各户修建的沼气池，经处理后排放，污水经沼气池处理后经污水管收集用于农灌。

重力流雨水排放。沿道路的一侧或两侧设置雨水明沟或暗沟，明沟、暗沟截面均为矩形，截面尺寸0.5m×0.5m，宅旁的雨水通过竖向设计有组织地排向明沟或暗沟内。全村的雨水均可全部顺地势排入河流或堰塘内。

4．电力工程规划

规划村域内电源保持现状接龙台镇35kV变电站，保持5社、7社30kVA的变压器，在村级行政居住中心新建一个50kVA的变压器。

规划村庄电源从村庄西侧的变配电房引出三回线路向村内供电。用电量标准按4kW／户计，公共建筑用电按100W／m²计，用电需用系数取0.7。

电力电缆均采用直埋电缆，沿道路暗敷至用户。

5．通信工程规划

规划村域内通信线路保持现状由龙台镇接入，村内设电话电缆交接箱。规划2020年全村固定电话拥有率为100％，

并实现有线电视户户通。规划在村委会设置网络接入点，使安岳县联通计算机宽带网络。电信电缆采用架空方式，同杆架设有线电视电缆，有条件地实施入地敷设。

6．能源工程规划

在现状沼气利用的基础上，规划2020年全村新增沼气池100口。远期使用沼气普及率达到100％，大力推进太阳能的综合利用，集中或分户设置太阳能热水装置，使村民能方便而又经济的改善生活。

7．综合防灾规划

村庄规划考虑了避震疏散场地，村内的开敞绿地和休闲活动中心、停车场均可作为避震疏散场地。新建和保留的所有建筑都必须符合防震要求。

利用现有地形、地貌，利用村域内的排洪沟、山坪塘、琼江河排泄山洪。琼江河按20年一遇洪水位设防，50年一遇洪水位校核。

村庄道路规划保证消防车可直接到达每个聚居点及公共建筑。将现有的两个山坪塘进行适当改造，作为消防水池。

■ 规划评述

该村庄基础设施规划完善了村庄对外交通及村庄内部道路系统；供水由分散式供水改为集中式供水，提高了供水保证率；排水采用了雨污分流制，对改善村庄环境起到了重要作用；能源规划在原有设施的基础上，大力发展沼气利用；并重点对地震、防洪及消防进行了综合防灾规划。

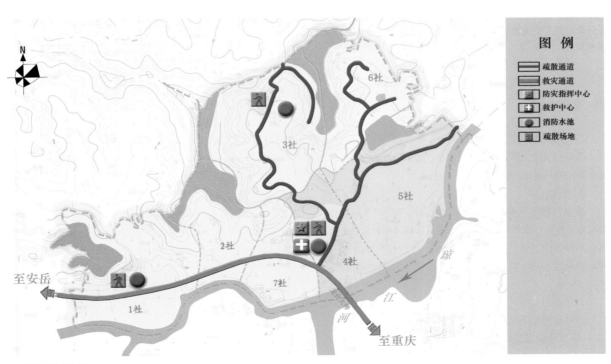

▲ 综合防灾规划图

建筑气候区划Ⅳ区型——广东省肇庆市德庆县武垄村

该类型村庄位于建筑气候区划Ⅳ区。该区长夏无冬，温高湿重，气温年较差和日较差均小；雨量丰沛，多热带风暴和台风袭击，易有大风暴雨天气；太阳高度角大，日照较小，太阳辐射强烈。

1. 该区建筑气候特征

(1) 1月平均气温高于10℃，7月平均气温为25～29℃，极端最高气温一般低于40℃，个别可达42.5℃；气温年较差为7～19℃，年平均气温日较差为5～12℃；年日平均气温高于或等于25℃的日数为100～200d。

(2) 年平均相对湿度为80%左右，四季变化不大；年降雨日数为120～200d，年降水量大多在1500～2000mm，是我国降水量最多的地区；年暴雨日数为5～20d，各月均可发生，主要集中在4～10月，暴雨强度大，台湾局部地区尤甚，日最大降雨量可达1000mm以上。

(3) 年太阳总辐射照度为130～170W/m²，在我国属较少地区之一，年日照时数大多在1500～2600h，年日照百分率为35%～50%，12月至翌年5月偏低。

(4) 10月至翌年3月普遍盛行东北风和东风；4～9月大多盛行东南风和西南风，年平均风速为1～4m/s，沿海岛屿风速显著偏大，台湾海峡平均风速在全国最大，可达7m/s以上。

(5) 年大风日数各地相差悬殊，内陆大部分地区全年不足5d，沿海为10～25d，岛屿可达75～100d，甚至超过150d；年雷暴日数为20～120d，西部偏多，东部偏少。

2. 该类型村庄基础设施规划建设要求及特点

(1) 基础设施规划建设中建筑物必须充分考虑夏季防热、通风、防雨的要求，冬季可不考虑防寒、保温。

(2) 给水工程规划中人均综合用水量指标应采用下列数值：镇区（乡政府驻地）为150～350L／人·d，村庄为120～260L／人·d。人均生活用水量指标应采用下列数值：镇区（乡政府驻地）为100～200L／人·d，村庄为80～160L／人·d。

(3) 排水工程规划中排水体制宜采用雨污分流制，雨水工程应充分考虑降雨量大、多暴雨的特点，一些重要地区的规划建设标准应适当提高。

(4) 防灾减灾工程规划应注意重点防风暴、台风和防洪、防雷击等。

广东省肇庆市德庆县武垄村村庄规划

案例名称：德庆县武垄村规划设计（2005—2020）
设计单位：广东省城乡规划设计研究院、肇庆市城市规划设计院
所属类型：Ⅳ区型

■ 基本概况

1. 地理位置

武垄村隶属广东省德庆县武垄镇，位于镇区南约1km处。距离德庆县县城德城镇67km。

2. 自然条件

武垄村属浅丘地形，相对平坦。属于亚热带季风气候，具有热量丰富、阳光充足、雨量充沛、水热同季、夏长冬短、气候温和湿润、四季宜耕的气候特点。年平均气温为21℃，年无霜期达320d，年平均日照时数1742h，年平均降雨量约1517.7mm。

3. 人口

全村共156户，总人口860人，其中常住人口约680人。20～40岁年龄组人口约占35%，青壮年人口比例较大。人口自然增长率在7‰～11‰之间，增长速度相对稳定。外出务工人口较多，向外迁移现象较明显。

4. 经济条件

经济发展以传统农业为主。其中粮食作物比例较大，砂糖橘、佛手瓜、肉桂是农民增收的主要来源。养殖业不发达，无工业。2004年农民人均纯收入3000～4000元。

5. 建设现状

由南向北发展，形成以三个宗祠为中心的三片村落，建设相对集中，较好地保持了原有的肌理。乱搭乱建现象较少，但旧屋闲置较多。缺乏公共设施及公共绿地，建设水平较低。缺乏环卫设施，人畜混杂，环境较差。

■ 基础设施现状

1. 道路交通现状

武垄村对外交通主要依托415县道，有村级4m宽的水泥路与之联系，路面质量较好。村内主要道路为2～3m宽的泥土路，宅前宅后多为石板路和青砖路。现有道路质量差，

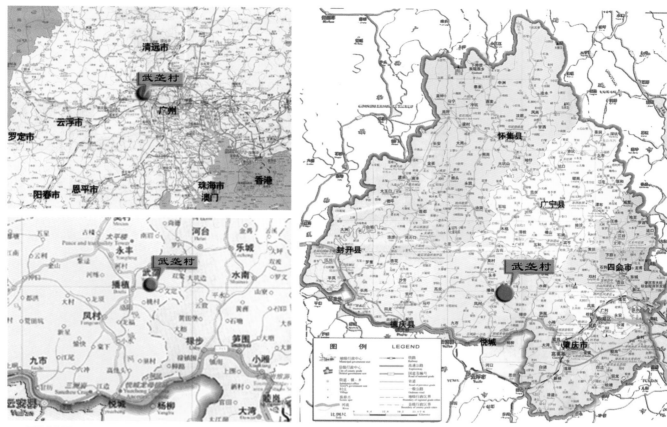

▲ 区位分析图

图例
居住建筑用地
公共建筑用地
生产建筑用地
绿化用地
文体科技用地
水域
道路

▲ 村庄用地现状图

▲ 村庄规划总平面图

系统不完善，无停车场。

2. 给水现状

武垄村生活用水水源主要为山泉水，水质优良。在村西南建设了蓄水量为10m³的蓄水池，并通过DN70mm给水管为每户村民输水。人均用水量为14.7L／d，主要作为饮用水。在村庄北面的老井，容量约为5m³，为村民洗衣、洗菜的水源。给水系统不完善，水源不稳定，在降雨量小的季节，水量不足。缺乏消毒设备和水质监管体制。

3. 排水现状

大部分农户使用卫生厕所，并且经过三级化粪池的处理。生活污水通过明沟收集，排入村的污水主沟，最后排入村边的水塘和灌渠。排水系统不完善，污水和雨水为明沟共同排放，缺少污水处理设施。

4. 电力和能源现状

电源为户外柱上变压器，从武垄线云岗支线接入，电压为10kV。村内以架空方式敷设380／220V线路。电力能满足村民使用，但输电线架设混乱，对景观影响大。

以罐装液化石油气和柴草为燃料。建有两个沼气池，提供饲料加工的燃料。

5. 通信现状

已有电话和有线电视的引入线路，电话装机数量为120门。

6. 环卫现状

生活垃圾以固体废物为主。缺乏公共厕所和垃圾收集设施。

■ 基础设施规划

1. 道路交通规划

村庄道路主要划分为"主路（宽7m）—支路（宽5m）—步行道"。道路系统由一条环村的主路和五条支路组成。环村的主路解决大型车辆、农用车量的交通，支路解决小型机动车交通、消防和可达性。结合公共服务设施布局公共停车场。

2. 给水规划

近期采用山泉水作为水源，远期采用市政管网供水。近期规划人均用水量为70L／人·d，全村为47.6m³／d，需要新建一个蓄水池。远期规划人均用水量为100L／人·d。给水管网布置形式采用环状和枝状的形式，干管管径采用DN100mm，支管采用DN25～50mm。主要道路上布置消火栓，间距不大于120m。

3. 排水规划

排水体制采用合流制和分流制两种系统。近期，保留原有直排式合流制排水系统。远期，改造为雨污分流制排水系统，现有水渠用于排放雨水，新建污水收集管道。

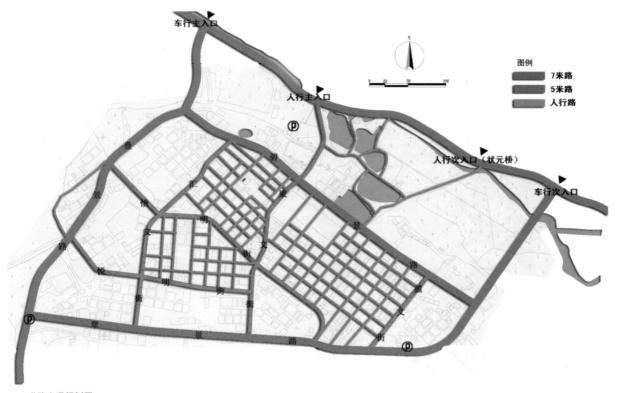

▲ 道路交通规划图

▲ 给水工程规划图

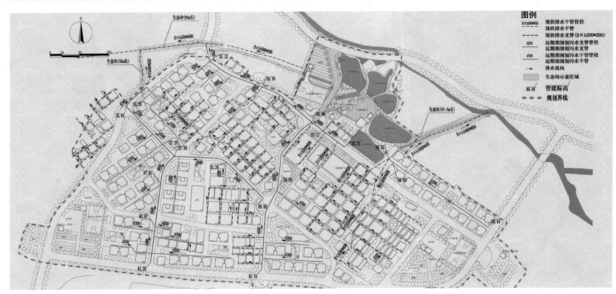

▲ 污水工程规划图

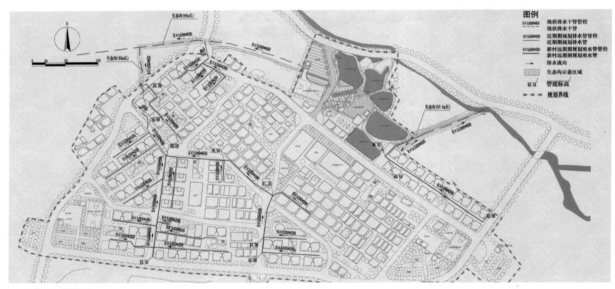

▲ 雨水工程规划图

规划村内污水量按生活用水量的 85% 计算，最高日最高时生活污水流量为 215.1m³/d。污水先经过化粪池预处理，在管网末端设置的生态沟净化处理后排入灌渠。

4.电力和能源规划

预测至规划期末的用电负荷为 1020kW，需要从上级电网供电，并扩建现有变电站，变户外式为户内式，作为主要电源。380V/220V 线路沿村道东南侧以同杆并架方式架设。采用一户一表。

扩大沼气生产规模，并用于公共设施照明。在住宅屋顶使用太阳能热水设施。

5.通信规划

预测远期固定电话总容量为 300 门，沿村道西北设架空线路。设邮局代办点一处。建设有线电视综合信息网。

■ 规划评述

该规划针对农村普遍存在着缺乏公共设施的问题，规划重点放在了关系到村民日常生产、生活的公用设施建设上，如村道硬底化、三级化粪池、排水渠硬底化、垃圾集中搜集设施和生态处理生活污水等。项目中使用的生态沟的污水处理技术在实践中被证明施工快、成本低、效果好，美化环境的同时处理污水，能满足农村生活污水处理的要求和目标。通过对沼气的综合开发利用作为基础，可以解决禽畜粪便和秸秆的处理问题；产生的沼气降低能源消耗，可以减少薪柴砍伐、保护山林；利用沼液灭虫，减少农药使用；利用沼渣施肥，减少化肥使用。

图例
◎ 10kV配变电房
10kV电力线
380/220V电力线
通讯用户线
▲ 邮政代办点
规划界线

▲　电力通信工程规划图

第 5 章

农村社区建设用地优化、公共服务设施及工程设施规划配置图样

农村社区图样类型划分标准说明

一、概述

农村社区图样对《农村社区规划标准》和农村社区规划编制技术措施的分类起到示范应用的作用，为我国农村社区规划分类指导提供参考。农村社区图样包括用地优化配置图样、公共服务设施优化图样和工程设施规划配置图样三个部分。农村社区图样类型与农村社区类型的划分相对应，农村社区图样类型是从农村社区规划的角度对其类型进行进一步阐释。类型主要考虑建筑气候区划、地形条件和空间布局三个主要因素进行划分，在此基础上结合社会经济发展等因素进行修正和确定。

二、类型划分因素

因素一：建筑气候区划因素

根据 2002 年版中国建筑气候区划图将全国划分为七个大的气候区，各气候区内划分次级分区。

图 1 根据 2002 年版中国建筑气候区划图绘制，以不同色块区分不同气候分区，实线划分七个大的气候区，虚线划分各气候区中的次级分区。

因素二：地形因素

根据我国海拔自西向东呈三级阶梯状的特点，将地形地貌根据平均海拔高度，简要概括为山地、丘陵及平原三种基本类型。其中山地是指海拔 3000m 以上的高原地区，丘陵指海拔 500 ～ 3000m 范围内的地区，平原指海拔低于 500m 的地区（水网、湖泊地区归类为平原地区），地形地貌是农村社区图样类型的另一重要因子。

图 2 根据人民教育电子音像出版社提供的中国地形图绘制，用三种颜色区分上文所述三种地形。

因素三：空间布局因素

空间布局因素重点考虑农村社区空间集聚类型。根据对我国现有农村社区集聚特征的调研分析，可将我国农村社区空间集聚类型归纳为三种基本模式，即分散式、集中式、组

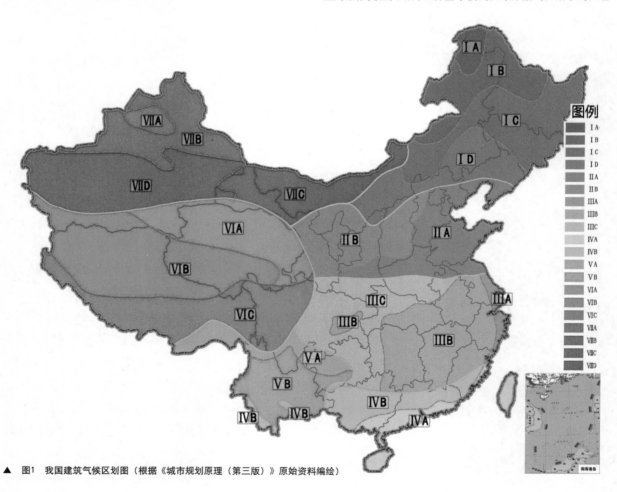

▲ 图1　我国建筑气候区划图（根据《城市规划原理（第三版）》原始资料编绘）

团式（图3）。其中，分散式指在研究范围内建设用地散布于整个范围，集中式指在研究范围内建设用地集中分布于一处，组团式指在研究范围内建设用地集中分布于几处。除以上三种基本模式外，还有一些农村社区空间布局的特征包括以上两种或三种基本模式的组合。

因素四：其他修正因素

（1）修正因素一：行政区村庄数量密度因素

在前述三个主要划分因素的影响下，首先考虑行政区村庄数量密度对农村社区类型的影响。行政区村庄数量可用各行政区范围内的村民委员会数量代替，以省份为单位的各行政区村庄数量密度如图4，图中每个点代表300个村委会，点位置为随机生成，仅为密度示意。具体影响按以下原则进行确定，以建筑气候区划为基础，对村庄密度较低的Ⅰ、Ⅴ、Ⅵ和Ⅶ类建筑气候区类型进行适当合并，选取主要的类型作为该区的代表，对村庄密度较高的Ⅱ、Ⅲ和Ⅳ类建筑气候区类型根据社区所处微观地形条件进行区别。

其中Ⅰ类建筑气候区确定"Ⅰ－平原集中型"和"Ⅰ－丘陵集中型"作为该区代表类型，Ⅴ类建筑气候区确定"Ⅴ－丘陵组团型"作为该区代表类型，Ⅵ类建筑气候区确定"Ⅵ－山地组团型"作为该区代表类型，Ⅶ区确定"Ⅶ－丘陵组团型"作为该区代表类型。将平原、丘陵和山地的微观地形条件进行区别。微观地形指社区建设用地内部的地形，平原地区考虑平地和水网的区别，平地指内部自然水系较少的社区；丘陵和山地考虑台地和坡地的区别，台地指内部高差较小且坡度小于10%的社区，坡地指内部高差或坡度大于10%的社区。

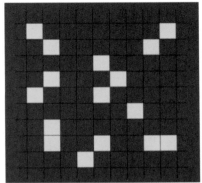
分散式

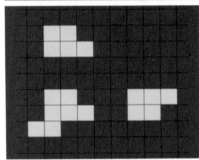
组团式

集中式

图3　我国农村居住空间基本模式图　▶

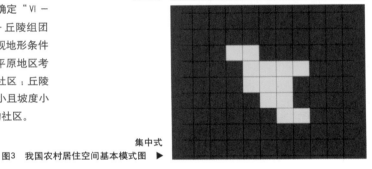

▲　图2　我国地形地貌图（根据http://czzy.wbjy.net/dl/1/03/rj-kebiao/1/mtzs.htm原始资料编绘）

图例

丘陵
山地
平原

编号	类型名称	典型案例
1	Ⅰ－平原集中型	黑龙江省哈尔滨市新农镇新江村
2	Ⅰ－丘陵集中型	陕西省榆林市神木县滴水崖村
3	Ⅱ－平原平地集中型	河北省磁县高臾镇兴善村
4	Ⅱ－平原平地集中型（跨村域资源整合）	山东省东营市东营区牛庄镇大杜村
5	Ⅱ－丘陵坡地集中型	山东省临朐县五井镇小辛庄
6	Ⅱ－丘陵坡地集中型（乡驻地资源共享）	山西省临汾市蒲县薛关村
7	Ⅲ－平原水网组团型	上海市奉贤区奉城二桥村
8	Ⅲ－平原水网组团型（工业产业主导）	江苏省高邮市马棚镇东湖村
9	Ⅲ－平原平地集中型	浙江省台州市路桥区方林村
10	Ⅲ－平原水网集中型	安徽省芜湖市大桥镇东梁村
11	Ⅲ－丘陵坡地组团型	浙江省安吉县皈山乡尚书圩村
12	Ⅲ－丘陵坡地集中型	浙江省丽水市遂昌县红星坪村
13	Ⅲ－山地坡地分散型	重庆市铜梁县河东村
14	Ⅲ－山地坡地组团型	四川省都江堰市大观镇茶坪村
15	Ⅲ－平原平地组团型	河南省平顶山市叶县官庄村
16	Ⅳ－平原平地组团型	广东省广州市花都区杨一村
17	Ⅳ－丘陵坡地集中型	福建省龙岩市新罗区洋畲村
18	Ⅴ－丘陵组团型	贵州省织金县官寨乡麻窝村
19	Ⅵ－山地组团型	青海省黄南藏族自治州尖扎县马克唐镇麦什扎村
20	Ⅶ－丘陵组团型	甘肃省酒泉市肃州区总寨镇三奇堡村

▲　表1　我国农村社区图样类型与典型案例一览表

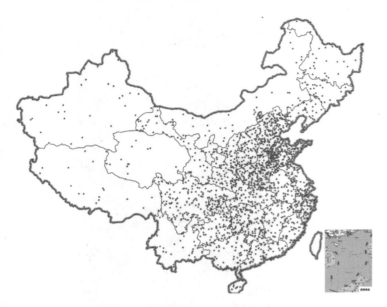

▲ 图4 各行政区村密度示意图

（2）修正因素二：经济、社会发展和文化因素

社会经济文化修正因素考虑"跨村域资源整合"、"乡驻地资源共享"和"工业产业主导"3个类型。

三、类型划分结果

在考虑建筑气候区划、地形条件和空间布局三个主要因素的基础上，结合行政区村庄数量密度和经济、社会发展和文化等因素进行修正后，将我国农村社区图样类型确定为20个，各类型名称和典型案例见表1，典型案例分布见图5。

四、典型案例

典型案例须具有普适性。这样选取的目的是，一方面不因为样本点的特殊性而影响对于农村社区的综合评价，另一方面使得研究对策能够反馈该样案例，为其今后规划建设提供指导。各类典型案例见表1。典型案例选择的具体原则如下：

（1）典型案例的选择与农村社区类型划分相对应。

（2）在空间地域上应具有相对独立性，作为农村地域中的村庄居民点，不紧邻城市。

（3）一般不具有历史文化的特殊性，不是历史文化古村落或名村。

（4）在今后一定时期内仍然以农村住区的形态存在。

▼ 图5 农村社区典型案例分布图

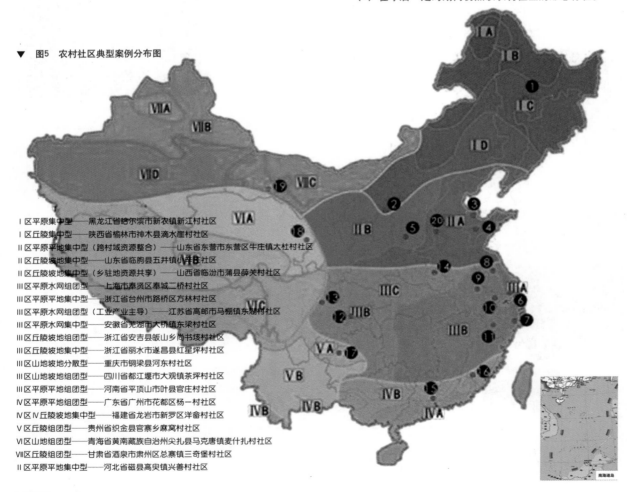

Ⅰ区平原集中型——黑龙江省哈尔滨市新农镇新江村社区
Ⅰ区丘陵集中型——陕西省榆林市神木县滴水崖村社区
Ⅱ区平原平地集中型（跨村域资源整合）——山东省东营市东营区牛庄镇大杜村社区
Ⅱ区丘陵坡地集中型——山东省临朐县五井镇小辛庄社区
Ⅱ区丘陵坡地集中型（乡驻地资源共享）——山西省临汾市蒲县薛关村社区
Ⅲ区平原水网团型——上海市奉贤区奉城二桥社区
Ⅲ区平原平地集中型——浙江省台州市路桥区方林村社区
Ⅲ区平原水网团型（工业产业主导）——江苏省高邮市马棚镇东湖村社区
Ⅲ区平原水网集中型——安徽省芜湖市大桥镇东梁村社区
Ⅲ区丘陵坡地团型——浙江省安吉县皈山乡尚书垓村社区
Ⅲ区丘陵坡地集中型——浙江省丽水市遂昌县红星坪村社区
Ⅲ区山地坡地分散型——重庆市铜梁县河东村社区
Ⅲ区山地坡地组团型——四川省都江堰市大观镇茶坪村社区
Ⅲ区平原平地组团型——河南省平顶山市叶县官庄社区
Ⅳ区平原平地组团型——广东省广州市花都区杨一村社区
Ⅳ区Ⅳ丘陵坡地集中型——福建省龙岩市新罗区洋畲村社区
Ⅴ区丘陵组团型——贵州省织金县官寨乡麻窝村社区
Ⅵ区山地组团型——青海省黄南藏族自治州尖扎县马克唐镇麦什扎村社区
Ⅶ区丘陵组团型——甘肃省酒泉市肃州区总寨镇三奇堡村社区
Ⅱ区平原平地集中型——河北省磁县高臾镇兴善村社区

农村社区规划图例

空间属性图例

用地分类及图例

类别代号 大类	类别代号 小类	类别名称	图例
R	R1	村民住宅用地	R1
	R2	居民住宅用地	R2
	R3	其他居住用地	R3
C	C1	行政管理用地	C1
	C2	教育机构用地	C2
	C3	文体科技用地	C3
	C4	医疗保健用地	C4
	C5	商业金融用地	C5
	C6	集贸设施用地	
M	M1	一类工业用地	M1
	M2	二类工业用地	M2
	M3	三类工业用地	M3
	M4	农业生产设施用地	M4
W	W1	普通仓储用地	W1
	W2	危险品仓储用地	W2
T	T1	公路交通用地	T1
	T2	其他交通用地	T2
S	S1	道路用地	
	S2	广场用地	
U	U1	公共工程用地	U1
	U2	环卫设施用地	U2
G	G1	公共绿地	G1
	G2	生产防护绿地	G2
E	E1	水域	E1
	E2	农林种植用地	E2
	E2 其中	农田	
		菜地	
		园地	
		林地	
	E3	牧草地	E3
	E4	闲置地	E4
	E5	特殊用地	E5
村庄建设用地			

边界和各级道路图例

边界名称	边界图例	道路名称	道路图例
县界	——	高速公路	
镇（乡）界	— —	国道	
村域边界	····	省道	
村庄建设用地边界	····	县道	
		乡道	

经济属性图例

	图例名称	图例
自然资源	生态农业种植	种
	菜篮子工程	菜
	林业	林
	畜牧业	牧
	副业（饲料等）	副
	水产养殖业	渔
	矿产开采业	矿
	太阳能产业	太
	风能产业	风
	水能产业	水
历史人文资源	宗教资源型产业	宗
	历史文化型产业	文
	革命纪念地型产业	革
	山水景观旅游观光产业	旅
	劳动力资源型产业	劳
	区位交通资源（物流产业等）	物
	传统加工资源型产业	加
	研发型产业（良种研发等）	研
	打谷场	谷
	饲养场	饲
	农机站	农
	育秧房	育
	兽医站	兽

社会属性图例

图例名称	图例
传统戏台	戏
庙会场地	庙
宗教场所	宗
古墓	
名木古树	木
名胜古迹	
古城墙	
古建筑	
国家级文物保护单位	
省级文物保护单位	
市县级文物保护单位	
非物质文化遗产地	地

社会属性图例

	图例名称	图例
	单身宿舍	单
	敬老院	老
	中学	中
	小学	小
	幼儿园	幼
	社区管理及综合服务	社
其中	村党组织办公室	
	村委会办公室	书
	综合会议室	
	警务室	
	档案室	
	阅览室	
	党员活动室	
	信访调解室	
	计生服务站	
	社会保障站	
	放心店	
	农贸市场	菜
	卫生站	
	图书室	书
	科技服务点	科
	科技服务点	健
	全民健身设施	健
	邮政代办点	
	银行服务点	¥
	文化活动中心	
其中	儿童活动中心	
	老年活动中心	
	农民培训中心	

工程设施图例

图例名称	图例	图例名称	图例
铁路客运站	⊕	地热发电站	⊿
汽车站	⊘	风能站	✗
港口码头	⊥	电信电缆交接站	□
加油站	⊞	电信局	⊘
停车站	P	通讯站	⊗
公交站	🚌	微波接收站	⬆
自来水厂	水	燃气站	⊕
供水站	水	沼气气源地	⊙
井水	水	沼气池	⊙
水库	⊡	消防站	消
备用水源	⊟	洪水淹没线	—50—
净水设施	净	防洪堤	▥
给水增压泵站	✗	排涝泵站	▥
灌溉泵站	⊠	泄洪区	□
雨水口	⊕	人防工程	□
雨水泵站	⊠	人防指挥所	▲
污水生态处理站	污	疏散通道	⮞
污水泵站	✗	防灾疏散场地	▤
公厕	👥	燃气管网	▭
垃圾箱	⊠	热力管网	▭
垃圾转运站	⊠	电力管网	▭
垃圾处理场	⊠	电信管网	▭
化粪池	▣	给水管网	▭
氧化塘	◣	取水口	⊟
热力站	▤	污水管网	▭
热能转换站	▤	农田水利设施	▤
太阳能站	▨	排水明渠	▤
供、变电站	①	排水口	⊐
火力发电站	⊞	雨水管网	▭
水利发电站	⊞	截洪沟	▭

农村社区规划图例使用说明

图标分类	经济属性图例			
基本形状	●			
表达示意	必配（新建）	必配（改造）	必配（扩建）	有条件选配
	农 农机站	农 农机站	农 农机站	农 农机站
图标分类	社会属性图例			
基本形状	▬			
表达示意	必配（新建）	必配（改造）	必配（扩建）	有条件选配
	中 中学	中 中学	中 中学	中 中学
图标分类	文化属性图例			
基本形状	▲			
表达示意	必配（新建）	必配（改造）	必配（扩建）	有条件选配
	宗 宗教祠堂	宗 宗教祠堂	宗 宗教祠堂	宗 宗教祠堂
图标分类	工程设施图例			
基本形状	—			
表达示意	必配（新建）	必配（改造）	必配（扩建）	有条件选配
	消	消	消	—

建筑气候 I 区平原集中型
——黑龙江省哈尔滨市新农镇新江村社区

1.类型界定与特征

该类型主要分布于我国 I 类建筑气候区划的省份，主要包括东北三省、内蒙古自治区及河北北部的部分区域。根据统计分析和实地调研，该区域村庄数量占全国的比例相对较少，且主要分布于东北平原，地势平坦；区域内农村社区整体空间布局方面主要呈现为相对集中建设的模式。因此，选取平原且相对集中的农村社区为其代表类型。

2.农村社区发展特征及规划目标

该类型农村社区地处我国东北部，其农民人均收入水平整体上仍处于我国平均水平及以下，其经济发展特征主要以传统农业为主，但由于其较好的土地资源条件，其农村社区经济产业发展具有较好的发展前景。总体上看，其农村社区建设用地结构亟待优化，社区公共服务设施和工程设施亟须配套完善。

虽然该地区农村建筑整体上呈现集中布局形态，但由于其地处我国北方高纬度寒冷地区，村民住宅建筑日照间距要求较高，再加上传统居住习惯和农村生产作业的特点，其居住建筑密度和人均用地的集约化水平尚有待提高。因此，农村社区规划应在经济、社会和空间环境建设方面加以全面推进。

3.典型案例规划要点

该类型的典型案例为黑龙江省哈尔滨市新农镇新江村社区。

（1）农村社区用地优化配置

新江村村庄规划提高了道路网整体密度，将现状的闲置地变为公园和绿地以供村民休憩、健身和交往，在现有的公共服务功能基础上增加了社区服务中心，文体活动设施、敬老和儿童服务设施，以便村民生活和交往之用。

（2）农村社区公共服务设施配置

村庄公共服务设施根据人口规模适当扩大，在保留原有服务设施的基础上进行改扩建，同时增设了便于社区村民生活和交往的文体活动室、敬老院和幼儿设施，有利于形成浓厚的地域交往氛围，增强社区归属感。

（3）农村社区工程设施规划配置

村内原有电力电信设施较为完善，规划主要增设了给排水设施，并运用生态基础设施的理念，增设热能转换站和沼气池，以保证资源的高效与循环利用。

黑龙江省哈尔滨市新农镇新江村社区

案例名称：黑龙江省哈尔滨市新农镇新江村社区
设计单位：上海同济城市规划设计研究院城乡社区规划设计研究中心
所属类型： I 区—平原集中型

所处位置

新江村位于黑龙江省哈尔滨市道里区新农镇西北角，为哈尔滨市近郊村。

现状基本情况

新江村由西下坎一个自然村组成，现有村民户数 505 户，2018 人。全村行政面积 1654.50hm²，建设用地面积 45.07hm²。新江村东邻和平村，北面为松花江，南临新立村，是新农镇重要的现代生态农业和绿色食品加工基地。周边分布主要为农田和少量工业。主导风向为西南风。新江村南侧有新农镇哈双北线，机场快速路穿越，对外交通条件便利。新江村距哈尔滨市区 18km，距哈尔滨太平国际机场直线距离为 7.9km。

▲ 区位分析图

图 例	
——	市域界
-----	县界
—·—	镇（乡）界
-----	村域界
-----	村庄界
——	高速公路
——	国道
——	省道
——	县道
——	乡道

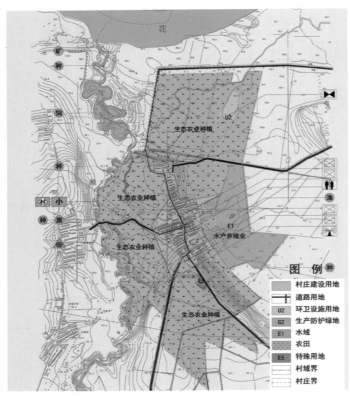

▲ 村域用地现状图

图例
- ▨ 村庄建设用地
- 道路用地
- U2 环卫设施用地
- G2 生产防护绿地
- E1 水域
- 农田
- E5 特殊用地
- 村域界
- 村庄界

▼ 村庄用地现状图

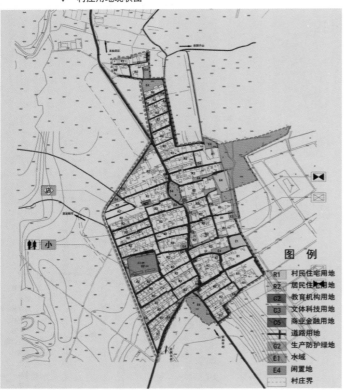

图例
- R1 村民住宅用地
- R2 居民住宅用地
- C2 教育机构用地
- C3 文体科技用地
- C5 商业金融用地
- 道路用地
- G2 生产防护绿地
- E1 水域
- E4 闲置地
- 村庄界

■ 村域用地现状

1．现状人口规模

村域现状人口共 2018 人。

2．现状用地规模

新江村行政管辖范围为 498.65hm²。

耕地面积：382.29hm²。

水域面积：62.01hm²。

3．现状人均建设用地指标

现状人均建设用地：228.30m²。

4．现状道路情况

村域内共 5 条对外公路，3 条通往和平村，1 条通往黄家店，还有一条通往新立村和机场，全长 9.77km，占地面积 6.84hm²。

5．现状产业情况

第一产业主要为粮食生产和牲畜饲养及水产养殖，第二产业为空调机器厂，第三产则主要是运粮河上的游船餐厅。

6．存在问题

村域现状存在的主要问题包括产业缺乏多样化，基础设施较为缺乏，公共服务设施的配置也不够均衡。

■ 村庄用地现状

1．现状人口规模

规划范围内现状人口规模为 208 人。

2．现状用地规模

现状村庄用地：46.07hm²。

居住用地：33.98hm²。

教育机构用地：1.28hm²。

文体科技用地：0.07hm²。

水域用地：0.35hm²。

道路用地：8.85hm²。

绿化用地：1.54hm²。

3．现状人均建设用地指标

规划范围内现状人均建设用地：223.34m²。

现状人均居住用地：168.38m²。

4．现状住宅套数、宅基地面积

现状住宅套数为 505 套，宅基地面积为 25.8hm²。

5．现状道路情况

现状村内道路广场用地总面积为 8.85hm²，路网密度较高，道路结构为网格式，道路交通量中等，道路绿化率不足 30%。

6．存在问题

主要问题有农业产业化水平低；公共活动场地及公共服务设施匮乏；基础设施建设较为薄弱，全村无自来水供应。

■ 村域用地规划

1. 规划人口规模

规划人口规模为 2200 人。

2. 规划用地规模

规划村域总用地 498.65hm²。

村庄建设用地 49.63hm²，耕地 277.95hm²。

3. 规划人均建设用地指标

规划人均建设用地 225.59m²。

4. 规划道路情况

规划道路按服务对象分村内、村外道路，按级别分主干路、支路两级，总长 14.7km，增设汽车客、货运站，以加强对外联系和服务物流和仓储功能，同时增设旅游线路和日常公交以方便各类出行。

规划评述

规划人口按性质分可大致划为本地村民、短期游客、长期游客与投资者，以此为依据配置相应公共服务设施及市政基础设施。经济上发展特色养殖业及生态农业，适度开发旅游业，结合区位条件发展仓储及物流；文化上留存记忆，在建筑质量允许的情况下保留原有公共服务设施的原址，符合村民生活的习惯。

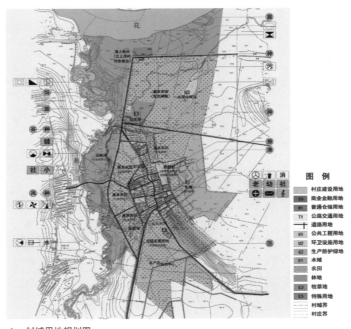

▲ 村域用地规划图

■ 村庄用地规划

1. 规划人口规模

规划人口规模为 2200 人。

2. 公共服务设施种类、面积

规划村庄用地范围：54.31hm²。

教育机构用地：1.78hm²。

文体科技用地：0.22hm²。

医疗保健用地：0.21hm²。

3. 人均公共服务设施面积

规划人均建设用地：246.86m²。

规划人均居住用地：133.32m²。

规划评述

规划村内道路广场用地总面积为 9.37hm²，路网密度较高，道路结构为网格式，村庄的车速不高，车流量不大，因为主要以整改和硬化原有道路为主，在几处 T 字形路口有效控制车速。规划将现状的闲置地变为公园和绿地以供村民休憩、健身和交往，在现有的公共服务功能基础上增加了社区服务中心、文体活动设施、敬老和儿童服务设施，以便村民生活和交往之用。

▼ 村庄用地规划图

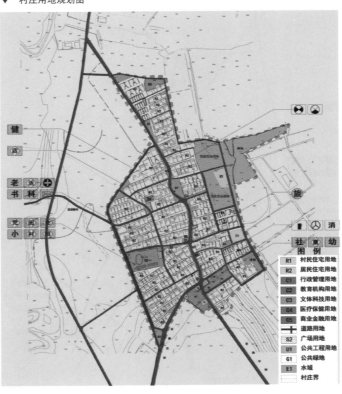

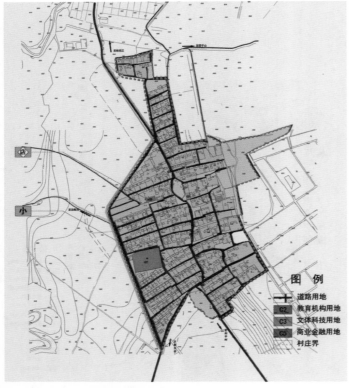

▲ 公共服务设施现状图

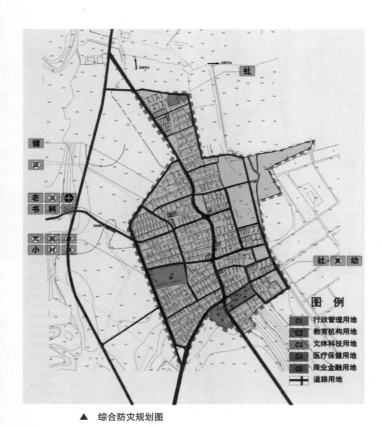

▲ 综合防灾规划图

■ 公共服务设施现状

1. 公共服务设施种类、面积

公共服务设施用地面积为 4.5hm²。

村庄公共服务设施种类较为单一，只有一个小学和一些零星分布在村庄主干路两侧的杂货店、豆腐作坊、化肥部以及药店等少量设施。

2. 人均公共服务设施面积

现状人均公共服务设施面积为 7.48m²。

3. 存在问题

村庄公共服务设施种类较为单一，敬老院和活动室及室外运动设施较为缺乏，由于村里的儿童较少，所以没有幼儿园和儿童活动场地。村民赶集时都去镇上的集市，村内没有商品种类齐全的便利店。

■ 公共服务设施规划

1. 公共服务设施种类、面积

公共服务设施用地面积为 3.78hm²。

扩建类：小学。

改建类：小学。

新建类：社区中心、敬老院、老年活动设施、幼儿园、儿童活动室、图书室、文体活动中心、健身公园等。

2. 人均公共服务设施面积

规划人均公共服务设施面积为 17.18m²。

规划评述

村庄公共服务设施根据人口规模适当扩大，在保留原有服务设施的基础上进行改扩建，同时增设了便于社区村民生活和交往的活动室、敬老院和幼儿设施，有利于形成浓厚的地缘交往氛围，增强社区归属感。

■ 工程设施现状

1. 道路现状

村庄内现有 3 条主干道，皆单幅双车道。2 条水泥路，1 条砂石路，其他宅间路均没有硬化。

2. 给水工程现状

现状全村无自来水供应，各家打井水，农田采用地表水灌溉。

3. 排水工程现状

现状排水设施非常简陋，仅限主要道路旁修有明渠，居民生活废水和工业废水一般都随意倾倒。

4. 电力工程现状

现状电力情况为已建成一定规模的电网系统，村民用电方便，通电比例为100%。

5. 电信工程现状

现状通信和电视普及率较高，98%户家里有电视，有92%的农户家中拥有手机，每天都能收听到广播，但现状所有线路设施均采取架空线路。

6. 存在问题

道路硬化率不足30%，缺自来水供应，无污水处理设施，电网铺设混乱，存在安全隐患等。

■ 工程设施规划

1. 道路规划

以村庄现有的路网为基础，适度拓宽主要道路，在两侧加设步行路，以便与宅间路形成步行路网。

2. 给水工程规划

原村庄无自来水厂，村民主要依靠井水生活。规划加设供水站和井水设施以满足居民对水质的要求，但因为村庄管线基础较差，因而规划管线敷设以枝状为主。

3. 排水工程规划

原村庄村民每户都有化粪池，考虑基础设施生态化的设置原则，延续原有化粪池设施，将生活污水生态化处理，并转化成沼气。

4. 电力工程规划

保留村庄现有电力管线，适度扩展管线，增大其服务范围，并将主线增设至村庄西侧的黄家店的电力管线。

5. 电信工程规划

规划的主要电信接收站设置在村居委会办公室，村内主要的通信线路沿村内道路敷设。

规划评述

村内原有电力电信设施较为完善，规划主要增设了给排水设施，并运用生态基础设施的理念，增设热能转换站和沼气池，以保证资源的高效与循环利用。

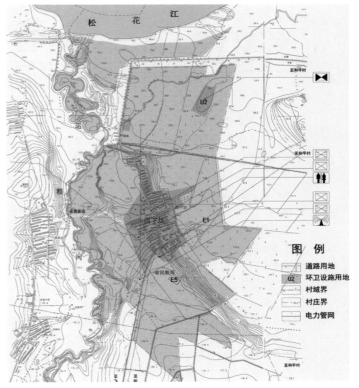

▲ 工程设施现状图

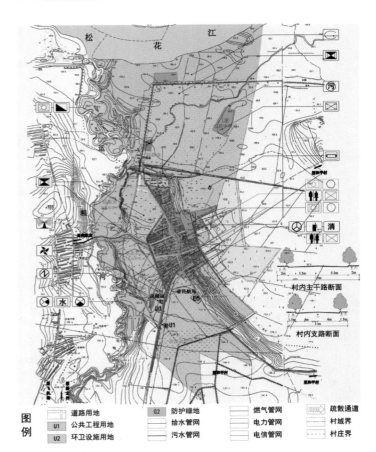

▲ 工程设施规划图

建筑气候 I 区丘陵集中型
——陕西省榆林市神木县滴水崖村社区

1. 类型界定与特征

该类型主要分布于我国 I 类建筑气候区划的省份，主要包括陕西、山西北部地区，多为丘陵沟壑地貌，是陕北黄土丘陵向内蒙古高原过渡区域。根据统计分析和实地调研，该区域村庄数量占全国的比例处于中等偏少，且主要分布于丘陵地区，地势起伏变化较大。区域内农村居民点在村庄整体空间布局方面主要呈现为相对集中建设的模式，并结合丘陵地形地貌采用生土建筑（窑洞）形态。因此，选取丘陵且相对集中的农村社区为其代表类型。

2. 农村社区发展特征及规划目标

该类型农村社区地处我国中、西部地区，目前农民人均收入水平整体上处于我国平均水平以下。由于地形地貌的限制，土地资源十分有限，农业经济水平整体上较为落后。但由于其较好的矿产资源条件，其农村社区经济产业发展具有较好的发展前景。总体上看，其农村社区生态环境较为落后，社区建设用地结构亟待优化，社区公共服务设施和工程设施急需配套完善。

由于丘陵沟壑地形地貌条件的特征，该地区农村建筑整体上呈现相对集中布局形态，传统以生土建筑（窑洞）为其典型的农村村落形态特征，新建住宅已呈现多样化格局。由于传统居住习惯和农村生产作业的特点，其居住建筑密度和人均用地的集约化水平尚有待提高。因此，农村社区规划应在经济发展、社会发展和空间环境建设方面加以全面推进。

3. 典型案例规划要点

该类型的典型案例为陕西省榆林市神木县滴水崖村社区。

（1）农村社区用地优化配置说明

原有住宅用地以改建为主，在闲置地集中新建村庄公共服务设施与管理机构。同时依托村内古烽火台遗址，大力发展风景旅游与民俗文化产业，以调整村内目前以农业为主的单一产业结构。

（2）农村社区公共服务设施配置说明

公共服务设施建筑在村庄中部、村内主路东侧集中建设。在烽火台西北侧新建游客接待中心，南侧新建旅游纪念品商店，完善旅游服务功能。同时新建社区中心和幼儿园，完善和提高社区服务水平。

（3）农村社区工程设施规划配置说明

市政工程设施的规划配置，充分考虑了当地实际情况的基础，以节俭、实用、安全为原则，合理配置。在新建旅游集散接待中心周边沿路布置管线，既满足村庄村民使用，又满足旅游建筑的建设需求。

陕西省榆林市神木县滴水崖村社区

案例名称：陕西省榆林市神木县滴水崖村社区
设计单位：上海同济城市规划设计研究院城乡社区规划设计研究中心
所属类型：I 区—丘陵集中型

所处位置

滴水崖村位于麻家塔镇的东部，东侧紧邻窟野河，与神木县县城隔河相望，南接西沟镇，村庄西北侧为正在建设中的神府高速公路，另有神延铁路从村东穿过。

现状基本情况

滴水崖村现有人口 160 人，共计 50 户。滴水崖村所处为丘陵沟壑地貌，地势起伏大。当地气候为半干旱大陆性季风气候，年平均气温 8.5℃。

滴水崖村因东西山势阻挡，常年主导南北风。村庄据山而建，少量民居依山而建，存在角度为 25° 以上的陡坡地段，地势因素极大地限制了村庄居住建设。因村北在建神府高速公路而征用土地，村内现无大型耕地，只有少量农地种植花果蔬菜。

村民住宅主要分为两部分：坡顶平地比较集中的联排住宅、依山而建以窑洞为主的住宅。

周边的道路交通情况

目前滴水崖村只有一条进村道路。神府高速从村西北穿过，神延铁路从村东侧穿过。滴水崖村距离神木县政府驻地 3km。

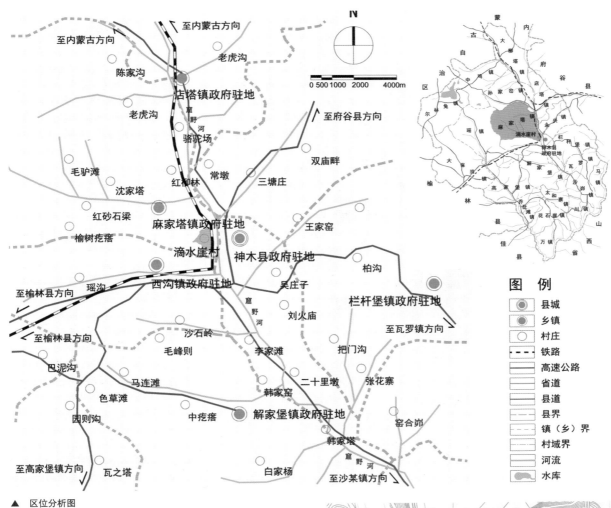

▲ 区位分析图

■ 村域用地现状

1. 现状人口规模

现状全村总人口为160人，共计50户。家庭类型以核心家庭为主。

2. 现状用地规模

现状村庄建设用地规模为2.13hm²。其中村民住宅用地规模为1.93hm²，占总建设用地的90.61%。此外村内有较多闲置地，共计0.40hm²。

3. 现状人均建设用地指标

现状人均建设用地133.13m²。

4. 现状住宅套数

住宅套数为50套。

5. 现状道路情况

村庄对外道路为混凝土路。村内道路为半环状土路，各种杂物侵占道路现象严重，影响通行能力。

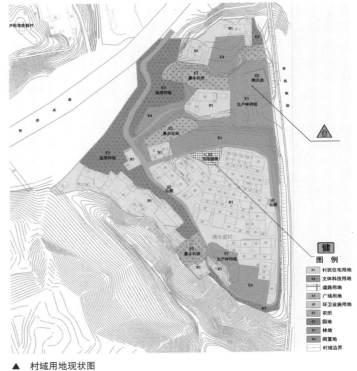

▲ 村域用地现状图

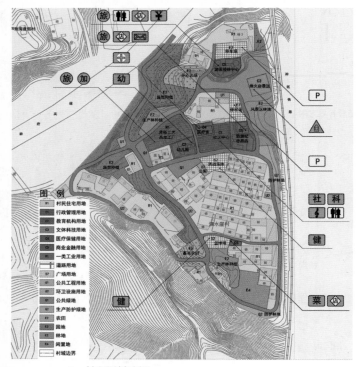

▲ 村庄用地规划图

6. 存在问题

缺乏统一的基础设施建设。垃圾与污水随意倾倒现象非常普遍。村内侵占道路情况较严重，不利于通行与消防。教育机构设施缺乏，儿童就学不方便。环卫市政工程设施与活动场地配套设施尚待完善。缺少公用绿地，需要进一步改善。

■ 农村社区用地规划

1. 规划人口规模

规划人口规模为 160 人。

2. 规划建设用地规模

村庄规划建设用地规模为 2.97hm²，其中村民住宅用地规模为 1.84hm²，占总建设用地的 61.95%。

此外，村内规划建设手工业厂房，占地 0.11hm²。

3. 规划人均建设用地指标

人均建设用地：185.63m²。

人均居住用地：115.00m²。

人均公共设施用地：16.88m²。

4. 规划住宅套数

住宅套数为 50 套。

5. 规划道路情况

拓宽村庄对外道路至 5m，连通村内原有半环状道路为环路。在尊重现状道路情况的基础上，根据地势条件合理铺设新路，以增强各地块间的可达性。

规划评述

原有住宅用地以改建为主，在闲置地集中新建村庄公共服务设施与管理机构。同时依托村内古烽火台遗址，大力发展风景旅游与民俗文化产业，以调整村内目前以农业为主的单一产业结构。完善社区工程设施配置，改善和提高村民生活环境质量。

■ 公共服务设施现状

1. 公共服务设施种类、面积

村庄内公共服务设施总面积 0.04hm²。其中文体科技用地 0.04hm²。

2. 人均公共服务设施面积

人均公共服务设施面积 2.59m²。

3. 存在问题

村内公共服务设施较缺乏，缺少行政机构设施、教育机构设施及医疗卫生设施等主要公共服务设施。另活动广场只有一个，且缺少配套活动设施。

▲ 公共服务设施现状图

■ 公共服务设施规划

1. 公共服务设施类型、面积

村庄内公共服务设施总面积 0.27hm²。其中行政管理用地 0.07hm²，教育机构用地 0.05hm²，文体科技用地 0.04hm²，医疗保健用地 0.03hm²，商业金融用地 0.08hm²。

2. 人均公共服务设施面积

人均公共服务设施面积 16.88m²。

规划评述

公共服务设施建筑在村庄中部，在村内主路东侧集中建设。在烽火台西北侧新建游客接待中心，南侧新建旅游纪念品商店，完善旅游服务功能。同时新建社区中心和幼儿园，完善和提高社区服务水平。

通过规划塑造出一个功能集中、特色鲜明、充满活力的村庄社区中心。同时，结合社区居住组团特征合理布置村民活动场地和公共绿地，以达到组织丰富多彩的村民户外文化活动的目的。

■ 工程设施现状

1. 道路交通系统现状

村庄对外道路为混凝土路。村内道路为半环状土路，各种杂物侵占道路严重，影响通行能力。

2. 给水工程系统现状

村内尚未建成集中供水管网系统，村民饮用水以通过机井采用地下水为主，水质、水量均无法保障。

3. 排水工程系统现状

滴水崖村地势北高南低，落差对排水十分有利。

4. 电力工程系统现状

滴水崖村电力线路由神木县变电所接入，供电已能基本满足生产、生活用电需求。

5. 电信工程系统现状

滴水崖村目前已实现程控电话、有线广播、有线电视网覆盖全村。

6. 存在问题

滴水崖村工程设施配置尚不够完善，村内环境卫生状况有待改善，综合防灾水平需要提高。

■ 工程设施规划

1. 道路交通系统规划

拓宽村庄对外道路至 5m，连通村内原有半环状道路为环路。在尊重现状道路情况的基础上，根据地势条件合理铺设新路，以增强各地块间的可达性。

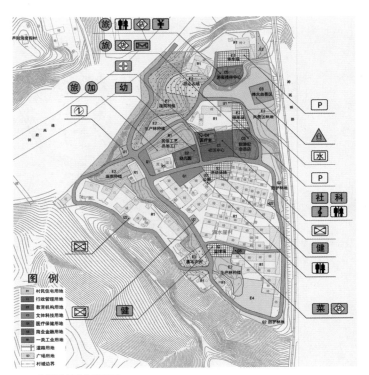

▲ 公共服务设施规划图

▲ 工程设施现状图

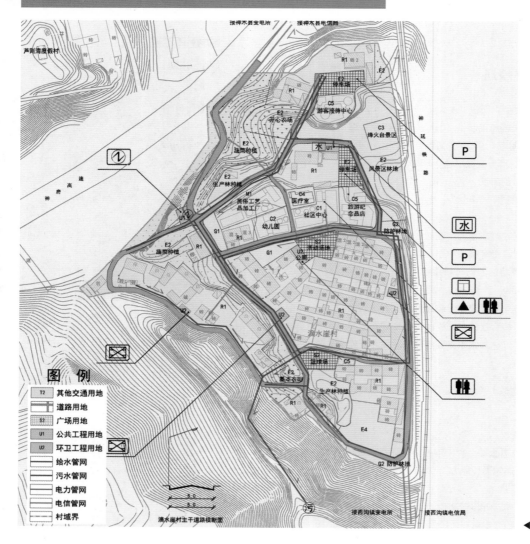

图 例

T2	其他交通用地
	道路用地
S2	广场用地
U1	公共工程用地
U2	环卫工程用地
	给水管网
	污水管网
	电力管网
	电信管网
	村域界

◀ 工程设施规划图

2. 给水工程设施规划

规划在村庄以北地势较高处，建造自来水供水站作为村庄统一供应水源。给水管网沿主要道路敷设，形成环状与枝状相结合的管网系统。

3. 排水工程设施规划

村庄所处地区干旱少雨，故无需专设雨水管线；污水管网沿主要道路敷设，设置时与村庄地势高程相适应，并统一收集进行生态化处理。

4. 电力工程系统规划

现状供电基本满足生产、生活用电的需求，并已实现联网供电，因此规划无需增设电力供电设施，只需对现状供电线路做一定的微调。

5. 电信工程系统规划

规划电信线路沿村内主要道路设置，在村委会设置电信电缆交接站。

规划评述

工程设施的规划配置是在充分考虑当地实际情况的基础上，以节俭、实用、安全为原则，合理配置。通过工程设施的规划配置，改变农村社区工程设施建设相对滞后的现状，改善农村社区环境卫生质量，提高村民的生产和生活水平。

建筑气候II区平原平地集中型
——河北省邯郸市磁县高臾镇兴善村社区

1. 类型界定与特征

该类型主要分布于我国II类建筑气候区划的省份，主要包括山东、河北南部、河南北部区域的华北平原地区。根据统计分析和实地调研，该区域的村庄数量和分布密度是我国最为集中的区域。该类型农村社区用地地势平坦开阔，由于地处我国北方地区，地形地貌主要以平地为主，水网分布相对较少。区域内农村居民点在村庄整体空间布局方面主要呈现为集中建设的模式。因此，选取平原平地且集中建设的农村社区为其代表类型。

2. 农村社区发展特征及规划目标

该类型农村社区所处的区域横跨了我国东、中部地区，目前其农民人均收入水平整体上有一定差距。由于地处华北平原，土地资源丰富，农业生产水平整体上较好。总体上看，其农村社区生态环境良好，社区建设用地结构需进一步优化，社区公共服务设施和工程设施仍需配套完善；由于传统居住习惯和农村生产作业的特点，其居住建筑密度和人均用地的集约化水平尚有待提高。因此，农村社区规划应在经济发展、社会发展和空间环境建设方面加以全面推进。

3. 典型案例规划要点

该类型的典型案例为河北省磁县高臾镇兴善村社区。

（1）农村社区用地优化配置说明

规划根据上位规划，在村域内结合原有农业用地，大力发展观光农业、生态种植业等。规划在村庄范围内梳理路网，结合原有公共设施，增添文化娱乐、医疗、幼儿园、集市等设施，并增加绿化用地，增强农村的社区感。

（2）农村社区公共服务设施配置说明

公共服务设施的配置以集中为主，少量分散于四个小组团。

对原设施进行改建与扩建，结合绿地设置戏台等文化及活动设施，形成村庄特色节目，增加村庄自身的凝聚力，同时丰富农村居民的生活。

（3）农村社区工程设施规划配置说明

基础设施以组团为单位结合原有设施均匀增配。在集中绿地、公共建筑、村委中心处等人流密集区设置公厕、公交站、电信等设施。

充分发挥农村自身地理条件，结合村庄原有沟渠设置污水及雨水的集中收集点用于村庄环卫或农田浇灌，利用农田空旷区设置太阳能、沼气池等能源设施，为建设自给自足型农村打下基础。

河北省邯郸市磁县高臾镇兴善村社区

案例名称：河北省邯郸市磁县高臾镇兴善村社区
设计单位：上海同济城市规划设计研究院城乡社区规划设计研究中心
所属类型：II区—平原平地集中型

所处位置

高臾镇兴善村位于高臾镇东北部，北边规划生态农业区、万亩荷花观赏区。西北邻近邯郸市马头生态工业城，东邻成安县。邯郸环城高速公路从其北边穿过，地理位置优越。

现状基本情况

村庄面积 42.25hm²，南北长约 830m，东西宽约 803m。属平原地形，总体趋势较为平坦，高程在 64 ~ 66m 之间。主要道路红线宽 7m，次要道路宽 3.5m。土地肥沃，以黄土地为主，主要农作物为小麦和玉米。

周边的道路交通情况

邯郸环城高速公路从其北边穿过，另外有京深高速公路靠近村庄西侧。兴善村社区距离镇区 4.5km，距离县城 10.5km。

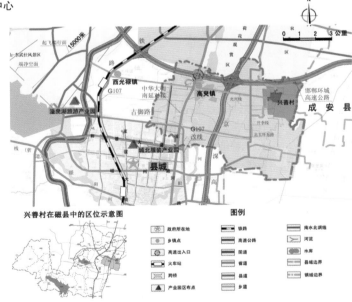

▲ 区位分析图

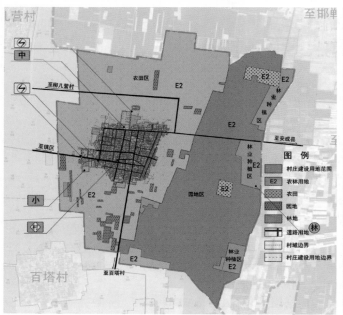

图 例

R1 村民居住用地
C1 行政管理用地
C2 教育机构用地
M4 农业生产设施用地
W1 普通仓储用地
E2 农林用地
农田
林地
E4 闲置用地
村域建设用地边界
村庄建设用地边界

▲ 村域用地现状图　　　　　　　　　　　　▲ 村庄用地现状图

■ 村域用地现状

1. 现状用地规模
村域面积：446.5hm²。
耕地面积：259.8hm²。
果园面积：166.7hm²。
2. 存在问题
建设用地的集约化程度尚可，但仍有待提高。村域范围内产业较为单一，缺少统一的开发和运营。
其他具体数据详见村庄用地现状。

■ 村庄用地现状

1. 现状人口规模
全村现有总人口 3041 人。
2. 现状用地规模
村庄建设用地：42.25hm²。
村民居住用地：27.49hm²。
行政管理用地：0.2hm²。
教育机构用地：3.47hm²。
农业服务设施用地：0.62hm²。
普通仓储用地：0.65hm²。
道路用地：8.76hm²。
3. 现状人均建设用地指标
人均村庄建设用地面积：139m²。
人均居住用地：90.4m²。
人均公建面积：11.71m²。

4. 现状住宅套数、宅基地面积
住宅套数：638 套。
宅基地总面积：15.3hm²。
5. 现状道路情况
全村内道路总里程为 2.5km，现状交通量较小，道路的运行较为顺畅。道路网形式为自由式一单车道断面结构。道路路面为混凝土，硬化率为 90%，主要道路上的路灯设置较完善。

■ 村域用地规划

1. 规划用地规模
村域面积：446.5hm²。
村民居住用地：33.5hm²。
2. 规划人均建设用地指标
人均建设用地：116.8m²。
人均居住用地：88.15m²。
人均公共设施用地：12.42m²。
其他具体数据详见村庄用地规划。
规划评述
规划根据上位规划，在村域内结合原有农业用地，大力发展观光农业、生态种植业等。并对村庄建设用地进行梳理，增加公共设施，完善基础设施建设。

■ 村庄用地规划

1. 规划人口规模
规划全村总人口为 3800 人。

2．规划用地规模

规划村庄建设用地：45.21hm²。

村民居住用地：30.5m²。

公共设施用地：5.38hm²。

3．规划人均建设用地指标

人均建设用地：118.9m²。

人均居住用地：80.3m²。

人均公共设施用地：14.16m²。

4．规划住宅套数、宅基地面积

规划住宅套数：828套。

宅基地面积：20.12hm²。

5．规划道路情况

规划环路为主要过境交通道路，道路红线宽15m，对主要道路进行扩宽为12m，次要道路以6m宽为主，对宅间路也进行疏通。

规划评述

规划在现状基础上，梳理路网，结合原有公共设施，增添文化娱乐、医疗、幼儿园、集市等设施，并增加绿化用地，增强农村的社区感。

■ 公共服务设施现状

1．公共服务设施种类、面积

行政管理用地：0.2hm²。

教育机构用地：3.47hm²。

道路用地：8.76hm²。

村委会：0.09hm²。

小学：1.33hm²。

中学：2.14hm²。

2．人均公共服务设施面积

人均公共服务设施面积：11.71m²。

3．存在问题

公共设施配置不完善；缺少文体类、医疗、邮政等设施；缺少老年和儿童的活动设施及场地，未能形成村庄自身的文化属性。

■ 公共服务设施规划

1．公共服务设施种类、面积

扩建类：社区管理及综合服务设施（原村委会）、小学。

改建类：中学。

新建类：幼儿园、农贸市场、卫生站、图书室、邮政代办点、文化活动中心、银行服务点、全民健身设施、戏台。

规划公共设施总面积：5.38hm²。

2．人均公共服务设施面积

人均公共服务设施面积14.16m²。

规划评述

根据村庄的规划人口及建设用地规模，公共服务设施的配置以集中为主，少量分散于四个小组团。

对原设施进行改建与扩建的同时，有意增设文化及活动设施以丰富农村居民的生活，并结合绿地设置。戏台的设置具有农村传统娱乐的特点，有利于形成村庄特色节目或节日，增加村庄自身的凝聚力。

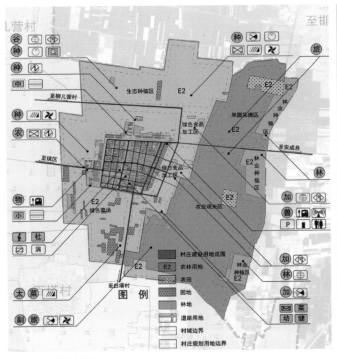

▲ 村域用地规划图

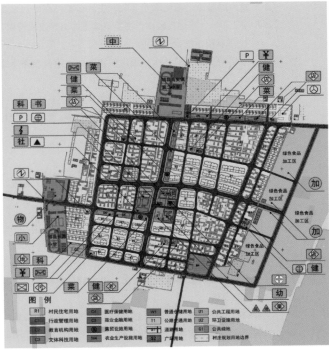

▲ 村庄用地规划图

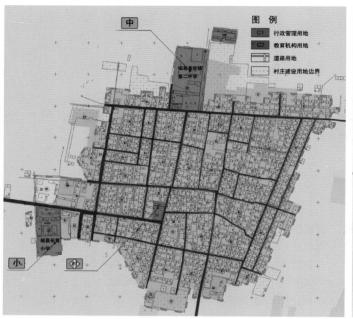

▲ 公共服务设施现状图

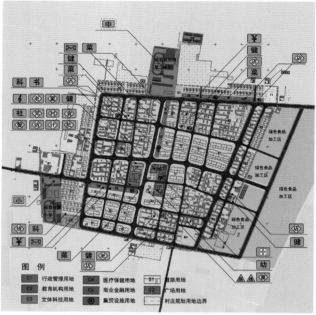

▲ 公共服务设施规划图

■ 工程设施现状

1．道路现状情况

全村内道路总里程为 2.5km，现状交通量较小，道路的运行较为顺畅。道路网形式为自由式—单车道断面结构。道路路面为混凝土，硬化率为 90％。主要公交站点距居住地距离不超过 1km，可达性较高，主要道路上的路灯设置较完善。

2．现状给水情况

采用地下水（即井水）集中供水方式，没有自来水给水系统。

3．现状排水情况

没有完善的排水系统，污水直接排入沟渠，雨水基本自流。

4．现状电力情况

全村通电比例达 100％，基本满足要求。

5．现状电信情况

电视拥有率：100％。

互联网拥有率：23.5％（共 150 户）。

固定电话拥有率：39.3％（共 251 部）。

无邮政设施。

6．存在问题

全村电力供应基本满足要求，主要缺少给排水系统及通信方面的设施。

全村的环卫情况较不理想。没有针对化粪池、垃圾、雨水等完善的集中收集及处理的设施，对于村庄生活环境的整洁性有很大的影响。

■ 工程设施规划

1．道路规划

拓宽村内主要道路，对建设情况较差的道路进行一定的修缮；完善道路设施的设置，如路灯、垃圾箱等；改善道路绿化及主要道路的人行道。

2．给水工程规划

采用地下水集中给水系统，部分区域建立自来水给水管路。

3．排水工程规划

设置排水沟渠及雨水的集中收集点，经简单处理后作为村庄环卫用水或农作物灌溉用水。

4．电力工程规划

部分电力架空线可考虑移至地下，以保证村庄的安全及风貌整洁。

5．电信工程规划

完善电信系统，使近期电话通信、远期网络通信能覆盖全村。

规划评述

完善基础管线系统，并结合村庄原有沟渠设置污水及雨水的集中收集点用于村庄环卫或农田浇灌等。

基础设施以组团为单位结合原有设施均匀增配。在集中绿地、公共建筑、村委中心等人流密集区设置公厕、公交站、电信等设施。

充分发挥农村自身地理条件，利用农田空旷区设置太阳能、沼气池等能源设施，为建设自给自足型农村打下基础。

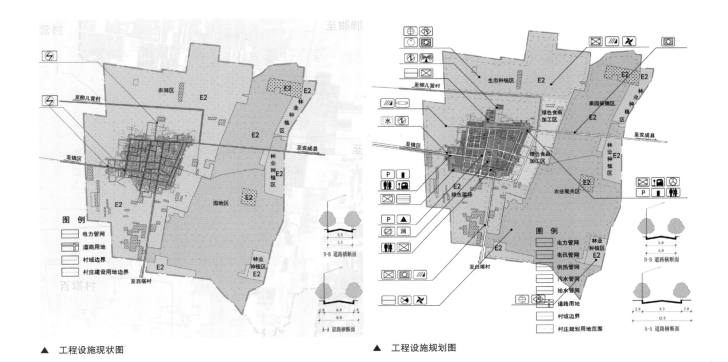

▲ 工程设施现状图　　　　　　　　　　　　　　　▲ 工程设施规划图

建筑气候Ⅱ区平原平地集中型（跨村域资源整合）
——山东省东营市东营区牛庄镇大杜村社区

1. 类型界定与特征

该类型主要分布于我国Ⅱ类建筑气候区划的省份，主要包括山东、河北南部、河南北部区域的华北平原地区。根据统计分析和实地调研，该区域的村庄数量和分布密度是我国最为集中的区域。该类型农村社区用地地势平坦开阔，由于地处我国北方地区，地形地貌主要以平地为主，水网分布相对较少。区域内农村居民点在村庄整体空间布局方面主要呈现为集中建设的模式。因此，选取平原平地且集中建设的农村社区为其代表类型。

2. 农村社区发展特征及规划目标

该类型农村社区所处的区域横跨了我国东、中部地区，目前其农民人均收入水平整体上有一定差距。由于地处华北平原，土地资源丰富，农业生产水平整体上较好。总体上看，其农村社区生态环境良好，社区建设用地结构需进一步优化，社区公共服务设施和工程设施仍需配套完善。由于传统居住习惯和农村生产作业的特点，其居住建筑密度和人均用地的集约化水平尚有待提高。因此，农村社区规划应在经济发展、社会发展和空间环境建设方面加以全面推进。

该类型根据经济、社会发展和文化因素修正确定，它适应我国农村社区发展的新形势。它将地域上相邻的、经济社会发展联系紧密的、有共同文化背景的几个行政村整合成一个有机的社区整体，便于优势互补。整合以空间为纽带，从社区建设角度统筹各村的经济、社会和空间资源，推动公共设施和基础设施的共建共享，促进各村经济、社会和文化全面协调可持续发展。

3. 典型案例规划要点

该类型的典型案例为山东省东营市东营区牛庄镇大杜村社区

（1）农村社区用地优化配置

大杜社区规划以2000m为服务半径，保留五个村庄的居住用地，并在各居住点间的空地布局居住用地，以较高的建筑密度来达到用地集约优化。结合公共绿带设置产业用地。

（2）农村社区公共服务设施配置

结合水塘规划公共绿带，在绿带中心结合道路设置社区服务中心，承担文化、商业、娱乐、休闲等功能。保留原有服务设施，如服务大厅、卫生服务站、家庭幸福指导站、文化广场、警务室、文化活动中心等，增加小学、幼儿园等教育设施。沿主要道路设置社区级商业用地，在各居住点内结合公共绿地设置商业服务点，以满足居民日常生活需求。

（3）农村社区工程设施规划配置

在公共绿带内和居住区西侧设置两条贯穿南北的道路，方便社区内部交通。依托镇区基础设施设置，在原有基础设施的基础上进行改善，暂不考虑统一供暖，燃气采用液化石油气。

山东省东营市东营区牛庄镇大杜村社区

案例名称： 山东省东营市东营区牛庄镇大杜村社区
设计单位： 上海同济城市规划设计研究院城乡社区规划设计
　　　　　　研究中心
所属类型： Ⅱ区—平原平地集中型（跨村域整合资源）

所处位置

大杜村位于东营区牛庄镇东部。

现状基本情况

大杜社区面积为1801.2hm²，大杜村村域面积为399.4hm²。该地势平坦，西南略高，东北略低，主要农作物有小麦、玉米、棉花。村内有石油资源。

区位分析图　▶

周边的道路交通情况

省道 S231 从社区一侧穿过，此外，有一条县道通往镇区。大杜村距牛庄镇驻地中心约 3km。

■ 现状

1. 现状人口规模

大杜社区现状人口规模为 5200 人，大杜村现状人口规模为 1499 人。

2. 现状用地规模

大杜社区现状建设用地规模为 133.4hm²，其中大杜村建设用地规模为 44.2hm²，东张村为 30.9hm²，时家村为 21hm²，东武村为 19.6hm²，谭家村为 17.7hm²。

3. 现状人均建设用地指标

大杜社区现状人均建设用地指标为 256.5m²，大杜村现状人均建设用地指标为 294.9m²。

4. 现状宅基地面积

大杜社区户均宅基地面积为 360m²，户均住房面积为 163.8m²，平均占宅基地面积的 45.5%，另外 54.5% 为庭院。

5. 现状道路情况

现状道路分为两级：一级为主干道，道路红线宽度为 12m；二级道路为次级干道，道路红线宽度为 8 ~ 10m。道路硬化率达 95%。

大杜村东西干道上设有东西两个公交站点，公交线是从位于镇区的公交西站到位于大杜村东的四分场。

6. 存在问题

大杜社区是一典型的东部平原地区的自然村落聚居点。居民依水而居，村落布局集中。村域范围内以农业为主，工业产业少。村民对于目前的居住状况和周边环境较为满意。

主要问题集中在：

（1）产业结构较为单一，一家一地的小农经济管理方式难以形成规模化的农业生产。

（2）教育事业相对落后。

（3）村庄周边有水库，但缺少必要的水源保护措施，尚无防洪抗旱的大型水利设施。

（4）缺少集中绿地，尤其是酷夏，除了自己家里，几乎没有其他可以纳凉的场所。

（5）农户仍使用旱厕，无污水排放和垃圾处理设施。

（6）村庄自然景观基础较好，但未充分利用。

■ 规划

1. 规划人口规模

大杜社区规划人口规模为 8000 人。

2. 规划用地规模

大杜社区规划建设用地规模为 179.3hm²。其中居住用地规模为 129.4hm²，占建设用地比例为 72.2%；公共服务设施用地为 8.0hm²，占 4.5%；道路用地 13.3hm²，占 7.4%；公

▲ 村域用地现状图

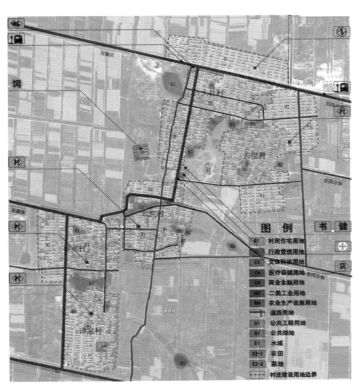

▲ 村庄用地现状图

▲ 村域用地规划图

共绿地为 16.2hm²，占 9.0%。

3. 规划人均建设用地指标

大杜社区规划人均建设用地为 224.0m²。

4. 规划宅基地面积

大杜社区规划宅基地面积为 129.4hm²。

5. 规划道路情况

现状道路分为两级：一级为干路，道路红线宽度为 12m，主要承担村域内交通；二级道路为支路，道路红线宽度为 8～10m，主要承担各个居住点之间的联系。

保留大杜村东西干道上设有的东西两个公交站点，公交线是从位于镇区的公交西站到位于大杜村东的四分场。

规划评述

大杜社区规划保留了多数居住用地，设置几处新区，以较高的居住密度来达到农村社区的用地集约化。

在五个居住点之间结合水塘规划一条公共绿带，在绿带中心结合道路设置社区服务中心，承担大杜社区的文化、商业、娱乐、休闲等功能。此外，结合公共绿带景观，设置产业用地。

在公共绿带内和居住区西侧设置两条贯穿南北的道路，使社区内的交通更加便利。

■ 公共服务设施现状

1. 公共服务设施种类、规模

村庄内公共服务设施总面积 1.2hm²。

其中东营区牛庄镇大杜社区服务中心的服务范围为附近 5 个村。大杜社区服务中心主要设置社区党总支部、服务大厅、卫生服务站、家庭幸福指导站、文化广场、警务室、文化活动中心等职能服务机构，配套建设农贸市场、农家超市、大众浴室、农家饭店、农业生产资料连锁配送中心等公共服务设施。

商业金融设施为小型商业，服务居民，包括饭馆、农业技术服务站、综合百货、农药销售部、科技站、食品销售部、家电维修、农机具维修、机动车维修和棺材部等。大杜村内有卫生服务站一所，位于社区服务中心内，有医生 6 名，床位 6 个，村民主要到社区服务中心就医。

2. 人均公共服务设施面积

人均公共服务设施用地面积为 2.3m²。

3. 存在问题

基础设施不够完善。有村委会和两所幼儿园；尚没有小学，靠校车每天接送小学生上下学。

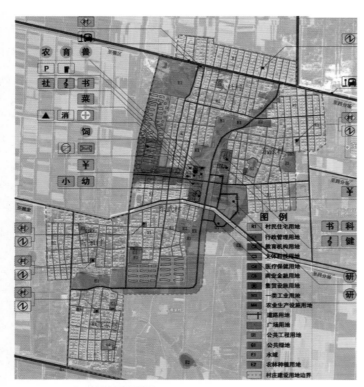

▲ 村庄用地规划图

用地分类	面积（hm²）	比例（%）
R	129.4	72.2
C	8	4.5
M	12.1	6.7
S	13.3	7.4
G	16.2	9.0
U	0.3	0.2
建设用地	179.3	100

▲ 大杜社区建设用地平衡表

■ 公共服务设施规划

1. 公共服务设施种类、面积

村庄内公共服务设施规划总面积 8.0hm²。

其中保留各村的行政管理用地，总面积为 0.4hm²。

结合主要道路和公共绿带，设置小学和幼儿园，用地面积为 0.8hm²。

扩建原有文体科技类用地，并结合绿带设置，面积为 0.5hm²。

扩建原有医疗设施，用地面积为 0.1hm²。

沿道路两侧设置商业金融用地，面积为 5.8hm²。

扩建原有集贸设施用地，用地面积为 0.3hm²。

2. 人均公共服务设施面积

人均公共服务设施用地面积为 10m²。

规划评述

规划主要扩建了社区服务中心。

保留原有的服务设施，如服务大厅、卫生服务站、家庭幸福指导站、文化广场、警务室、文化活动中心等，并在此基础之上增加了小学、幼儿园等教育机构，沿道路设置商业用地。

在各个居住点内结合公共绿地设置商业服务设施，以满足居民日常的生活需求。

▲ 公共服务设施现状图

■ 现状基础设施

1. 现状道路

大杜村与外界的联系是公路，即村内东西干道。现状道路分为两级：一级为村干路，道路红线宽度为12m；二级道路为支路，道路红线宽度为8～10m。

2. 现状给水工程

家家户户通自来水，水质良好。

3. 现状排水工程

雨水污水合流，由民居阴沟汇入道路的排水沟，汇集到东西地下管道。

4. 现状电力工程

由镇区35kV变电站引10kV高压线，由村西进入大杜村变电室，由变电室引低压电至各用户。

5. 现状电信工程

全村有半数居民家里能够接受到有线电视信号，七分之一居民家里安装互联网。70%农户家中拥有固定电话，全部农户家中拥有手机。村内无邮政部门。

6. 现状燃气工程

现状能源结构中，将近一半的村民使用煤气罐，另外三分之一的村民使用柴草生火做饭。沼气池普及率很低。

7. 现状供热工程

无。

8. 存在问题

需要一定程度的优化和改善。

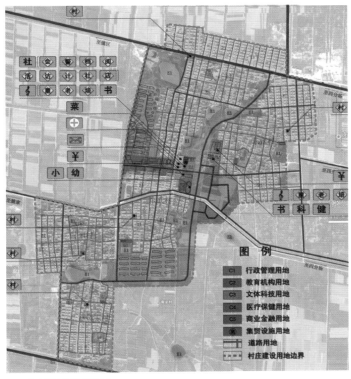

▲ 公共服务设施规划图

▲ 工程设施现状图

■ 规划基础设施

1. 规划道路

规划道路分为两级：一级为村干路，道路红线宽度为12m，承担村域交通；二级道路为支路，道路红线宽度为8～10m，承担各居民点的联系。

沿公共绿带和建设用地西侧规划两条贯通南北的道路，以打通南北的联系。

2. 规划给水

依托镇区作为供水水源，以杜北水库为备用水源。采用环状供水管网为各个用水单位供水。

3. 规划排水

雨水就近排入自然水体。

沿公共绿带内的主干道设置污水主干管，并在社区服务中心设置污水生态化处理设施。

4. 规划电力

由镇区35kV变电站引10kV高压线进入大杜村变电室，沿公共绿带内的主干道铺设主要管线，并采用枝状线路为各个居民点送电。

5. 规划电信

由镇区引入电信线，沿公共绿带内的主干道铺设主要管线，采用枝状线路。

规划评述

除排水设施，基础设施的设置多依托镇区。

在原有基础设施的基础上进行适当的改善。

由于发展水平的限制，暂不考虑统一供暖，燃气采用液化石油气。

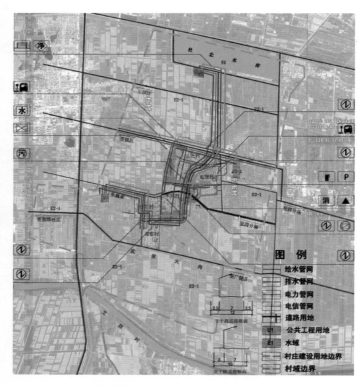

▲ 工程设施规划图

建筑气候II区丘陵坡地集中型
——山东省临朐县五井镇小辛庄社区

1. 类型界定与特征

该类型主要分布于我国II类建筑气候区划的省份，主要包括山东、河北南部、河南北部、山西大部、陕西大部以及甘肃东北区域的丘陵地貌地区。根据统计分析和实地调研，该区域村庄数量占全国的比例处于较高水平，村庄分布密度较大。该类型农村社区用地坡度变化较大，区域内农村居民点在村庄整体空间布局方面主要呈现为相对集中建设的模式。因此，选取丘陵坡地且相对集中的农村社区为其代表类型。

2. 农村社区发展特征及规划目标

该类型农村社区所处的区域横跨了我国东、中、西部地区，目前其农民人均收入水平整体上差别较大。由于地形条件限制，土地资源相对有限，农业经济水平整体上处于中等或较为落后水平。总体上看，其农村社区生态环境较为落后，社区建设用地结构亟待优化，社区公共服务设施和工程设施急需配套完善。

由于丘陵坡地条件的特征，该地区农村建筑整体上呈现相对集中布局形态；因为传统居住习惯和农村生产作业的特点，其居住建筑密度和人均用地的集约化水平尚有待提高。

因此，农村社区规划应在经济发展、社会发展和空间环境建设方面加以全面推进。

3. 典型案例规划要点

该类型的典型案例为山东省临朐县五井镇小辛庄社区。

（1）农村社区用地优化配置

村落依山就势而居，在坡度适合的区域将产业布局整合，实现村用地集约布局，将工厂设置在下游下风向，不影响村民日常生活。

（2）农村社区公共服务设施配置

公共服务设施集中布置在村庄中心，新建社区中心和幼儿园，完善提高社区服务水平，塑造功能完善、特色鲜明、充满活力的社区中心。利用部分闲置地和计划拆建地塑造广场、健身场地和公共绿地等，在村庄入口处打造公园绿地和大型停车场，以供游客休憩停留。

（3）农村社区工程设施规划配置

充分考虑当地实际情况，以生态化、安全性为原则，合理配置工程设施。通过工程设施的规划配置，改变农村社区市政工程设施建设相对滞后的现状，改善农村社区环境卫生质量，提高村民的生产和生活水平。

山东省临朐县五井镇小辛庄社区

案例名称： 山东省临朐县五井镇小辛庄社区
设计单位： 上海同济城市规划设计研究院城乡社区规划设计研究中心
所属类型： II区—丘陵坡地集中型

所处位置

临朐地处山东半岛中部，潍坊市西南部，沂山北麓，弥河上游。地处泰沂隆起地带东北部，昌潍凹陷区南部，沂沭断裂带西岸。小辛庄地势东北高西南低，具有东部丘陵地区村庄的显著特征。

现状基本情况

该村村域面积为120hm²，其中耕地面积1314亩（约87.6hm²），占村域面积的88.5%，人均耕地0.9亩。

该村建设发展的限制性因素主要包括：110kV变电厂防护区、110kV输电线路防护区、220kV输电线路防护区和350kV输电线路防护区。

▲ 区位分析图

图例
- ◉ 镇政府驻地
- ⊙ 中心村
- ━ 省道
- ━ 县道
- ━ 镇（乡）界
- ━ 村域界
- 河流
- 水库

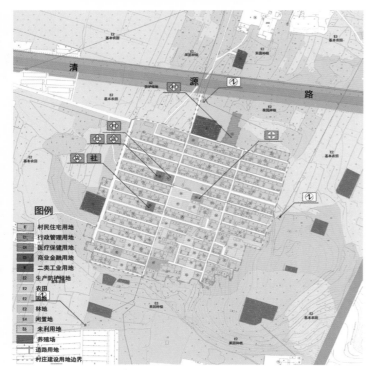

▲ 村庄用地现状图

周边的道路交通情况

过境主要交通工具是村西侧水泥厂和石灰石厂的运料车，村民主要通过清源路、长兴路这两条道路到达镇区。小卒庄社区与镇区联系的道路有清源路、长兴路和嵩山路，嵩山路正在修建中。距离临朐县区 2km。

■ 村域用地现状

现状用地规模

村域总面积 120hm²。

生产防护绿地面积 3.11hm²，农田面积 53.31hm²，园地面积 20.87hm²，林地面积 10.36hm²，道路用地面积 4.96hm²，闲置地面积 6.69hm²。

其他具体数据详见村庄用地现状。

■ 村庄用地现状

1．现状人口规模

2009 年全村总人口为 640 人。

2．现状用地规模

村庄建设用地面积 21hm²，占村域面积的 17.5%。

3．现状人均建设用地指标

人均村庄建设用地面积：328.12m²。

人均居住用地面积：99.38m²。

人均公共设施用地面积：3.13m²。

▲ 村域用地现状图

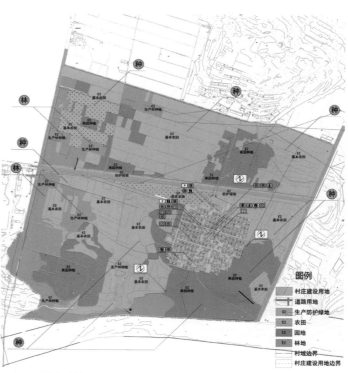

▲ 村域用地规划图

4. 现状住宅套数、宅基地总面积

现状住宅套数：174套。

宅基地总面积：6.13hm²。

5. 现状道路情况

村民点道路为方格网结构，单幅双车道，多为混凝土路面，进户道路硬化率为90%。道路总长度5.01km，南北向道路高差为23m。

6. 存在问题

村落依山就势而建，产业布局有待集约；周边新建工厂缺少防护措施，对村庄存在一定的污染。

■ 村域用地规划

规划建设用地规模

村域总面积120.13hm²，其中村庄规划建设用地面积9.14hm²，占村域总面积的7.6%。

生产防护绿地面积3.11hm²，农田面积57.79hm²，园地面积28.61hm²，林地面积17.57hm²，道路用地面积3.91hm²。

其他具体数据详见村庄用地规划。

■ 村庄用地规划

1. 规划人口规模

规划全村总人口为680人。

2. 规划建设用地规模

村庄规划建设用地规模为9.14hm²，其中村民住宅用地规模为6.34hm²，占总建设用地的69.4%。

3. 规划人均建设用地指标

人均村庄建设用地面积130.57m²，人均居住用地面积90.57m²，人均公共服务设施面积7.14m²。

4. 规划住宅套数

住宅套数：184套。

5. 规划道路情况

社区内部道路在充分尊重现状道路情况的基础上，进一步改善路面质量，增强道路的可达性与便捷性。

规划评述

村落依山就势而建，将产业布局整合，实现村庄用地的集约布置。将工厂布置在下游下风向，不影响村民日常生活。公共服务设施集中布置在村庄中心处，利用部分闲置地和计划拆建地建设广场、健身场地和公共绿地等。在村庄入口处打造公园绿地和大型停车场，以供游客休憩停留。

■ 公共服务设施现状

1. 公共服务设施种类、面积

村庄内公共服务设施总面积0.24hm²。

其中行政管理用地0.16hm²，医疗保健用地0.02hm²，商业金融用地0.06hm²，现无教育机构用地。

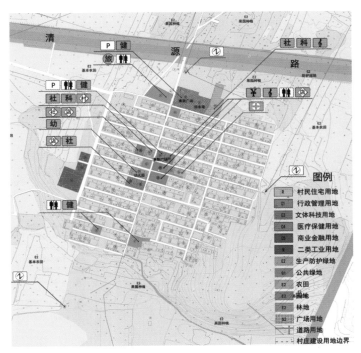

▲ 村庄用地规划图

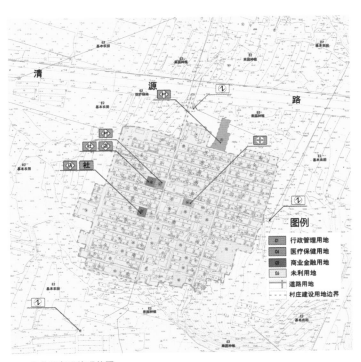

▲ 公共服务设施现状图

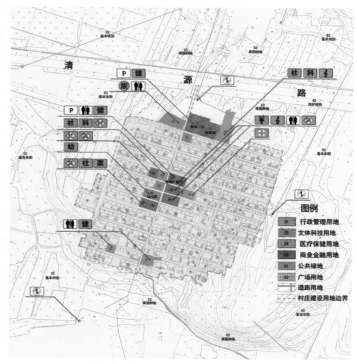

▲ 公共服务设施规划图

2．人均公共服务设施面积

人均公共服务设施面积 3.13m²。

3．存在问题

村内公共服务设施配置欠完善，缺乏教育机构设施和文体科技设施。公共设施呈分散布置，难以形成明显的社区中心，村民在日常使用上存在一定程度上的不方便。

■ 公共服务设施规划

1．公共服务设施类型、面积

村庄内公共服务设施总面积 0.5hm²。

其中行政管理用地 0.16hm²，教育机构用地 0.06hm²，文体科技用地 0.06hm²，医疗保健用地 0.02hm²，商业金融用地 0.2hm²。

2．人均公共服务设施面积

人均公共服务设施面积 7.14m²。

规划评述

农村社区公共服务设施集中布置在村庄中心处，利用部分闲置地和计划拆建地建设广场、健身场地和公共绿地等。在村庄入口处打造公园绿地和大型停车场，以供游客休憩停留。新建社区中心和幼儿园，完善和提高社区服务水平。

通过规划塑造出一个功能完善、特色鲜明、充满活力的社区中心。同时，结合社区中心和入口合理布置村民活动广场和健身场地，组织丰富多彩的村民户外文化活动等。

■ 工程设施现状

1．现状道路交通系统

与镇区联系的道路有清源路、长兴路和嵩山路，其中清源路和长兴路于 2009 年建成，现为机动车和非机动车混行的"一块板"的道路形式，交通顺畅。居民点道路为方格网结构，单幅双车道，多为混凝土路面。

2．现状给水工程系统

给水设施主要是全村在地势高处打一口深井，修建水囤，依靠重力作用供给自来水，水质良好。

3．现状排水工程系统

污水随意倾倒，通过地面自我消解或通过沟渠排入地势低洼处，雨水通过路面汇入沟渠。

4．现状电力工程系统

已实现全村供电，生产生活供电稳定、有保障。

5．现状电信工程系统

村中现有互联网户数约 5%，每天都能收到广播，村中所有家庭都有电视，村中 90% 的家庭拥有固定电话，90% 的家庭拥有手机，村中没有邮政部门。

6．现状环卫工程系统

各家将生活垃圾倾倒在固定垃圾点，靠自然自我消解，遗留了很多白色垃圾，夏天蚊虫多，环境状况差。

▲ 工程设施现状图

7. 存在问题

村民主要取水来自自来水，水质良好。但随着周边工业的进入，水质下降。缺少排水设施和环卫设施。村内环境差，亟待垃圾的集中收集和处理。

■ 工程设施规划

1. 规划道路交通系统

拓宽并改善清源路与长兴路的路况；社区内部道路充分尊重现状道路情况。

2. 规划给水工程设施

规划给水以镇区主要给水管网作为村庄主要水源，现状井水通过加强净化处理作为村庄次要水源。给水管网沿主要道路敷设，形成环状与枝状相结合的管网系统。

3. 规划排水工程设施

雨水采用明渠方式就近排入地势较低的污水处理设施中；沿主要道路敷设污水管网。

4. 规划电力工程系统

现状供电基本满足生产、生活用电的需求，并已实现联网供电，因此规划无需增设电力供电设施，只需对现状供电线路做一定的微调。

5. 规划电信工程系统

规划电信线路沿村内主要道路设置，在村委会设置电信电缆交接站以及邮政接收站。

规划评述

市政工程设施的规划配置，是在充分考虑当地实际情况的基础上，以生态化、安全性为原则，合理配置。通过工程设施的规划配置，改变农村社区市政工程设施建设相对滞后的现状，改善农村社区环境卫生质量，提高村民的生产和生活水平。

▲ 工程设施规划图

建筑气候II区丘陵坡地集中型（乡驻地资源共享）
——山西省蒲县薛关村社区

1. 类型界定与特征

该类型主要分布于我国II类建筑气候区划的省份，主要包括山东、河北南部、河南北部、山西大部、陕西大部以及甘肃东北区域的丘陵地貌地区。根据统计分析和实地调研，该区域村庄数量占全国的比例处于较高水平，村庄分布密度较大。该类型农村社区用地坡度变化较大；区域内农村居民点在村庄整体空间布局方面主要呈现为相对集中建设的模式。因此，选取丘陵坡地且相对集中的农村社区为其代表类型。

2. 农村社区发展特征及规划目标

该类型农村社区所处的区域横跨了我国东、中、西部地区，目前农民人均收入水平整体上差别较大。由于地形条件限制，土地资源相对有限，农业经济水平整体上处于中等或较为落后水平。总体上看，其农村社区生态环境较为落后，社区建设用地结构亟待优化，社区公共服务设施和工程设施急需配套完善。

由于丘陵坡地条件的特征，该地区农村建筑整体上呈现相对集中布局的形态。因为传统居住习惯和农村生产作业的特点，其居住建筑密度和人均用地的集约化水平尚有待提高。因此，农村社区规划应在经济发展、社会发展和空间环境建设方面加以全面推进。

乡驻地资源共享型农村社区根据经济、社会发展和文化因素修正确定，重点考虑社会发展中乡政府对农村社区规划

建设的影响。该类社区在考虑一般农村社区经济、社会和空间发展的基础上，还应注重乡政府职能对社区的影响，包括服务整个乡域的公共服务设施和基础设施的配置，促进服务整个乡域的设施和仅服务乡驻地的设施共建共享，从经济、社会和空间3个方面促进整个乡域和乡驻地全面、协调可持续发展。

3. 典型案例规划要点

该类型的典型案例为山西省临汾市蒲县薛关村社区。

（1）农村社区用地优化配置

规划梳理现状路网，整理居住用地，结合现状增加部分公共设施，并在中心增设公共绿地，加强农村社区感。结合原有用地和产业，发展大棚蔬菜、植物优良品种培育、养猪等产业。

（2）农村社区公共服务设施配置

根据村庄的规划人口及建设用地规模，在原有公共服务设施的基础上，增加幼儿园、邮政、银行服务点等设施，并扩容原有文化设施，结合绿地设置健身活动场所，丰富农村居民的生活，增强村庄自身的凝聚力。

（3）农村社区工程设施规划配置

结合现状完善工程基础设施。在集中绿地、公共服务设施等人流密集处设置公厕、公交站点、电信邮政等设施。利用农村自身优势，推广太阳能、风能、沼气等清洁能源，并对污水等进行生态化处理。

图例
- 镇政府所在地
- 村庄点
- 铁路
- 高速公路
- 省道
- 县道
- 乡道
- 河流
- 县域边界
- 镇域边界

山西省蒲县薛关村社区

案例名称：山西省蒲县薛关村社区
设计单位：上海同济城市规划设计研究院城乡社区规划设计研究中心
所属类型：II区—丘陵坡地集中型（乡驻地资源共享）

所处位置

薛关村位于山西省蒲县县城西面10km处，是镇政府所在地。薛关村整村呈梨叶状，处于黄土高原沟壑区的一处盆地中，地形东高西低。

现状基本情况

村庄建设用地面积10.24hm²，属于黄土残垣沟壑区的河川地带，有一片平整肥沃的河川地，黄河一级支流昕水河自东向西穿村而过，在周边地域中有较强的农业资源优势。

◀ 区位分析图

周边道路交通情况

临大线自东向西穿过村庄。其他支路呈支状延伸至各村庄用地内部。

■ **村域用地现状**

1. 现状用地规模

村域面积：30.34hm²。

农用地：19.12hm²。

闲置用地：0.58hm²。

2. 现状人均建设用地指标

人均居住用地面积：73.03m²。

人均公建面积：14.85m²。

3. 存在问题

住房质量差别较大，部分在山脚的住宅多为土坯房，存在滑坡的危险；道路系统需要梳理、整治；基础设施需要进一步的完善。

其他具体数据详见村庄用地现状。

■ **村庄用地现状**

1. 现状人口规模

全村现有总人口822人。

2. 现状用地规模

总规模：10.24hm²。

村民居住用地：5.97hm²。

公共设施用地：1.17hm²。

行政管理用地：0.35hm²。

教育机构用地：0.54hm²。

文体科技用地：0.14hm²。

医疗保健用地：0.01hm²。

商业金融用地：0.13hm²。

农业服务设施用地：1.17hm²。

普通仓储用地：0.08hm²。

道路广场用地：1.43hm²。

3. 现状人均建设用地指标

人均村庄建设用地面积：124.6m²。

人均居住用地面积：72.63m²。

人均公建面积：14.22m²。

4. 现状道路情况

临大线自东向西穿过村庄。其他支路呈支状延伸至各村庄用地内部。

■ **村域用地规划**

规划用地规模

村域面积：30.34hm²。

其他具体数据详见村庄用地规划。

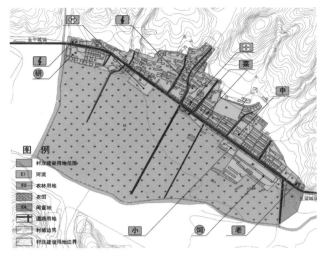

▲ 村域用地现状图

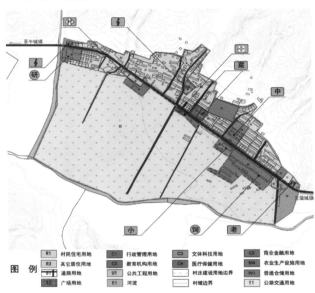

▲ 村庄用地现状图

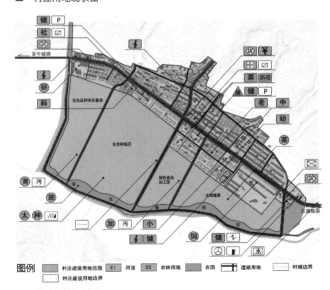

▲ 村域用地规划图

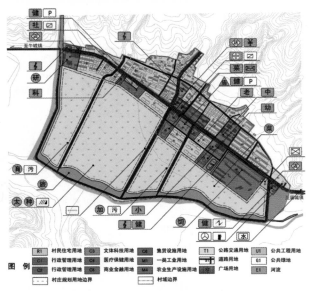

图例

R1	村民住宅用地	C3	文体科技用地	C6	集贸设施用地	T1 公路交通用地	U1 公共工程用地
C1	行政管理用地	C4	医疗保健用地	M1	一类工业用地	道路用地	G1 公共绿地
C2	商业金融用地			M4	农业生产设施用地	广场用地	E1 河渠
	村庄规划用地边界						村域边界

▲ 村庄用地规划图

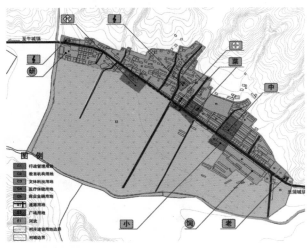

图例

C1	行政管理用地	C3	文体科技用地
C8	教育机构用地	C5	
C3	文体科技用地	C4	医疗保健用地
C4	医疗保健用地	C5	商业金融用地
	道路用地		
	广场用地		
E1	河渠		
	村庄建设用地边界		
	村域边界		

▲ 公共服务设施现状图

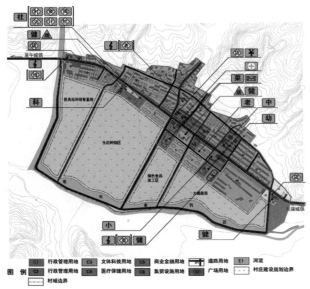

图例

C1	行政管理用地	C3	文体科技用地	C5	商业金融用地	道路用地	E1 河渠
C1	行政管理用地	C4	医疗保健用地	C6	集贸设施用地	广场用地	村庄建设用地规划边界
	村域边界						

▲ 公共服务设施规划图

规划评述

结合原有用地和产业，发展大棚蔬菜、植物优良品种培育、养猪等产业。梳理完善道路网，增加公共服务设施的配置，并进一步完善原有的基础设施。

■ 村庄用地规划

1. 规划人口规模

规划全村总人口 1100 人。

2. 规划用地规模

村庄建设用地：13.13hm^2。

村民居住用地：6.70hm^2。

公共设施用地：2.24hm^2。

3. 规划人均建设用地指标

人均村庄建设用地面积：119.4m^2。

人均居住用地面积：60.91m^2。

人均公建面积：20.36m^2。

4. 规划道路情况

规划在梳理原有道路的基础上，扩宽部分支路，增加横向的交通联系。主要道路红线宽 12m，次要道路以 5 ~ 7m 宽为主，宅间路为 1.5 ~ 3m 宽。

规划评述

在现状的基础上，梳理路网，整治居住用地，结合原有公共设施，扩容医疗用地，增加集贸市场、幼儿园等设施，并在中心添加公共绿地，增强农村社区感。

■ 公共服务设施现状

1. 公共服务设施种类、面积

村庄内公共服务设施总面积 1.17hm^2。

村委会：0.19hm^2。

文化用地：0.18hm^2。

小学：0.96hm^2。

中学：1.11hm^2。

2. 人均公共服务设施面积

人均公共服务设施面积：14.85m^2。

3. 存在问题

作为镇政府所在的村庄，公共设施还需要进一步完善。医疗设施用地偏少，缺少集贸市场、幼儿园等服务设施，公共绿地等活动场地也较缺乏。

■ 公共服务设施规划

1. 公共服务设施种类、面积

村庄内公共服务设施规划总面积 2.24hm^2。

其中保留村委会（0.19hm^2）、文化用地（0.18hm^2）、小学（0.96hm^2）、中学（1.11hm^2）。

新建幼儿园（0.17hm^2）、农贸市场（0.06hm^2）、商业用

地（0.52hm²）、文化用地（0.15hm²）、医疗用地（0.09hm²）；改建镇政府。

2．人均公共服务设施面积

人均公共服务设施面积 20.36m²。

规划评述

根据村庄的规划人口及建设用地规模，在原有公共服务设施的基础上，增加幼儿园、邮政、银行服务点等设施，并扩容原有文化设施，结合绿地设置健身活动场所以丰富农村居民的生活，增加村庄自身的凝聚力。

■ 工程设施现状

1．道路交通系统现状

临大线自东向西穿过村庄。其他支路呈支状延伸至各村庄用地内部。

2．给水工程系统现状

打深水井一眼，实行集中供水，各家一般都保留有水井。井水与自来水并用。

3．排水工程系统现状

没有完善的排水系统，雨水自流。

4．电力工程系统现状

全村电力普及率达100%，满足日常需求。

5．电信工程系统现状

2007年实施全村有线电视和电话入户工程，电视入户率达95%，电话入户率98%。

6．存在问题

全村电力供应基本满足要求，排水系统及部分电信设施还需要进一步完善，需要增加垃圾收集等设施，更好地美化农村社区的环境。

■ 工程设施规划

1．道路交通系统规划

临大线自东向西穿过村庄。其他支路呈支状延伸至各村庄用地内部。

2．给水工程系统规划

村庄通过打深水井实行集中供水，在村庄东侧设置供水站可作为备用水源，各家一般保留自己的水井，井水和自来水并用。

3．排水工程系统规划

沿道路两侧绿化设置排水沟渠排放雨水，生活污水通过污水生态化处理设施进行生态化处理。

4．能源工程系统规划

村域东侧设置变电站，将电力线沿十字形主要干道排布，接入各户。供热采用在村庄建设热力站统一供给，逐步减少村民自家烧煤取暖的情况。

5．电信工程系统规划

结合村庄的公共服务中心设置电信交换局，进一步完善

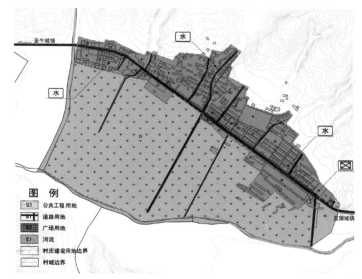

▲ 工程设施现状图

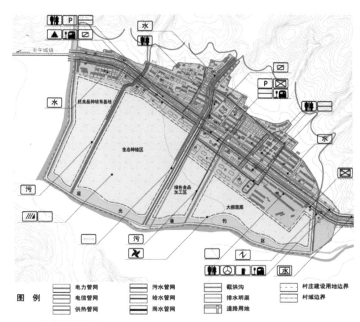

▲ 工程设施规划图

电信系统，远期实现网络通讯覆盖全村。

规划评述

结合现状完善基础设施。在集中绿地、公共服务设施等人流密集处设置公厕、公交站点、电信邮政等设施。利用农村自身优势，推广太阳能、风能、沼气等清洁能源，并对污水等进行生态化处理。

建筑气候III区平原水网组团型
——上海市奉贤区奉城二桥村社区

1. 类型界定与特征

该类型主要分布于我国III类建筑气候区划的省份，主要包括华北平原南部和长江中下游平原地区，涉及上海、江苏、浙江、安徽、福建北部、江西、湖南、湖北、河南南部等主要平原地区。根据统计分析和实地调研，该区域的村庄数量和分布密度是我国最为集中的区域。该类型农村社区用地地势平坦开阔，由于水网分布密度较大，受到河道水系的影响，该区域内农村居民点在村庄整体空间布局方面主要呈现为成组成团建设的模式。因此，选取平原水网且组团建设的农村社区为其代表类型。

2. 农村社区发展特征及规划目标

该类型农村社区所处的区域横跨了我国东、中部地区，由于地处我国人口较为集中、城镇群数量大、交通条件便捷、经济较为发达的经济区域，目前其农民人均收入水平整体上较高，多处于我国平均水平以上。由于地处华北平原南部和长江中下游平原，土地资源丰富，水产养殖发达，农业生产水平整体上较好，村办工业企业发展势头迅猛，产业类型呈多元化发展特征。总体上看，其农村社区生态环境良好，但环境污染压力较大，社区建设用地结构需进一步优化，社区公共服务设施和工程设施仍需配套完善；由于传统居住习惯和农村生产作业的特点，其居住建筑密度和人均用地的集约化水平尚有待提高。因此，农村社区规划应在经济发展、社会发展和空间环境建设方面加以全面推进。

3. 典型案例规划要点

该类型的典型案例为上海市奉贤区奉城二桥村社区

（1）农村社区用地优化配置

本规划主要以土地利用分区调整和工程设施新建为主。规划保留现有村庄建设用地，尽量减少村民原有宅基地的改变。搬迁村庄南部污染较重的三类工业，用于建设公共服务设施，方便村民生产生活。村域西北部设置产业用地和备用地。将村内原有工业企业搬迁，向外安置。整合村内现有农林地，塑造环境优美的公共开放空间。依托新建道路，建设及完善社区公共服务设施，创造便捷、舒适、生态的人居自然环境。

（2）农村社区公共服务设施配置

规划将村庄南部污染较为严重的三类工业迁出，用于建设公共服务设施。充分利用村庄现状两条主干道，使公共服务设施有良好的可达性，以满足组团布局模式的村庄服务半径。新建小学和幼儿园等设施，规划功能齐全、充满活力的半围合社区中心，使居民可以拥有高品质的公共活动空间。

（3）农村社区工程设施规划配置

工程设施的规划配置中，电力设施已经比较完善。其他设施以生态化、安全性为原则，合理配置，以期改变农村社区市政工程设施建设相对滞后的现状，改善农村社区环境卫生质量，提高村民的生产和生活水平。

上海市奉贤区奉城镇二桥村社区

案例名称： 奉贤区奉城镇二桥村社区
设计单位： 上海同济城市规划设计研究院城乡社区规划设计
　　　　　　研究中心
所属类型： III区—平原水网组团型

所处位置

二桥村位于中国东部的上海市，奉贤区、奉城镇北部，气候温暖湿润，地形平坦。二桥村在奉城镇地区北接南大港，南至新联港，西邻向阳河，东至新朝河。

现状基本情况

全村行政管辖面积210.7hm²，其中农村居民点用地23hm²，占全村总用地10.91%。

区位分析图　▶

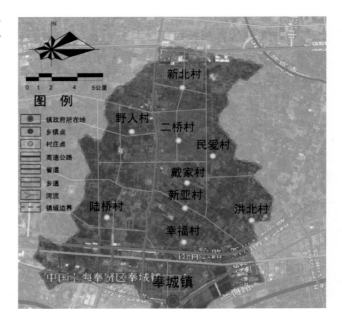

周边道路交通情况

奉新港、新奉公路南北纵贯全村。二桥村社区至奉城镇镇政府5km。

■ 村域用地现状

1. 现状人口规模

现状村域总户数为278户,总人口为973人。

2. 现状用地规模

二桥村村域现状用地规模为49.75hm²。

建设用地16.44hm²。

其中,居住用地8.12hm²。

工业用地7.12hm²。

3. 现状人均建设用地指标

现状人均建设用地168.97m²。

现状人均居住用地83.48m²。

4. 现状道路情况

村域内有对外公路1条,为新奉公路。村内干道3条,为奉和路、新朝路和服民路。道路条件方面,除过境县道有较大的交通容量,其他村级道路都普遍过窄,无法充分满足当地村民和企业的需要。

5. 现状工业情况

第一产业主要为粮食生产和牲畜饲养及水产养殖,第二产业为木业、家具和汽配工业,第三产业则主要是农村配套服务。

6. 存在问题

村民住宅建设无规划指导和管理,住宅布局略显无序。道路弯曲狭窄,不利于消防。环卫市政工程设施尚待完善,缺少公用绿地和公共活动场地,需要进一步改善。

■ 村庄用地现状

1. 现状人口规模

现状人口规模为581人。

2. 现状用地规模

现状村庄用地规模为4.73hm²。

3. 现状人均建设用地指标

现状人均建设用地81.41m²。

4. 现状住宅套数,宅基地面积

现状住宅套数为166套,宅基地面积为3.3hm²。

5. 现状道路情况

现状村内道路多为宅间路,路网密度较低,道路硬化率不足。

6. 存在问题

主要问题有工业用地较为分散;公共活动场地以及公共服务设施缺乏;基础设施建设较为薄弱,全村无自来水、燃气供应。

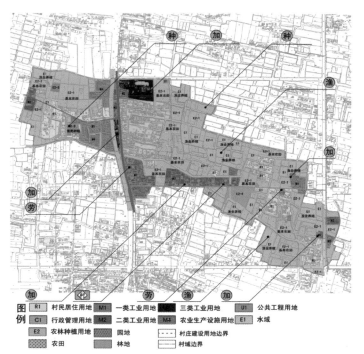

▲ 村域用地现状图

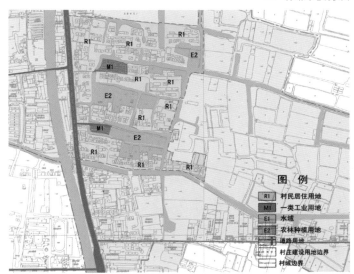

▲ 村庄用地现状图

▼ 村域用地规划图

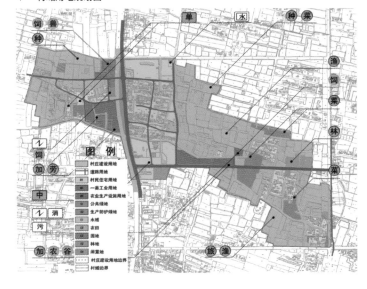

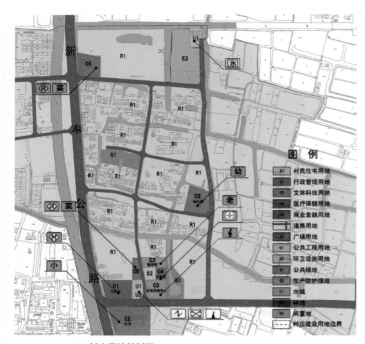

▲ 村庄用地规划图

■ 村域用地规划

1．规划人口规模

规划人口规模为 1000 人。

2．规划用地规模

二桥村村域建设用地规模为 49.75hm²。

规划建设用地 16.04hm²，其中居住用地 9.18hm²、工业用地 1.07hm²、农业生产设施用地 1.89hm²、道路广场用地 3.9hm²、公共绿地用地 0.91hm²。

发展备用地 3.94hm²，其中产业发展备用地 3.56hm²、居住发展备用地 0.38hm²。

3．规划人均建设用地指标

规划人均建设用地面积 160.43m²。

规划人均居住用地面积 91.79m²。

规划人均公共绿地面积 9.1m²。

4．规划道路情况

拓宽三条村庄主干道至 9～12m 宽。提高宅间道路的硬化率，并部分升级为乡道。使各个居民点对公共服务设施中心都有良好的通达性。

规划评述

规划保留现有村庄建设用地，尽量减少村民原有宅基地的改变。并搬迁村庄周围一部分污染较重的三类工业，用于建设公共服务设施，方便村民生产生活。村域西北方向设置产业用地和备用地。

■ 村庄用地规划

1．规划人口规模

规划全村总人口为 700 人，共计 200 户。

2．规划建设用地规模

规划村庄建设用地规模为 9.38hm²，其中村民住宅用地规模为 6.12hm²，占总建设用地 65.24%。

3．规划人均建设用地指标

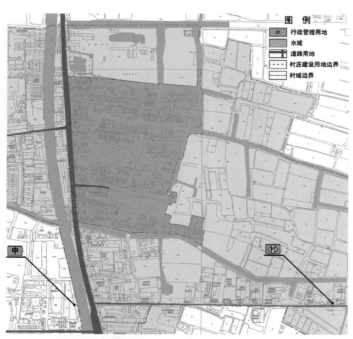

▲ 公共服务设施现状图

	用地面积（hm²）	人均用地面积（m²/人）	所占比例（%）
建设用地	9.38	134.00	100.00
居住用地	6.12	87.43	65.24
公建用地	1.18	16.86	12.75
道路用地	0.6	8.58	6.40
绿化用地	0.38	5.42	4.05
其他	1.1	15.71	11.72

▲ 规划人均建设用地指标

4．规划道路情况

扩宽四条村庄主干道至 9～12m 宽；重塑村庄内的道路，从而增强村庄内各区块到社区中心的可达性，也为管线敷设提供了便利的条件。

規划评述

本规划主要以道路等基础设施的新建、土地利用分区的调整为主。将村内原有工业企业搬迁，集体向外安置。整合村内现有农林地，塑造环境优美的公共开放空间。同时，依托新建道路，建设完善的社区公共服务设施，创造便捷、舒适、生态的人居自然环境。

■ 公共服务设施现状

1. 公共服务设施种类

村庄公共服务设施种类较为单一，只有一个中学和一些零星分布在村庄主干道两侧的小杂货店。

2. 存在问题

村庄公共服务设施种类较为单一，人均公共服务设施面积极小。敬老院和活动室一级室外公共设施较为缺乏。也没有幼儿园和儿童活动场地。村民赶集时都去镇上的集市，村内没有货物齐全的便利店。

■ 公共服务设施规划

1. 公共服务设施类型、面积

村庄内公共服务设施规划总面积 1.18hm²。其中行政管理用地 0.25hm²，教育机构用地 0.48hm²，文体科技用地 0.20hm²，医疗保健用地 0.04hm²，商业金融用地 0.21hm²。

2. 人均公共服务设施面积

人均公共服务设施面积 16.86m²。

规划评述

规划将村庄周围的一部分污染较为严重的三类工业迁出，用于建设公共服务设施建筑。该地块能充分利用村庄现状的两条主干道，使公共服务设施有良好的可达性。并且有可以充分满足散状分布的村庄的服务半径。新建了小学和幼儿园，提高了社区的教育水平。并规划了一个功能齐全、充满活力的半围合社区中心。使居民可以拥有高品质的公共活动空间，组织丰富多彩的文化娱乐活动。

■ 工程设施现状

1. 道路交通系统现状

村庄内现有 3 条主路，皆为单幅双车道，包括 2 条水泥路、1 条沙石路，其他宅间路均没有硬化。

2. 排水工程系统现状

现状雨水和污水处理设施缺乏，村企产生的大量污水和垃圾对水体已经有一定程度的污染，并不断恶化。

3. 给水工程系统现状

村内建有自来水供应站一个，居民自来水使用率达到100%。农田采用地表水灌溉。

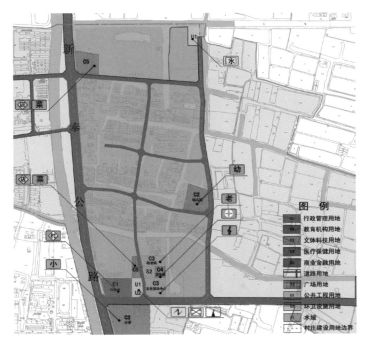

▲ 公共服务设施规划图

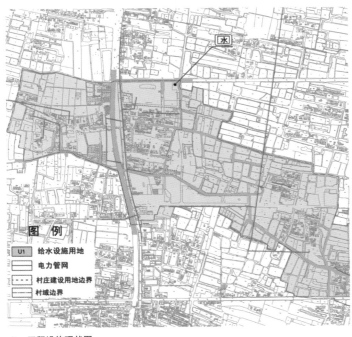

▲ 工程设施现状图

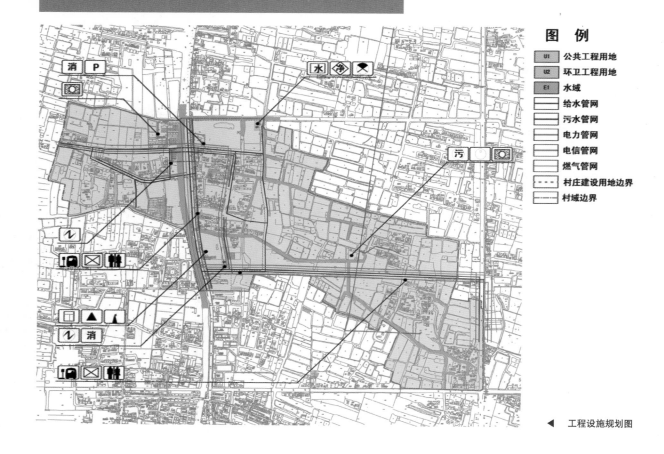

图 例

U1	公共工程用地
U2	环卫工程用地
E1	水域
	给水管网
	污水管网
	电力管网
	电信管网
	燃气管网
	村庄建设用地边界
	村域边界

◀ 工程设施规划图

4. 电力工程系统现状

现状电力情况为已建成一定规模的电网系统，村民用电方便，通电比例为 100%。

5. 电信工程系统现状

现状通信和电视普及率较高，98% 户家里有电视，有 92% 的农户家中拥有手机，每天都能收听广播，但现在所有线路设施均采用架空线路。

6. 存在问题

存在问题包括道路硬化率不足 30%、无污水处理设施、电网铺设混乱、存在安全隐患等。

■ 工程设施规划

1. 规划道路交通系统

扩宽四条村庄主干道至 9 ~ 12m 宽。重塑村庄内的道路，从而增强村庄内各区块到社区中心的可达性，也为管线敷设提供了便利的条件。

2. 规划给水工程设施

二桥村有发达的自然水系，规划给水以现状水系加净化处理作为主要水源。给水管网沿主要道路敷设，形成环状与枝状相结合的管网系统。

3. 规划排水工程设施

雨水可以就近排入自然水体，并沿主要道路敷设污水管网，集中污水然后做回收处理。

4. 规划电力工程系统

现状供电基本满足生产、生活用电的需求，并已实现联网供电，因此规划无需增设电力供电设施。只是将现有电网按照最新道路规划重新系统、规则地敷设。

5. 规划电信工程系统

规划电信通信线路沿村内主要道路设置，在村委会旁的公共设施用地设置电信电缆交接站。

规划评述

二桥村的市政工程设施的规划配置中，电力设施已经比较完善。其他设施以生态化、安全性为原则，合理配置。通过优化工程设施的规划配置方式，改变农村社区市政工程设施建设相对滞后的现状，改善农村社区环境卫生质量，提高村民的生产和生活水平。

建筑气候Ⅲ区平原水网组团型（工业产业主导）
——江苏省高邮市马棚镇东湖村社区

1. 类型界定与特征

该类型主要分布于我国Ⅲ类建筑气候区划的省份，主要包括华北平原南部和长江中下游平原地区，涉及上海、江苏、浙江、安徽、福建北部、江西、湖南、湖北、河南南部等主要平原地区。根据统计分析和实地调研，该区域的村庄数量和分布密度是我国最为集中的区域。该类型农村社区用地地势平坦开阔，由于水网分布密度较大，受到河道水系的影响，该区域内农村居民点在村庄整体空间布局方面主要呈现为成组成团建设的模式。因此，选取平原水网且组团建设的农村社区为其代表类型。

2. 农村社区发展特征及规划目标

该类型农村社区所处的区域横跨了我国东、中部地区，由于地处我国人口较为集中、城镇群数量大、交通条件便捷、经济较为发达的区域，目前其农民人均收入水平整体上较高，多处于我国平均水平以上。由于地处华北平原南部和长江中下游平原，土地资源丰富，水产养殖发达，农业生产水平整体上较好，村办工业企业发展势头迅猛，产业类型呈多元化发展特征。总体上看，其农村社区生态环境良好，但环境污染压力较大，社区建设用地结构需进一步优化，社区公共服务设施和工程设施仍需配套完善；由于传统居住习惯和农村生产作业的特点，其居住建筑密度和人均用地的集约化水平尚有待提高。因此，农村社区规划应在经济发展、社会发展和空间环境建设方面加以全面推进。

工业产业主导型根据经济、社会发展和文化因素修正确定，重点考虑经济发展对农村社区规划建设的影响，突出农村社区经济发展的多样性。传统农村社区以农业为基础，在

快速城镇化过程中，部分农村社区受工业化影响，工业逐步成为主导产业，随之影响农村社区的社会和空间发展。该类社区的规划应平衡好传统农业和工业发展，处理好工业发展与社区社会、空间发展及生态环境建设的关系，促进社区全面协调可持续发展。

3. 典型案例规划要点

该类型的典型案例为江苏省高邮市马棚镇东湖村社区。

（1）农村社区用地优化配置

规划以合并原有村民点、增建公共服务设施和基础设施为主。将分散的居民点整合成统一的村庄，整合配套公共工程设施，提高村民生活质量。充分保持村庄水乡特色，大力发展水产养殖业和旅游业。利用其平原地形和湿润气候优势，规划设置林业种植区和生态蔬菜种植区，将其打造为生态农业大村。

（2）农村社区公共服务设施配置

依托新建道路，建设并完善社区公共服务设施，创造便捷、舒适、生态的人居自然环境。规划在村庄中人群密集、交通便利的中心建设公共服务设施。规划新建小学和幼儿园等教育设施，提高社区的教育水平。新建功能齐全的文化活动中心，为村民提供丰富多彩的文化娱乐活动空间。

（3）农村社区工程设施规划配置

充分利用现状两条主干道，建设南北方向次干道，使公共服务设施有良好的可达性。工程设施规划配置中，电力设施已较完善，其他设施遵循生态化、安全性原则，合理配置，改善农村社区环境卫生质量，提高村民生产和生活水平。

江苏省高邮市马棚镇东湖村社区

案例名称：江苏省高邮市马棚镇东湖村社区
设计单位：上海同济城市规划设计研究院城乡社区规划设计研究中心
所属类型：Ⅲ区—平原水网组团型（工业产业主导）

所处位置

东湖村坐落于马棚镇的最东侧，北接钱厦村，西靠金塘居委会，南临开发区，东面龙虬镇。

现状基本情况

东湖村下辖庆成、大东、张汉3个自然村，15个村民小组，村域总面积为259.71hm²，居住总户数911户，居住总人口3153人。东湖村属里下河冲积平原。沟河纵横，土壤肥沃，地势西北高、东南低，四季变化分明，日照充足，雨量充沛，

是亚热带季风湿润气候区。地面标高在1.8～3.10m之间。常年风向东南风居多，东北风次之。

周边的道路交通情况

东湖村西倚淮江公路、京杭大运河，东靠京沪高速公路（此段未设出入口），马横公路（二级公路）沿东西向从村中穿过，与淮江公路相接，水运、交通较为便捷。东湖村距马棚镇政府驻地3.5km，距离高邮市政府驻地12km。

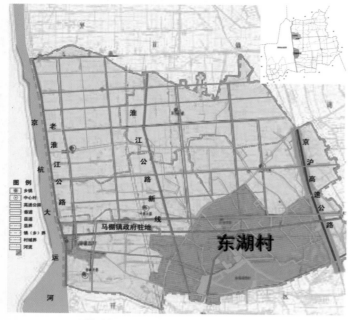

▲ 区位分析图

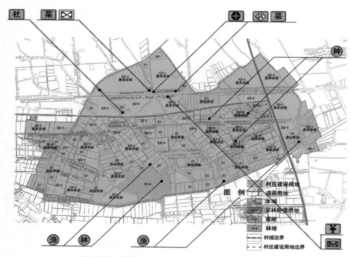

▲ 村域用地现状图

▼ 村庄用地现状图

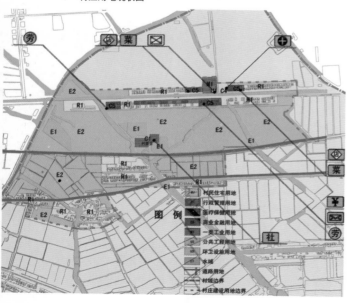

■ 村域用地现状

1. 现状人口规模

现状全村总人口为 3153 人，共计 911 户。

2. 现状用地规模

村域总面积 259.71hm²，其中现状村庄建设用地面积 23.79hm²，占村域总面积的 9.16%。农田面积 147.45hm²，园地面积 8.52hm²，林地面积 9.14hm²，道路用地面积 6.21hm²，水域面积 88.39hm²。

3. 现状人均建设用地指标

人均村庄建设用地面积 75.45m²，人均居住用地面积 69.54m²，人均公共服务设施面积 4.44m²。

4. 现状道路情况

东湖村西倚淮江公路、京杭大运河，东靠京沪高速公路（此段未设出入口），马横公路（二级公路）沿东西向从村中穿过，与淮江公路相接，水运交通较为便捷。

5. 存在问题

绿化用地缺乏，环境卫生状况较差，缺乏户外活动场地；缺乏完善的基础设施和公共设施配套；居住建筑整体风貌不够协调，村落景观较为单一，缺少特色。

■ 村庄用地现状

1. 现状人口规模

现状人口规模为 1220 人。

2. 现状用地规模

现状村庄用地规模为 9.91hm²。

3. 现状人均建设用地指标

现状人均建设用地 81.23m²。

4. 现状住宅套数，宅基地面积

现状住宅套数为 348 套，宅基地面积为 7.7m²。

5. 现状道路情况

现状村内道路多为宅间路，路网密度较低，缺少南北向次级道路。道路硬化率不足。

6. 存在问题

村庄中各个居民点较为分散。所以除分散的商业设施以外，也没有统一的公共服务设施和户外活动场地；基础设施建设也较为薄弱，全村无自来水，燃气供应。

（注：数据统计空间范围为规划村庄建设用地范围。）

■ 村域用地规划

1. 规划人口规模

规划村域总人口为 3200 人，共计 920 户。

2. 规划建设用地规模

村域总面积 259.71hm²，其中村庄规划建设用地面积 44.12hm²，占村域总面积的 13.51%。农田面积 69.44hm²，园地面积 11.83hm²，林地面积 41.20hm²，道路用地面积

9.45hm²，水域面积 80.67hm²。

3．规划人均建设用地指标

人均村庄建设用地面积 137.87m²，人均居住用地面积 95.13m²，人均公共服务设施面积 18.34m²。

4．规划道路情况

维持原有的水运交通系统，并努力发展道路交通系统。扩宽马横公路等村道至 9m，而对社区内部道路进行重新整合，使社区内的各地块对社区中心具有良好的通达性，并为管线敷设提供道路基础。

规划评述

规划充分保持村庄原有的水乡特色，大力发展水产养殖业和渔家乐旅游业。并利用其优秀的平原地形和湿润的气候特征，规划设置了林业种植区和生态蔬菜种植区，使东湖村成为生态农业大村。规划合并了几个分散的自然村，并重新配套其基础设施，提高村民的生活质量。

■ 村庄用地规划

1．规划人口规模

规划全村总人口为 2200 人，共计 630 户。

2．规划建设用地规模

规划村庄建设用地规模为 35.01hm²，其中村民住宅用地规模为 21.44hm²，占总建设用地 61.25%。

3．规划人均建设用地指标

人均建设用地：159.13m²。

人均居住用地：97.46m²。

人均公共设施用地：26.68m²。

4．规划住宅套数

住宅套数：920 套

5．规划道路情况

扩宽两条原有村内主干道至 9m，并增加南北向 2 条支路，使道路形成通达性较好的网格式布局。规划道路时，充分保护了原有的水运交通，合理进行选线布置。

规划评述

本规划以公共建筑等基础设施的新建以及原有村民点的合并为主。将村内原来的分散的居民点整合成统一的村庄，并依托新建道路，建设完善的社区公共服务设施，创造便捷、舒适、生态的人居自然环境。

（注：数据统计空间范围为规划村庄建设用地范围。）

■ 公共服务设施现状

1．公共服务设施种类、面积

村庄公共服务设施用地总面积为 1.40hm²。

其中东湖村设村委会，占地 2 亩，建筑面积 320m²；村内没有幼儿园、小学以及中学，主要集中于马棚镇镇区入学；村内现有卫生站 3 个，养老院一处；综合百货、药店、科技站、家电维修、农机具维修、机动车辆维修、文具销售部、

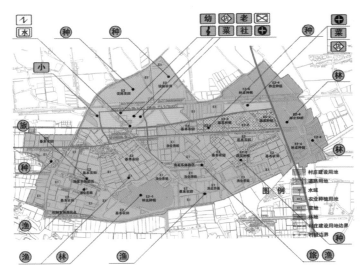

▲ 村域用地规划图

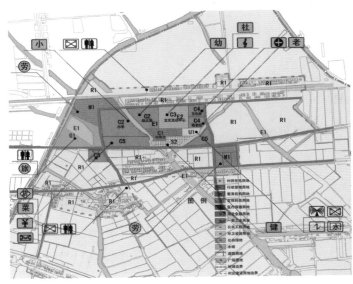

▲ 村庄用地规划图

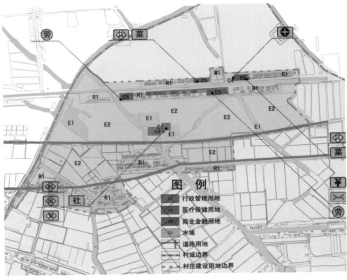

▲ 公共服务设施现状图

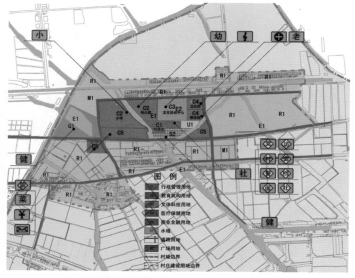

▲ 公共服务设施规划图

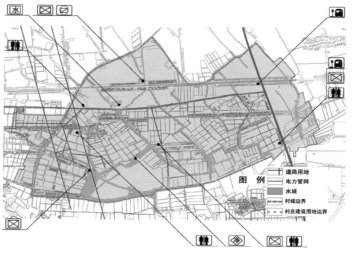

▲ 工程设施现状图

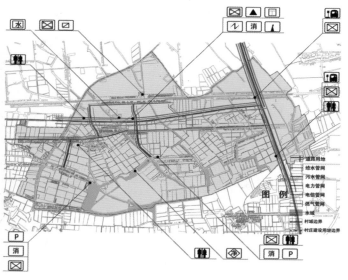

▲ 工程设施规划图

农产品交易市场、农药销售部、饲料售卖点、农机销售部、食品销售部、寿衣部等商业设施主要位于横泾河北侧，沿路布局，以个体经营为主。

2.人均公共服务设施面积

现状人均公共服务设施面积为 11.48m²。

3.存在问题

村委会缺乏足够的场地维护意识，一些设施已损坏；原小学旧址场地空置，缺乏有效管理利用；文化科技用地严重不足，且层次较低，多为棋牌室等，缺乏图书馆、体育活动等设施，难以满足镇区居民日益增长的精神文化需求和日常健身的需要；卫生站用地紧张，发展空间较小。

■ 公共服务设施规划

1.公共服务设施类型、面积

村庄内公共服务设施规划总面积5.87hm²。其中行政管理用地 0.66hm²，教育机构用地 2.10hm²，文体科技用地 1.15hm²，医疗保健用 0.63hm²，商业金融用地 1.33hm²。

2.人均公共服务设施面积

人均公共服务设施面积 26.68m²。

规划评述

规划在村庄中人群最密集、交通最便利的地方，建设公共服务设施建筑。充分利用该地块中村庄现状的两条主干道，并建设南北方向次级干道，使公共服务设施有良好的可达性。规划新建的小学和幼儿园提高了社区的教育水平。并新建了一个大型的、功能齐全的文化活动中心，为村民提供丰富多彩的文化娱乐活动空间，提高其文化和身体素质。

■ 工程设施现状

1.道路交通系统现状

村庄内现有 2 条主干道，皆为单幅双车道，均为水泥路，其他宅间路没有硬化。没有南北方向的次级道路。

2.排水工程系统现状

现状雨水和污水处理设施缺乏，村企产生的大量污水和垃圾对水体已经有一定程度的污染，并不断恶化。

3.给水工程系统现状

村内没有给水管道，村民生活用水主要来自自然水系净化，居民自来水使用率达到100%。农田采用地表水灌溉。

4.电力工程系统现状

现状电力情况为已建成一定规模的电网系统，村民用电方便，通电比例为100%。

5.电信工程系统现状

现状通信和电视普及率较高，100% 户家里有电视，有90% 的农户家中拥有手机，每天都能收听广播。现在所有线路设施均采用架空线路。

6.存在问题

存在问题包括道路硬化率不足 30%，无给水、污水处理设施，电网铺设混乱，存在安全隐患等。

■ 工程设施规划

1. 规划道路交通系统

扩宽两条原有村内主干道至 9m，并增加南北向 2 条支路，使道路形成通达性较好的网格式布局。规划道路时，充分保护了原有的水运交通，合理进行选线布置。

2. 规划给水工程设施

东湖村有发达的自然水系，规划给水以现状水系加净化处理作为主要水源。给水管网沿主要道路敷设，形成环状与枝状相结合的管网系统。

3. 规划排水工程设施

雨水可以就近排入自然水体，并沿主要道路敷设污水管网，集中污水然后做回收处理。

4. 规划电力工程系统

现状供电基本满足生产、生活用电的需求，并已实现联网供电，因此规划无需增设电力供电设施。只是将现有电网按照最新道路规划重新系统、规则地敷设。

5. 规划电信工程系统

规划电信通信线路沿村内主要道路设置，在村委会旁的用地设置电信电缆交接站。

规划评述

东湖村的市政工程设施的规划配置中，电力设施已经比较完善。其他设施以生态化、安全性为原则，合理配置。通过工程设施的规划配置方式，改变农村社区市政工程设施建设相对滞后的现状，改善农村社区环境卫生质量，提高村民的生产和生活水平。

建筑气候Ⅲ区平原平地集中型
——浙江省台州市路桥区方林村社区

1. 类型界定与特征

该类型主要分布于我国Ⅲ类建筑气候区划的省份，主要包括华北平原南部和长江中下游平原地区，涉及上海、江苏、浙江、安徽、福建北部、江西、湖南、湖北、河南南部等主要平原地区。根据统计分析和实地调研，该区域的村庄数量和分布密度是我国最为集中的区域。该类型农村社区用地地势平坦开阔，且一般无河道水网分布。该区域内农村居民点在村庄整体空间布局方面主要呈现为相对集中建设的模式。因此，选取平原平地且相对集中建设的农村社区为其代表类型。

2. 农村社区发展特征及规划目标

该类型农村社区所处的区域横跨了我国东、中部地区，由于地处我国人口较为集中、城镇群数量大、交通条件便捷、经济较为发达的区域，目前其农民人均收入水平整体上较高，多处于我国平均水平或以上。由于地处华北平原南部和长江中下游平原，土地资源丰富，村办工业企业发展势头迅猛，产业类型呈多元化发展特征，农村社区发展受到区域城镇化的影响较大。由于历史原因，农村居民点新旧建筑混杂，传统村落格局和现代发展需要具有一定的矛盾冲突。总体上看，其农村社区生态环境良好，但环境污染压力较大，社区建设用地结构需进一步优化，社区公共服务设施和工程设施仍需配套完善。因此，农村社区规划应在经济发展、社会发展和空间环境建设方面加以全面推进。

3. 典型案例规划要点

该类型的典型案例为浙江省台州市路桥区方林村社区。

（1）农村社区用地优化配置

浙江台州市方林村规划在空间利用上，积极利用方林村独特的区位和交通优势，整合现有的土地空间资源，发展和区位相关联的房地产业，引进商业和商务办公产业，增加三产的经济比重。并扩大方林小区的居住范围，统一新建农村花园住宅与高层住宅。

（2）农村社区公共服务设施配置

方林村公共服务设施主要沿吉利大道两边设置，集中设置一个功能完善、特色鲜明、充满活力的社区中心，与原有的村委会、商店相整合。满足本村居民的生活、娱乐、休闲、健身等多项要求。

（3）农村社区工程设施规划配置

方林村的现状基础设施基本配备完善，新建住宅小区需综合布置电力、电信、给水和排水管网，规划统一设置停车场与垃圾收集点。工程设施的规划将统一纳入路桥区南块市政设施的统一布局中。

浙江省台州市路桥区方林村社区

案例名称：浙江省台州市路桥区方林村社区
设计单位：上海同济城市规划设计研究院城乡社区规划设计研究中心
所属类型：Ⅲ区—平原平地集中型

所处位置

方林村位于浙江省沿海中部，地处丘陵地带，地势平缓。方林村靠近东海海岸，属亚热带季风气候型，气候温和湿润，雨量充沛。

现状基本情况

方林村位于中国股份合作制经济的发源地——台州市路桥区的南大门，村内以方姓及林姓者居多,故取村名为"方林村"。曾经河流水系丰富，农业发展条件较好,然而土地现已多被城市建设所占用。方林村也时常遭受沿海特有天气——台风的侵袭。全村原实有耕地面积50亩，经统一规划之后,目前已作他用。

周边的道路交通情况

村庄南侧为104国道，东侧有75省道，北侧有一飞机场，西侧有河道，交通十分便利。

■ 村庄用地现状

1. 现状人口规模

现状全村户籍人口为1078人，共计270户。村内有大量的外来打工人员，大约有3000外来人口。

第5章 农村社区建设用地优化、公共服务设施及工程设施规划配置图样

2. 现状用地规模

村庄总面积 33.5hm²，其中耕地面积约为 3.33hm²，作为观光农业，种植花卉、葡萄等。村民居住用地为 19.2hm²，占总建设用地的 57.2%。

3. 现状人均建设用地指标

现状人均建设用地面积为 310.76m²。

4. 现状住宅套数

住宅套数：300 套。

5. 现状道路情况

方林村南临 104 国道，村中吉利大道为交通主干道，对外交通便利。

6. 存在问题

方林村的社会经济在中国农村一马当先，但其土地资源紧缺的问题制约着村庄发展。由于与城市道路连接，已经看不到城市与农村的明确界限，成为一种特殊的村庄类型。

■ 村庄用地规划

1. 规划人口规模

规划全村总人口为 2794 人，共计 790 户。

2. 规划建设用地规模

村庄规划建设用地规模为 34.35hm²，其中村民住宅用地规模为 17.47hm²，占总建设用地的 50.43%。

3. 规划人均建设用地指标

规划人均建设用地面积为 123.98m²。

4. 规划住宅套数

住宅套数：790 套。

5. 规划道路情况

现状道路交通便利，规划在现状基础上完善交通设施配备。

规划评述

村庄建设居民住宅考虑底层联立式形式，同时考虑土地集约化布局，规划了高层住宅。公共服务设施力图塑造完善、便捷的社区化服务体系，完善社区工程设施配置，改善和提高村民生活环境质量。

■ 公共服务设施现状

1. 公共服务设施种类、面积

村庄内公共服务设施总面积 3.55hm²。其中行政管理用地 2.70hm²，文体科技用地 0.152hm²，其他公共设施用地 0.64hm²。

2. 人均公共服务设施面积

人均公共服务设施面积 32.93m²。

▲ 区位分析图

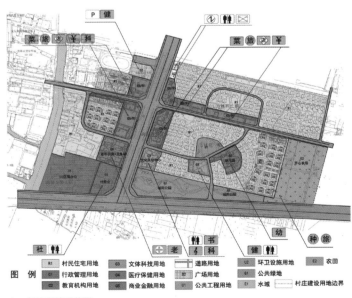

▲ 村庄用地现状图

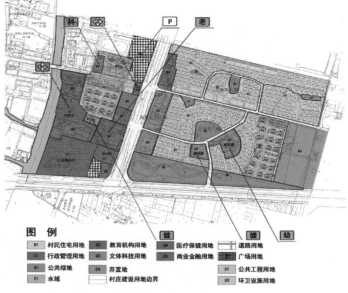

图 例
- R1 村民住宅用地
- C1 行政管理用地
- E1 公共绿地
- E1 水域
- 教育机构用地
- C3 文体科技用地
- E4 弃置地
- 村庄建设用地边界
- C4 医疗保健用地
- C5 商业金融用地
- 道路用地
- 广场用地
- U1 公共工程用地
- U2 环卫设施用地

▲ 村庄用地规划图

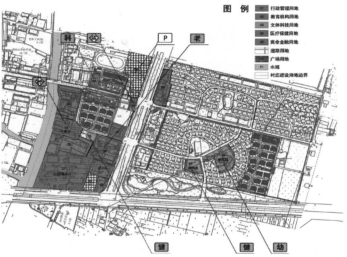

图 例
- 行政管理用地
- 教育机构用地
- 文体科技用地
- 医疗保健用地
- 商业金融用地
- 道路用地
- 广场用地
- E1 水域
- 村庄建设用地边界

▲ 公共服务设施现状图

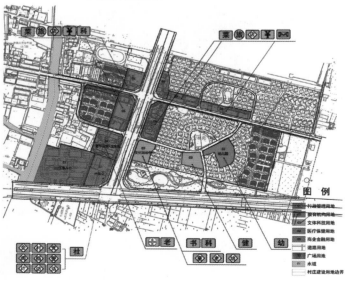

图 例
- 行政管理用地
- 教育机构用地
- 文体科技用地
- 医疗保健用地
- 商业金融用地
- 道路用地
- 广场用地
- E1 水域
- 村庄建设用地边界

▲ 公共服务设施规划图

3.存在问题

村内公共服务设施配置部分有待改进，缺乏教育机构设施、医疗设施，无集中的社区中心，公共设施呈分散布置，难以形成明显的社区中心，村民在日常使用上存在一定的不方便。

■ 公共服务设施规划

1.公共服务设施类型、面积

村庄内公共服务设施总面积 3.55hm²，其中行政管理用地 1.76hm²，文体科技用地 0.23hm²，商业金融用地 1.56hm²。

2.人均公共服务设施面积

人均公共服务设施面积 26.96m²。

规划评述

公共服务设施配套主要沿吉利大道两边设置，集中设置一个功能完善、特色鲜明、充满活力的社区中心，与原有的村委会、商店相整合，满足本村居民的生活、娱乐、休闲、健身等多项要求。

■ 工程设施现状

1.现状道路交通系统

方林村南临 104 国道，村中吉利大道为交通主干道，对外交通便利。

2.现状给水工程系统

村内用水均为自来水。村内自来水使用率已经达到 100%。

3.现状排水工程系统

排水管道为雨污分流，生活污水由管道排入公共管道。

4.现状电力工程系统

电力线路由上级变电所接入，供电已能满足生产、生活用电需求。

5.现状电信工程系统

目前已实现程控电话、有线广播、有线电视网、宽带网络覆盖全村。

6.存在问题

方林村的排污、用水等情况都符合标准化、现代化，配套设施基本完备。

■ 工程设施规划

1.规划道路交通系统

现状道路交通便利，规划在现状基础上完善交通设施配备。

2．规划给水工程设施

现状给水管网配备已满足要求，规划在现状基础上对于管线进行微调。

3．规划排水工程设施

雨水采用明渠方式就近排入自然水体；沿主要道路敷设污水管网，污水汇流入上级污水管网。

4．规划电力工程系统

现状供电基本满足生产、生活用电的需求，并已实现联网供电，因此规划无需增设电力供电设施，只需对现状供电线路做一定的微调。

5．规划电信工程系统

规划电信线路沿村内主要道路设置，在村委会设置电信电缆交接站。规划在远期内实现程控电话的装机率为100%。

规划评述

工程设施的规划配置，是在充分考虑当地实际情况的基础上，以生态化、安全性为原则，合理配置。通过工程设施的规划配置，改变农村社区工程设施建设相对滞后的现状，改善农村社区环境卫生质量、提高村民的生产和生活水平。

▲　工程设施现状图

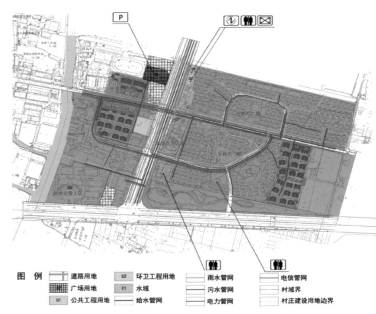

▲　工程设施规划图

建筑气候Ⅲ区平原水网集中型
——安徽省芜湖市大桥镇东梁村社区

1. 类型界定与特征

该类型主要分布于我国Ⅲ类建筑气候区划的省份，主要包括华北平原南部和长江中下游平原地区，涉及上海、江苏、浙江、安徽、福建北部、江西、湖南、湖北、河南南部等主要平原地区。根据统计分析和实地调研，该区域的村庄数量和分布密度是我国最为集中的区域。该类型农村社区用地地势平坦开阔，并有一定比例的河道水网分布，但分布密度一般，村庄布局受河道水系影响相对较小。该区域内农村居民点在村庄整体空间布局方面主要呈现为相对集中建设的模式。因此，选取平原水网且相对集中建设的农村社区为其代表类型。

2. 农村社区发展特征及规划目标

该类型农村社区所处的区域横跨了我国东、中部地区，由于地处我国人口较为集中、城镇群数量大、交通条件便捷、经济较为发达的经济区域，目前其农民人均收入水平整体上较高，多处于我国平均水平左右或以上。由于地处华北平原南部和长江中下游平原，土地资源丰富，水产养殖发达，农业生产水平整体上较好，村办工业企业发展势头迅猛，产业类型呈多元化发展特征，农村社区发展受到区域城镇化的影响较大。由于历史原因，农村居民点新旧建筑混杂，传统村落格局和现代发展需要具有一定的矛盾冲突。总体上看，其农村社区生态环境良好，但环境污染压力较大，社区建设用地结构需进一步优化，社区公共服务设施和工程设施仍需配套完善。因此，农村社区规划应在经济发展、社会发展和空间环境建设方面加以全面推进。

3. 典型案例规划要点

该类型的典型案例为安徽省芜湖市大桥镇东梁村社区。

（1）农村社区用地优化配置

东梁村通过政策引导和农村社区建设的推进，设置一个主要村庄与三个居民点。将原先东梁村较为分散的居民点向村庄大力迁移。同时加大天门山旅游区的开发力度，将东梁村建设为服务天门山景区的高品质旅游接待中心与古镇观光景区。

在村庄建设中，对于作为重要的民俗古村的原大信村进行保留，同时开发相关的旅游产业。在规划村庄范围内新建村民住宅与度假区，既为当地的居民提供居住空间同时又提升天门山的旅游产品及市场形象。

（2）农村社区公共服务设施配置

公共服务设施建筑结合东梁村规划的两条主要道路交叉口集中建设。新建社区中心和幼儿园、老人院，结合主干道沿路设置商业街，为游客提供具有地方特色的旅游商业服务设施，提升旅游服务功能。同时完善和提高社区服务水平。通过规划塑造出一个功能完善、特色鲜明、充满活力的社区中心。

（3）农村社区工程设施规划配置

东梁村市政工程设施的规划，以生态化、安全性为原则，同时考虑东梁村实际基础设施建设情况，合理配置，以达到改善农村社区环境卫生质量，提高村民的生产和生活水平的目标。

安徽省芜湖市大桥镇东梁村社区

案例名称：安徽省芜湖市大桥镇东梁村社区
设计单位：上海同济城市规划设计研究院城乡社区规划设计
　　　　　　研究中心
所属类型：Ⅲ区—平原水网集中型

所处位置

东梁社区位于安徽省芜湖市鸠江区大桥镇西北角，属于芜湖市天门山的旅游区所在地，濒临长江黄金通道。

现状基本情况

东梁社区村域面积为 436hm²，总人口为 3387 人，总户数为 1578 户。属平原地区，且少有大灾，土地资源丰富。

区位分析图　▶

芜湖市天门山由东、西梁山组成，2008 年东梁村成立了天门山旅游开发区管理委员会，创建国家级 4A 景区。大信村位于东梁村西南角，是村域范围最大的自然村，作为民俗文化被保留下来。

2008 年，东梁村从体制上完成了村委改居委，改称东梁社区。在现状情况上，东梁村仍保有大量的宅基地与基本农田，居民以村庄居民为主。

周边的道路交通情况

东梁社区濒临长江黄金通道，并紧邻 205 国道。陆路与水陆交通十分方便。

■ 村域用地现状

1. 现状人口规模

2009 年东梁村现状户籍人口为 3387 人，总户数为 1578 人，外来人口较少。其中劳动力人口为 1945 人，主要从事务农与务工。男女比例为 102：100。

2. 现状用地规模

东梁村村域面积为 436hm²，其中村庄建设用地总面积为 44hm²，基本农田 80hm²，渔业养殖用地 20.3hm²。

全村有四家工业企业，村民主要就业于周边工业企业。

3. 现状住宅套数

现状住宅套数 1578 套。

4. 现状道路情况

东梁村主要道路为方格网布局，总里程 15km，距离 205 国道 5km，与城市联系较方便。

5. 存在问题

现状村域居民点较分散，不利于公共设施的统一配置，此外村域公共服务设施配备不完善，有待提升。

■ 村庄用地现状

1. 现状人口规模

现状全村人口为 1319 人。

2. 现状用地规模

现状村庄建设用地规模为 18.26hm²，其中村民住宅用地规模为 14.80hm²，占总建设用地的 81%。

3. 现状住宅套数

住宅套数：597 套。

4. 现状道路情况

东梁村内道路总里程 15km，硬化率 100%，道路通畅，路网密度适中，村内主要道路为方格网结构，支路形制较为自由。

5. 存在问题

村民住宅建设无规划指导、管理，住宅布局略显无序。道路弯曲狭窄，不利于消防。公共设施待完善，缺少公用绿地和公共活动场所。

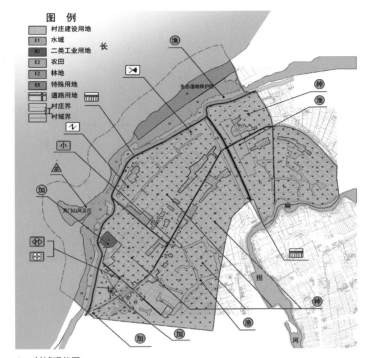

▲ 村域现状图

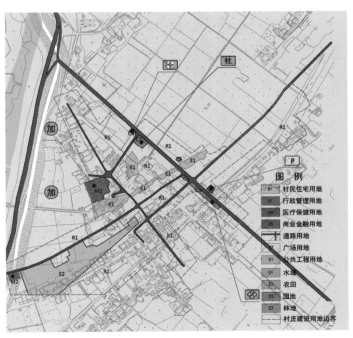

▲ 村庄现状图

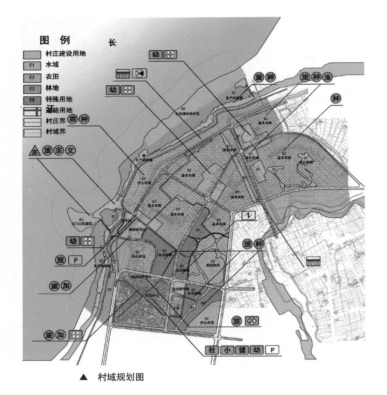

▲ 村域规划图

■ 村域用地规划

1. 规划人口规模
规划全村总人口为 5440 人，共计 1500 户。

2. 规划建设用地规模
村域总面积 436hm²，其中村庄规划建设用地面积 68hm²，占村域总面积的 15.40%。

3. 规划人均建设用地指标
人均村庄建设用地面积 110.80m²，人均居住用地面积 66.60m²，人均公共服务设施面积 18.20m²。

4. 规划住宅套数
住宅套数：1600 套。

5. 规划道路情况
依据芜湖市经济开发区总体规划中路网格局的规定，对东梁村村域范围的路网进行了较大的变动与调整。

规划评述

通过政策引导和农村社区建设的推进，设置一个主要村庄与三个居民点。将原先东梁村较为分散的居民点向村庄大力迁移。同时加大天门山旅游区的开发力度，将东梁村建设为服务天门山景区的高品质旅游接待中心与古镇观光景区。

■ 村庄用地规划

1. 规划人口规模
规划全村总人口为 3098 人，共计 939 户。

2. 规划建设用地规模
村庄规划建设用地规模为 34.08hm²，其中村民住宅用地规模为 20.52hm²，占总建设用地的 66%。

3. 规划住宅套数
住宅套数：1000 套。

4. 规划道路情况
保留原主街的道路红线宽度，在东西方向新建小区内的主路，同时增加居住区内支路密度。

规划评述

对于作为重要的民俗古村的原大信村进行保留，作为重要的旅游景区进行开发。在规划村庄范围内开发村民住宅与度假区。既为当地的居民提供住宿空间同时又提升天门山的旅游产品及市场形象。在新旧村落节点处设置集聚的社区公共服务设施，为村庄居民提供功能完善、特色鲜明、充满活力的社区中心。

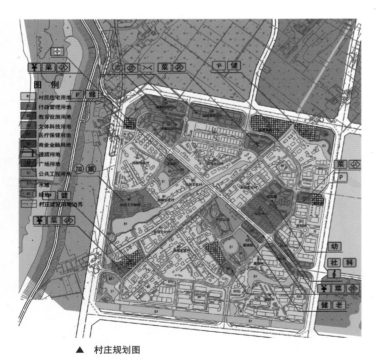

▲ 村庄规划图

■ 公共服务设施现状

1. 公共服务设施种类、面积

村庄内公共服务设施总面积 0.21hm²。其中行政管理用
地 0.04hm²，医疗保健用地 0.04hm²，商业金融用地 0.16hm²。

2. 人均公共服务设施面积

人均公共服务设施面积 1.60m²。

3. 存在问题

村内公共服务设施配置十分欠缺，缺乏教育机构设施。
公共设施呈分散布置，难以形成明显的社区中心，村民在日
常使用上存在一定的不方便。

■ 公共服务设施规划

1. 公共服务设施类型、面积

村庄内公共服务设施总面积 5.68hm²。其中行政管理用
地 0.66hm²，教育机构用地 0.71hm²，文体科技用地 0.28hm²，
医疗保健用地 0.04hm²，商业金融用地 3.92hm²。

2. 人均公共服务设施面积

人均公共服务设施面积 18.20m²。

规划评述

公共服务设施建筑结合东梁村规划的两条主要道路交
叉口集中建设。新建社区中心和幼儿园与老人院，结合主
干道沿路设置商业街，为游客提供具有地方特色的旅游商
业服务设施，提升旅游服务功能。完善和提高社区服务水平。
通过规划塑造出一个功能完善、特色鲜明、充满活力的社
区中心。

■ 工程设施现状

1. 现状道路交通系统

村内主要道路为方格网结构，支路形制较为自由。距
205 国道约 5km，与城市的联系较为方便。

2. 现状给水工程系统

村庄给水管道已接入城市管网，由芜湖市统一供水，全
村自来水覆盖率达到 100%，水源水质良好。

3. 现状排水工程系统

东梁村的排水系统尚未完善，村庄范围内并无排水管道，
污水由村民自行排放，多向户外沟塘排放或随意倾倒。

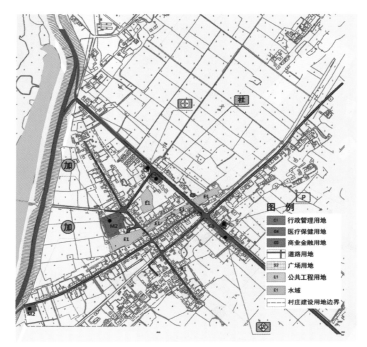

▲ 公共服务设施现状图

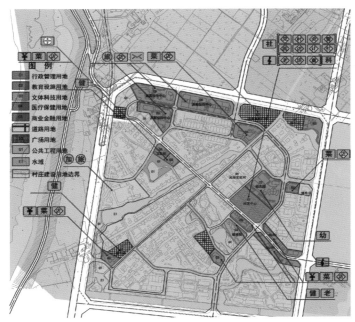

▲ 公共服务设施规划图

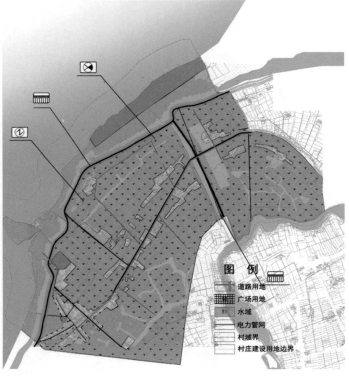

▲ 工程设施现状图

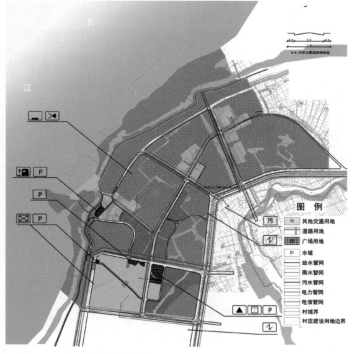

▲ 工程设施规划图

4. 现状电力工程系统

全村通电比例为100%，由芜湖经济技术开发区电网供电，村内总容量2500MW。

5. 现状电信工程系统

村内有线电视信号覆盖率为100%，维护费用每年156元／户，村民日常以看电视居多，少有人听广播。

6. 存在问题

东梁村工程设施配置尚不够完善，村内排水设施状况有待改善，环卫设施建设需大力改进建设。

■ 工程设施规划

1. 规划道路交通系统

依据芜湖市经济开发区总体规划中路网格局的规定，对东梁村村域范围的路网进行了较大的变动与调整。新建东西与南北方向的城市主干道各一条。

2. 规划给水工程设施

因道路大面积调整，对给水水网进行统一规划，形成环状与枝状相结合的管网系统。

3. 规划排水工程设施

雨水采用明渠方式就近排入自然水体；沿主要道路敷设污水管网，污水统一汇入东梁村东侧的污水处理厂。

4. 规划电力工程系统

规划新建两所110kV变电站，10kV及以上电缆线路全部采用电缆暗敷方式，沿道路东侧和南侧直埋，在主要线路通道和线路密集处采用电缆隧道或排管敷设。

5. 规划电信工程系统

规划电信线路沿村内主要道路设置，在村委会设置电信电缆交接站、邮政所。

规划评述

东梁村工程设施规划以生态化、安全性为原则，同时考虑东梁村实际基础设施建设情况，合理配置，以达到改善农村社区环境卫生质量、提高村民的生产和生活水平的目标。

建筑气候III区丘陵坡地组团型
——浙江省安吉县畈山乡尚书垓村社区

1. 类型界定与特征

该类型主要分布于我国III类建筑气候区划的省份，主要涉及浙江、安徽、福建北部、江西、湖南、湖北、河南南部等区域内的丘陵地区。根据统计分析和实地调研，该区域的村庄数量和分布密度是我国相对较为集中的区域，但受地形影响，其数量分布密度相比该区域内平原地区的数量较少。该类型农村社区用地地势变化较大。区域内农村居民点在村庄整体空间布局方面主要呈现为成组成团建设的模式。因此，选取丘陵坡地且组团建设的农村社区为其代表类型。

2. 农村社区发展特征及规划目标

该类型农村社区所处的区域横跨了我国东、中部地区，由于地处我国人口较为集中、城镇群数量大、经济较为发达的经济区域，目前其农民人均收入水平整体上较高，多处于我国平均水平左右或以上。由于受地形条件所限，传统农业经济发展规模有限，而特色种植等地方产业优势明显。由于区位交通条件相对便捷，村办工业企业发展势头迅猛，产业类型呈多元化发展特征，农村社区发展受到区域城镇化的影响较大。总体上看，其农村社区生态环境较好，但环境污染威胁较大，社区建设用地结构需进一步优化，社区公共服务设施和工程设施仍需配套完善。因此，农村社区规划应在经济发展、社会发展和空间环境建设方面加以全面推进。

3. 典型案例规划要点

该类型的典型案例为浙江省安吉县畈山乡尚书垓村社区。

（1）农村社区用地优化配置说明

充分利用尚书垓村良好的自然景观和人文资源，大力发展乡村生态旅游产业和文化旅游产业，规划设置低碳农耕体验区—棋盘山风景旅游区、状元山竹文化体验区—吊水岭瀑布观光旅游区、农耕文化体验区、白茶文化体验区、开心农场和尚书文化教育基地等观光旅游项目。

对现状住宅组团进行梳理，在现有村庄住宅组团西侧扩展村庄建设用地，建设多层联排式住宅。加强设施之间的联系，塑造功能完善，特色鲜明的社区中心。

（2）农村社区公共服务设施配置说明

在东西两个住宅组团之间现有公共服务设施的基础上，新建各类公共服务设施。新建幼儿园、社区商业服务设施、旅游接待中心等公共服务设施，加强与现有公共服务设施之间的联系。塑造形成功能完善、界面连续、特色鲜明的社区中心。同时，规划围绕社区中心布置社区公园和各种户外健身活动场地，吸引村民活动，形成景色优美、富有活力的社区中心。

（3）农村社区工程设施规划配置说明

在充分考虑当地实际情况的基础上，以生态化、安全性为原则，合理配置。通过规划，改变村庄市政工程设施落后的现状，改善农村社区环境卫生质量，提高村民的生产和生活水平。

浙江省安吉县畈山乡尚书垓村社区

案例名称： 浙江省安吉县畈山乡尚书垓村社区
设计单位： 上海同济城市规划设计研究院城乡社区规划设计
研究中心
所属类型： III区—丘陵坡地组团型

所处位置

尚书垓村位于畈山乡西北部，东临畈山场村，南接孝丰镇白杨村，西邻鄣吴镇上堡村，北接鄣吴镇上吴村。

现状基本情况

本村是典型的山区村庄，地势北高、南低、东高、西高，中间为小山冲，年平均气温 15.6℃，平均降水量 1353mm，属亚热带季风气候。

区位分析图 ▶

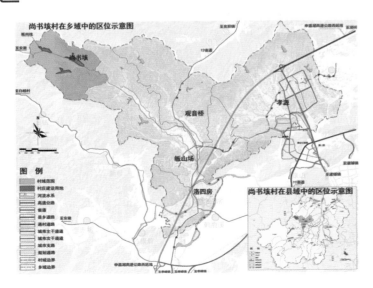

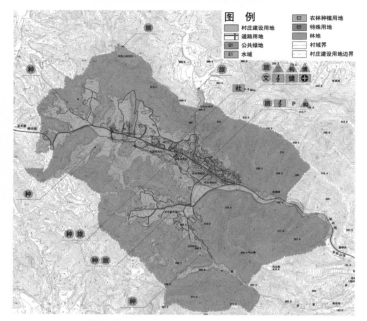

▲ 村域用地现状图

▲ 村庄用地现状图

周边的道路交通情况

通过穿村而过的畈尚线将尚书垓村与外界连通起来，向西连接安吉鄣吴县和安徽，向东连接孝丰镇、塘浦开发区和县城递铺镇，并与龙王山省级自然保护区、赋石水库、老石坎水库组成同条旅游线路。上书该村距离镇区 7km，距离县城递铺镇 18km。

■ 村域用地现状

1. 现状人口规模

尚书垓村现辖尚书垓、油坊、南坞里 3 个基层村，共 312 户，总人口 1143 人。

2. 现状用地规模

村域面积：545.7hm^2。

村域内村庄建设用地：22.9m^2。

耕地面积：54.1hm^2。

林地面积：468.7hm^2。

其中竹林 446.7hm^2，茶园 22hm^2。

3. 现状人均建设用地指标

现状人均建设用地为 200.3m^2。

其他具体数据详见村庄用地现状。

■ 村庄用地现状

1. 现状人口规模

村庄现有 530 人。

2. 现状用地规模

该处现状建设用地规模为 13.92hm^2，其他用地面积 31.13hm^2。

3. 现状人均建设用地指标

人均村庄建设用地面积：263m^2。

人均居住用地：170m^2。

人均公建面积：13.2m^2。

4. 现状道路情况

乡道畈尚线由西至东穿越全村，西接安徽省，东接乡政府所在地畈山场村。

5. 存在问题

该村现状人均建设用地面积偏大。用地性质以村民住宅用地为主，公共服务设施与绿化用地较少。公共服务设施和工程设施（含综合防灾）服务水平有待提高。

■ 村域用地规划

1. 规划用地规模

村域面积 545.7hm^2，其中建设用地面积 16.4hm^2，耕地 60.6hm^2；林地 468.7hm^2，其中竹林 446.7hm^2，茶园 22hm^2。

2. 规划道路情况

乡道皈尚线由西至东穿越全村，西接安徽省，东接乡政府所在地皈山场村。

其他具体数据详见村庄用地规划。

规划评述

为实现农村社区的集约化发展和公共服务设施的集约化布局，规划将油坊村和南坞里作为尚书垓村发展乡村生态旅游的服务区。

规划充分利用尚书垓村良好的自然景观和人文资源，大力发展乡村生态旅游产业和文化旅游产业，规划设置低碳农耕体验区、棋盘山风景旅游区、状元山竹文化体验区、吊水岭瀑布观光旅游区、农耕文化体验区、白茶文化体验区、开心农场和尚书文化教育基地等观光旅游项目。

■ 村庄用地规划

1. 规划人口规模

尚书垓村规划人口 1500 人。

2. 规划用地规模

村庄面积 44.3hm²，其中建设用地面积 16.4hm²，水域 1.4hm²，特殊用地 0.66hm²，农家乐项目用地 25.85hm²。

3. 规划人均建设用地指标

人均建设用地：109.5m²。

人均居住用地：68.8m²。

人均公共设施用地：9.4m²。

4. 规划道路情况

乡道皈尚线由西至东穿越全村，西接安徽省，东接乡政府所在地皈山场村。针对村庄居住组团内部的道路，在梳理现状道路基础上，充分尊重地形条件，合理选线布置。

规划评述

规划对现状住宅组团进行梳理，内部填充，通过对现状地形条件的分析，在现有村庄住宅组团西侧合理选取村庄扩展建设用地，建设多层联排式住宅。在东西两个住宅组团之间的现有公共服务设施的基础上，新建各类公共服务设施，加强现有设施之间的联系，塑造功能完善、特色鲜明的社区中心。

■ 公共服务设施现状

1. 公共服务设施种类、面积

村庄内公共服务设施总面积 0.77hm²。

其中行政管理用地 0.12hm²。

教育机构用地 0.06hm²。

文体科技用地 0.44hm²。

医疗保健用地 0.04hm²。

商业金融用地 0.11hm²。

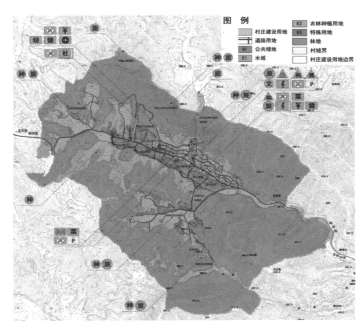

▲ 村域用地规划图

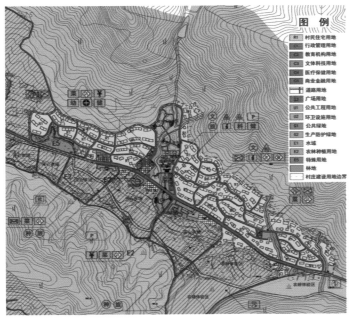

▲ 村庄用地规划图

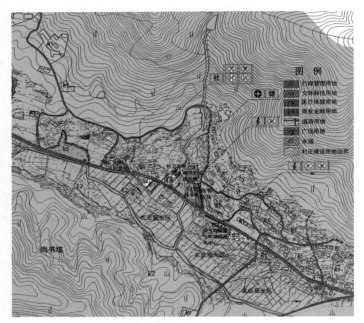

▲ 公共服务设施现状图

2. 人均公共服务设施面积

人均公共服务设施面积为 6.74m^2。

3. 存在问题

现状公共服务设施总量及人均公共服务设施面积偏低，设施种类不够齐全。设施分布相对分散,相互之间联系性较弱，社区中心感不足。

■ 公共服务设施规划

1. 公共服务设施种类、面积

村庄内公共服务设施规划总面积 1.41hm^2。

其中行政管理用地 0.15hm^2。

教育机构用地 0.06hm^2。

文体科技用地 0.52hm^2。

医疗保健用地 0.04hm^2。

商业金融用地 0.71hm^2。

2. 人均公共服务设施面积

规划公共服务设施面积为 9.4m^2／人。

规划评述

规划保留原有公共服务设施，围绕村庄中心现有公共设施新建幼儿园、社区商业服务设施、旅游接待中心等公共服务设施，加强现有公共服务设施之间的联系。塑造形成功能完善、界面连续、特色鲜明的社区中心。同时，规划围绕社区中心布置社区公园和各种户外健身活动场地，吸引村民活动，形成景色优美、富有活力的社区中心。

■ 工程设施现状

1. 道路现状情况

村对外交通主要依靠过境乡道阪尚线，道路红线宽度为5m，村庄内道路无明显分级，宽度为 3m 左右。

2. 现状给水情况

给水未成系统，可靠性不高。

3. 现状排水情况

基本没有排水设施，以就近排放为主，生活污水没有经过严格处理。

4. 现状电力工程系统

供电电源由孝丰变电所10kV 出线供给。

▲ 公共服务设施规划图

5. 现状电信工程系统

该村的广播电视普及率现状为 99%。

6. 存在问题

该村工程设施配置不够完善，村内环境卫生状况有待改善，综合防灾水平需要提高。

■ 工程设施规划

1. 规划道路交通系统

扩宽现状皈尚线至 7m，组团内部道路充分考虑地势合理布置，主要道路为 5m 宽，次要道路为 3.5m 宽。沿皈尚线在村头和社区中心处设置两处公交站点。

2. 规划给水工程设施

规划城西水厂为村庄的主要给水水源，吊水岭水库为村庄备用水源，村头设置给水泵站和供水站。

3. 规划排水工程设施

规划沿山体设置截洪沟，保障农村社区的安全。雨水就近经明渠排放至自然水体。沿皈尚线设置污水主管，主要道路设置污水支管，污水经分区收集后统一排放并进行生态净化处理。

4. 规划电力工程设施

供电电源由孝丰变电所 10kV 出线供给，村头设置变电站，供电线路沿皈尚线和主要道路架空设置。

5. 规划电信工程设施

规划电信主干线沿皈尚线和主要道路架空设置，在村委会设置电信电缆交接站。

规划评述

市政工程设施的规划配置，在充分考虑当地实际情况的基础上，以生态化、安全性为原则，合理配置。通过规划，改变村庄市政工程设施落后的现状，改善农村社区环境卫生质量，提高村民的生产和生活水平。

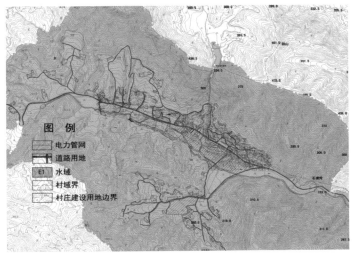

▲ 工程设施现状图

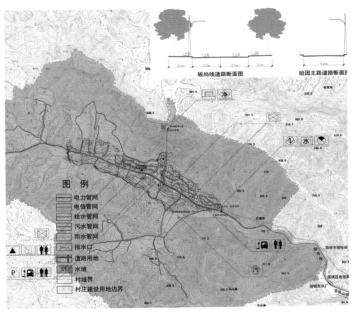

▲ 工程设施规划图

建筑气候III区丘陵坡地集中型
——浙江省丽水市遂昌县红星坪村社区

1. 类型界定与特征

该类型主要分布于我国III类建筑气候区划的省份，主要涉及浙江、安徽、福建北部、江西、湖南、湖北、河南南部等区域内的丘陵地区。根据统计分析和实地调研，该区域的村庄数量和分布密度是我国相对较为集中的区域，但受地形影响，其数量分布密度相比该区域内平原地区的数量较少。该类型农村社区用地地势变化相对较大，但由于农村社区人口规模相对较小，区域内农村居民点在村庄整体空间布局方面主要呈现为集中建设的模式。因此，选取丘陵坡地且集中建设的农村社区为其代表类型。

2. 农村社区发展特征及规划目标

该类型农村社区所处的区域横跨了我国东、中部地区，由于地处我国人口较为集中、城镇群数量大、经济较为发达的经济区域，目前其农民人均收入水平总体上较高，多处于我国平均水平左右或以上。由于受地形条件所限，传统农业经济发展规模有限，而特色种植等地方产业优势明显；由于区位交通条件相对便捷，村办工业企业发展势头迅猛，产业类型呈多元化发展特征，农村社区发展受到区域城镇化的影响较大。总体上看，其农村社区生态环境较好，但环境污染威胁较大，社区建设用地结构需进一步优化，社区公共服务设施和工程设施仍需配套完善。因此，农村社区规划应在经济发展、社会发展和空间环境建设方面加以全面推进。

3. 典型案例规划要点

该类型的典型案例为浙江省丽水市遂昌县红星坪村社区。

（1）农村社区建设用地优化配置

规划将麻车坪自然村逐步向红星坪自然村迁并，发展麻车坪为红星坪的生态农业旅游服务区。住宅用地以改建为主，在现状闲置地集中新建多层村民住宅。充分利用红星坪村良好的自然景观资源和温泉资源，发展乡村生态旅游产业和温泉度假产业。规划设置开心农场、农耕体验区、茶文化体验园、渔夫体验区和温泉度假村等旅游项目。

（2）农村社区公共服务设施配置

结合现状温泉度假村，在两条主要道路交叉口集中建设公共服务设施。新建游客接待中心和旅游服务中心，完善旅游服务功能。新建社区中心和幼儿园，完善和提高社区服务水平。规划塑造功能完善、特色鲜明、充满活力的社区中心。结合社区居住组团合理布置村民活动广场和健身场地，组织丰富多彩的村民户外文化活动。

（3）农村社区工程设施规划配置

在充分考虑当地实际情况的基础上，以生态化、安全性为原则，合理配置工程设施，改变农村社区工程设施建设相对滞后的现状，改善农村社区环境卫生质量，提高村民的生产和生活水平。

浙江省遂昌县红星坪村社区

案例名称： 浙江省遂昌县红星坪村社区
设计单位： 上海同济城市规划设计研究院城乡社区规划设计研究中心
所属类型： III区—丘陵坡地集中型

所处位置

红星坪村位于湖山乡的西部，东连大坪头村，南接桐梗寺村，西毗大溪边村，北邻北坞村。

现状基本情况

全村共计90户，311人。5个生产队，拥有劳动力204人。所在山地属武夷山系霉岭分支，地势较险，三面环水。总面积173.76hm²。下辖2个自然村（红星坪村、麻车坪村）。

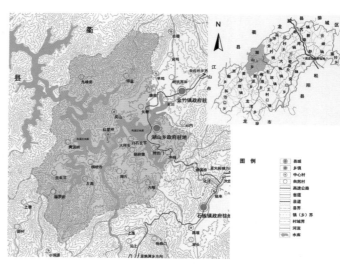

▲ 区位分析图

红星坪村属中亚热带季风气候，四季分明，雨量充沛。村域范围内拥有丰富的水库、耕地、林地、萤石资源和良好的山水景观资源。

红星坪村经济类型多样。河流用于渔业养殖；部分林地开发为板栗基地；萤石资源已进行开采利用；村民利用当地的山水资源开发农家乐、渔家乐等生态旅游项目。

周边的道路交通情况

目前湖山至琴淤公路穿村而过，交通便利。红星坪村距离湖山乡政府驻地 11km。

■ 村域用地现状

1. 现状人口规模

现状全村总人口为 311 人，共计 90 户。其中红星坪自然村 225 人，麻车坪自然村为 86 人。

2. 现状用地规模

村域总面积 173.76hm²，其中现状村庄建设用地面积 6.78hm²（包含麻车坪村部分 1.37hm²），占村域总面积的 3.90%。

生产防护绿地面积 24.05hm²，农田面积 24.89hm²，园地面积 68.87hm²，林地面积 14.60hm²，道路用地面积 2.75hm²，闲置地面积 0.60hm²，水域和其他用地面积 31.22hm²。

3. 现状人均建设用地指标

人均村庄建设用地面积 218.01m²，人均居住用地面积 149.52m²，人均公共服务设施面积 33.44m²。

4. 现状住宅套数

住宅套数：90 套。

5. 现状道路情况

湖山至琴淤公路穿村而过，对外交通便利。

6. 存在问题

教育机构设施缺乏，儿童就学不方便；环卫市政工程设施尚待完善；缺少公共绿地和公共活动场地，影响居民日常生活。

■ 村庄用地现状

1. 现状人口规模

现状全村人口为 225 人，共计 65 户。

2. 现状用地规模

现状村庄建设用地规模为 5.41hm²，其中村民住宅用地规模为 3.45hm²，占总建设用地的 63.77%。

3. 现状人均建设用地指标

人均建设用地：240.44m²。

人均居住用地：153.33m²。

人均公共设施用地：48.44m²。

4. 现状住宅套数

住宅套数：65 套。

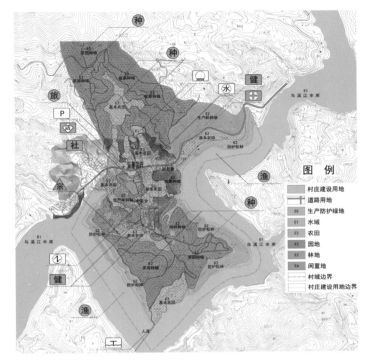

▲ 村域用地现状图

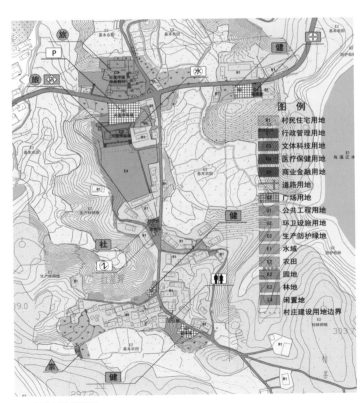

▲ 村庄用地现状图

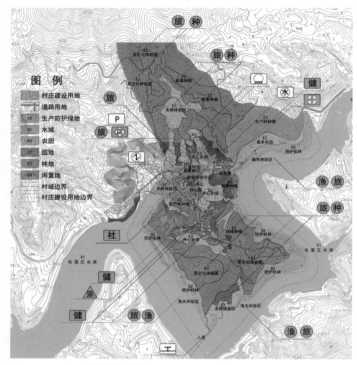

▲ 村域用地规划图

▼ 村庄用地规划图

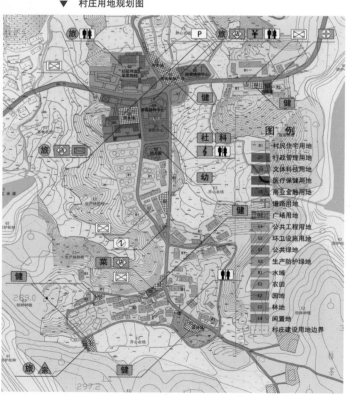

5．现状道路情况

湖山至琴淤公路穿村而过。住宅组团内部道路弯曲狭窄，不利于消防。

6．存在问题

村民住宅建设无规划指导、管理，住宅布局略显无序。道路弯曲狭窄，不利于消防。环卫市政工程设施尚待完善，缺少公用绿地和公共活动场地，需要进一步改善。

■ 村域用地规划

1．规划建设用地规模

村域总面积 173.76hm²，其中村庄规划建设用地面积 7.64hm²，占村域总面积的 4.40%。

2．规划人均建设用地指标

人均村庄建设用地面积 152.80m²，人均居住用地面积 82.60m²，人均公共服务设施面积 39.20m²。

其他具体数据详见村庄用地规划。

规划评述

通过政策引导和农村社区建设的推进，将属于麻车坪自然村现有的 89 个村民逐向红星坪自然村迁并，将麻车坪发展为红星坪村的生态农业旅游服务区。

规划充分利用红星坪村良好的自然景观资源和温泉资源，大力发展乡村生态旅游产业和温泉度假产业。规划设置开心农场、农耕体验区、茶文化体验园、渔夫体验区和温泉度假村等旅游项目。

■ 村庄用地规划

1．规划人口规模

规划全村总人口为 500 人，共计 145 户。

2．规划建设用地规模

村庄规划建设用地规模为 7.64hm²，其中村民住宅用地规模为 4.13hm²，占总建设用地的 54.06%。

3．规划人均建设用地指标

人均建设用地：158.8m²。

人均居住用地：82.6m²。

人均公共设施用地：41.2m²。

4．规划住宅套数

住宅套数：145 套。

5．规划道路情况

扩宽湖山至琴淤公路至 7.5m；社区内部道路在充分尊重现状道路情况的基础上，根据地势条件合理设置，增强社区各地块的可达性。

规划评述

原有住宅用地原则上以改建为主，在现状闲置地集中新建多层村民住宅。公共服务设施建筑结合现状红星坪温泉度假村在两条主要道路交叉口集中建设，塑造功能完善、特色鲜明、充满活力的社区中心。完善社区工程设施配置，改善和提高村民生活环境质量。

■ 公共服务设施现状

1. 公共服务设施种类、面积

村庄内公共服务设施总面积1.04hm²。其中行政管理用地0.04hm²，文体科技用地0.72hm²，医疗保健用地0.04hm²，商业金融用地0.24hm²。

2. 人均公共服务设施面积

人均公共服务设施面积46.22m²。

3. 存在问题

村内公共服务设施配置欠完善，缺乏教育机构设施。公共设施呈分散布置，难以形成明显的社区中心，村民在日常使用上存在一定不方便。

■ 公共服务设施规划

1. 公共服务设施类型、面积

村庄内公共服务设施规划总面积1.96hm²。其中行政管理用地0.17hm²，教育机构用地0.14hm²，文体科技用地0.79hm²，医疗保健用地0.04hm²，商业金融用地0.82hm²。

2. 人均公共服务设施面积

人均公共服务设施面积39.20m²。

规划评述

公共服务设施建筑结合现状红星坪温泉度假村在两条主要道路交叉口集中建设。新建游客接待中心和旅游服务中心，完善旅游服务功能。新建社区中心和幼儿园，完善和提高社区服务水平。

通过规划塑造出一个功能完善、特色鲜明、充满活力的社区中心。同时，结合社区居住组团合理布置村民活动广场和健身场地，组织丰富多彩的村民户外文化活动。

■ 工程设施现状

1. 现状道路交通系统

湖山至琴溪公路穿村而过，对外交通便利，住宅组团内部道路弯曲狭窄，不利于消防。

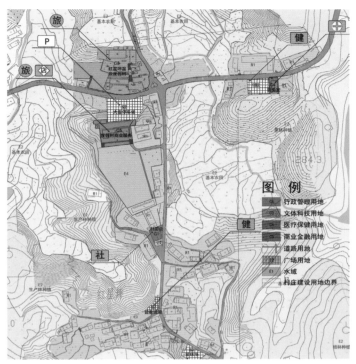

▲ 公共服务设施现状图

▼ 公共服务设施规划图

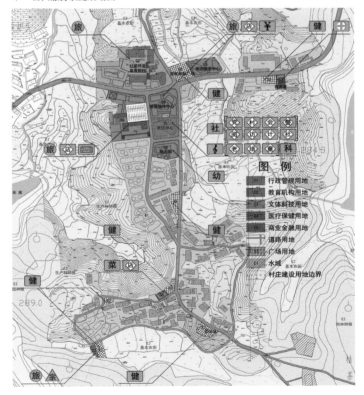

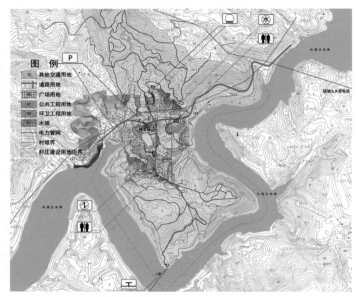

▲ 工程设施现状图

2. 现状给水工程系统

村内尚未建成集中供水管网系统，村民饮水从湖中或山上取水，水质、水量均无法保障。

3. 现状排水工程系统

红星坪村地势北高南低，落差对排水十分有利，排水直接排到湖内。

4. 现状电力工程系统

红星坪村电力线路由湖山乡变电所接入，供电已能基本满足生产、生活用电需求。

5. 现状电信工程系统

红星坪村目前已实现程控电话、有线广播、有线电视网覆盖全村。

6. 存在问题

红星坪村工程设施配置尚不够完善，村内环境卫生状况有待改善，综合防灾水平需要提高。

■ 工程设施规划

1. 规划道路交通系统

扩宽湖山至琴淤公路至 7.5m；社区内部道路在充分尊重现状道路情况的基础上，根据地势条件合理设置，增强社区各地块的可达性。

2. 规划给水工程设施

规划给水以现状井水通过加强净化处理作为村庄主要水源，水库作为备用水源。给水管网沿主要道路敷设，形成环状与枝状相结合的管网系统。

3. 规划排水工程设施

雨水采用明渠方式就近排入自然水体；沿主要道路敷设污水管网，污水分区收集进行生态化处理。

4. 规划电力工程系统

现状供电基本满足生产、生活用电的需求，并已实现联网供电，因此规划无需增设电力供电设施，只需对现状供电线路做一定的微调。

5. 规划电信工程系统

规划电信线路沿村内主要道路设置，在村委会设置电信电缆交接站。规划在远期内实现程控电话的装机率为100%。

规划评述

市政工程设施的规划配置，是在充分考虑当地实际情况的基础上，以生态化、安全性为原则，合理配置。通过工程设施的规划配置，改变农村社区市政工程设施建设相对滞后的现状，改善农村社区环境卫生质量，提高村民的生产和生活水平。

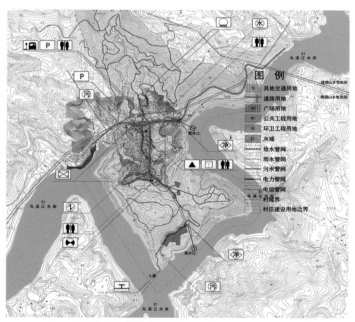

▲ 工程设施规划图

建筑气候Ⅲ区山地坡地分散型
——重庆市铜梁县河东村社区

1. 类型界定与特征

该类型主要分布于我国Ⅲ类建筑气候区划的省份，主要包括华北平原和长江中下游平原西部的山区，主要涉及浙江、安徽、福建北部、江西、湖南、湖北、四川、重庆等主要山地地区。根据统计分析和实地调研，该区域的村庄数量和分布密度一般，但考虑到山地因素，则人口密度仍然较大。该类型农村社区用地地势变化大，坡度较高，建设条件非常复杂，建设用地规模极为有限。农村居民点在村庄整体空间布局方面主要呈现为因地制宜、分散建设的模式。因此，选取山地坡地且分散建设的农村社区为其代表类型。

2. 农村社区发展特征及规划目标

该类型农村社区所处的区域横跨了我国东、中、西部地区，由于土地资源匮乏，并受到交通条件限制，农村经济发展水平有限，其农民人均收入水平整体上差距较大，部分地区处于我国平均水平以下。然而，由于山地特色资源丰富，地方特色产业经济优势明显，潜力较大。产业类型呈多元化发展特征。总体上看，其农村社区生态环境良好，但环境污染压力较大，社区建设用地结构亟待优化，社区公共服务设施和工程设施急需配套完善。因此，农村社区规划应在经济发展、社会发展和空间环境建设方面加以全面推进。

3. 典型案例规划要点

该类型的典型案例为重庆市铜梁县河东村社区。

（1）农村社区用地优化配置

根据村庄地形坡度特点，将村域划分为半径200～300m、步行距离5分钟左右的四个服务片区，并在各级公共服务设施用地旁结合地形，设置发展备用地，供未来村庄集聚发展之用。规划保留了多数居民点和砖厂。

（2）农村社区公共服务设施配置

沿主干道设置主要公共服务设施，主干道以北三个服务片区设置次级公共服务设施。片区级服务中心主要依托现状进行改造和扩建，新增文化活动室、放心店等满足居民日常生活需求的设施。保留现状两所小学并扩建。在入口处结合河东寺设置旅游接待服务中心。

（3）农村社区工程设施规划配置

对现状道路进行整合，以满足居民和旅客的交通需求。依托现状改善电力、排水等工程设施。自来水主要供给中心服务片区，其他片区居民仍旧使用井水。电信管网主要沿道路架设。

重庆市铜梁县河东村社区

案例名称： 重庆市铜梁县河东村社区
设计单位： 上海同济城市规划设计研究院城乡社区规划设计
研究中心
所属类型： Ⅲ区—山地坡地分散型

所处位置

河东村位于重庆市主城区西北部铜梁县。

现状基本情况

河东村村域面积为511.8hm²，其中耕地190.3hm²，林地116.7hm²，果园2.0hm²，牧草地面积10.3hm²，农作物种植面积101.3hm²，渔业养殖15.0hm²，并有桂花基地的称号。

周边的道路交通情况

国道G319从村东旁穿过，村子的主要对外交通要道为花都大道。河东村距所辖城关镇距离约5km。

区位分析图 ▶

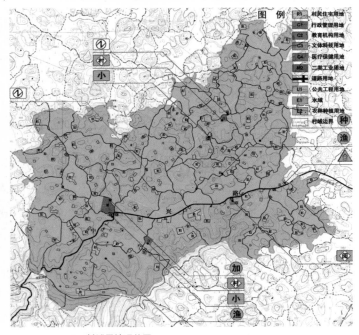

▲ 村域用地现状图

■ 现状

1．现状人口规模

现状人口规模 3092 人。

2．现状用地规模

现状用地规模为 71.43hm²。

3．现状人均建设用地指标

现状人均建设用地指标为 231m²。

4．现状宅基地面积

现状宅基地面积 43.4hm²。

5．现状道路情况

现状道路为对外主干路和村域支路两级系统。

6．存在问题

公共服务设施不完善，道路状况较差。

7．图纸说明

由于地形所限，河东村居民点十分分散，规模均较小，无突出规模的村庄居民点进行现状整体表述，因此本规划将村域和村庄作为整体表述，不单独列出村庄现状图。

■ 规划

1．规划人口规模

规划人口规模 3100 人。

2．规划用地规模及用地平衡表

规划用地规模 67hm²。

用地分类	现状		规划	
	面积 (hm²)	百分比 (%)	面积 (hm²)	百分比 (%)
R	43.4	61	39	58.2
C	2.6	3.6	7.4	11
M	2	2.8	2.3	3.4
S	23.1	32.2	0.3	0.5
U	0.33	0.4	18	26.9
建设用地	71.43	100	67	100
人均建设用地 m²	231		216.7	
人均居住用地 m²	110.7		126.1	

▲ 规划用地平衡表

3．规划人均建设用地指标

规划人均建设用地 216.7m²。

4．规划宅基地面积

规划宅基地面积为 39hm²。

5．规划道路

规划两级道路系统：村域主干道和村域步行道路。

6．图纸说明

由于地形所限，河东村居民点十分分散，规模均小，无突出规模的村庄居民点进行现状整体表述，因此本规划将村域和村庄作为整体表述，不单独列出村庄规划图。

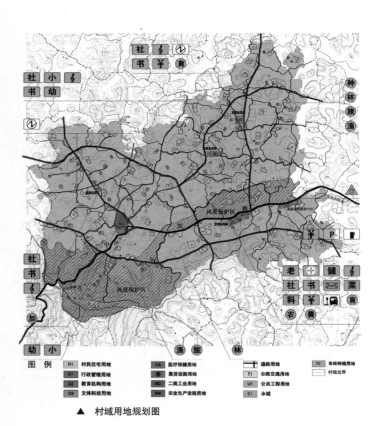

▲ 村域用地规划图

根据河东村地形坡度特点，将村域划分为半径200～300m、步行距离5分钟左右的四个服务片区。

沿主干道设置村庄主要公共服务设施，在村庄入口处结合河东寺设置旅游接待服务中心。在主干道以北三个服务片区设置次级公共服务设施。

规划保留了多数居民点、两所小学和砖厂。并在各级公共服务设施用地旁结合地形，设置发展备用地，供未来村庄集聚发展之用。

■ 公共服务设施现状

1. 公共服务设施类型、面积

村庄内公共服务设施总面积2.6hm²。

其中有一个门诊所，两个小学，但是师资缺乏，学生不得不去镇上的城南小学就读。目前村内没有敬老院，大部分的老人在家养老。村委会有简单的篮球场和一个农村书屋，但是利用率非常的低。村中有与生活配套的便利超市和与农作相关的村办饲料售卖点和科技站。

2. 人均公共服务设施面积

人均公共服务设施面积为8.4m²。

3. 存在问题

现状公共服务设施种类和规模远远不能达到日常生活需求。

■ 公共服务设施规划

1. 公共服务设施类型、面积

村庄内公共服务设施总面积7.4hm²。

其中将村域划分为4个服务片区。在主干道南侧村庄入口处结合河东寺设置旅游服务接待中心。

村庄级公共服务设施中心设于主干道南侧，包括社区中心、敬老院、文化活动中心、商业中心和集贸市场等。

片区级公共服务设施结合现状设于各片区中心。除两所小学外，设置满足居民日常生活所需的商业、娱乐、文化等功能用地。

2. 人均公共服务设施面积

人均公共服务设施面积为24m²。

规划评述

保留了现状的两所小学并进行扩建。

新增了旅游服务接待中心、村庄级公共服务设施中心以及各个片区的服务中心等。

片区级服务中心主要依托现状进行改造和扩建，新增文化活动室、放心店等满足居民日常生活需求的设施。

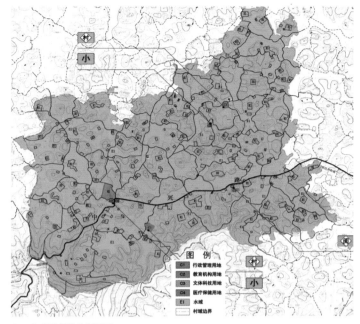

▲ 公共服务设施现状图

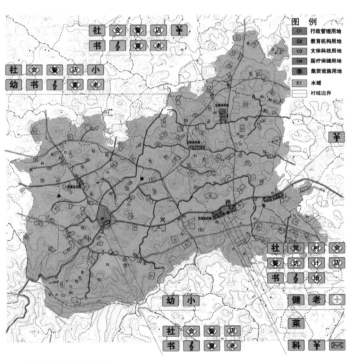

▲ 公共服务设施规划图

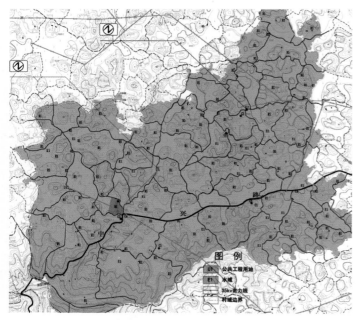

▲ 工程设施现状图

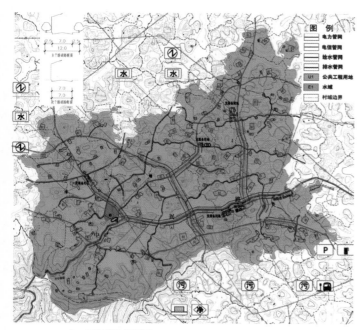

▲ 工程设施规划图

■ 工程设施现状

1. 道路现状

村域路网较密。与镇区联系的道路路面为单幅水泥路，村内进户道路硬化率为10%。

2. 给水工程现状

给水设施主要为自家打井，水质良好，能完全支撑全村用水，无自来水。灌溉方面，主要依靠降雨、水库、山上引水、塘渠、河流、打井抽水。

3. 排水工程现状

各家通过管道排入户外排水沟。

4. 电力工程现状

已实现全村供电。现有变电所三处。

5. 电信工程现状

村中现有互联网户数10户，每天都能收到广播，早中晚各一小时。村中70%～80%的家庭有电视。村中10%～20%的家庭拥有固定电话，70%的家庭拥有手机，村中没有邮政部门。

6. 存在问题

基础设施不完善，道路状况较差。

■ 工程设施规划

1. 工程规划道路

规划两级道路：村庄级主干路和深入各工作生活区的步行道路。

2. 给水工程规划

沿主干路公共服务片区，依托县城的供水水源，实现自来水供应，并将自来水引入各片区公共服务设施用地。六赢山水库作为备用水源。

其余居住片区仍旧使用井水作为日常用水。

3. 排水工程规划

污水排放依托排水沟排放。

雨水就近流入水体。

4. 电力工程规划

保持电力现状。

5. 电信工程规划

依托县城引入电力线，沿主干道设置电信主管道，并采用枝状网深入各片区。

规划评述

对现状道路进行整合，以满足居民日常工作生活和旅客的交通需求。

电力、排水多依托现状进行改善。给水主要供给中心服务片区的自来水，居民仍旧使用井水。

电信管网主要沿道路架设。

建筑气候Ⅲ区山地坡地组团型
——四川省都江堰市大观镇茶坪村社区

1. 类型界定与特征

该类型主要分布于我国Ⅲ类建筑气候区划的省份，主要包括华北平原和长江中下游平原西部的山区，主要涉及浙江、安徽、福建北部、江西、湖南、湖北、四川、重庆等主要山地。根据统计分析和实地调研，该区域的村庄数量和分布密度一般，但考虑到山地因素，则人口密度仍然较大。该类型农村社区用地地势变化大，坡度较高，建设条件相对复杂。农村居民点在村庄整体空间布局方面主要呈现为成组、成团建设的模式。因此，选取山地坡地且组团建设的农村社区为其代表类型。

2. 农村社区发展特征及规划目标

该类型农村社区所处的区域横跨了我国东、中、西部地区，由于土地资源匮乏，并受到交通条件限制，农村经济发展水平有限，其农民人均收入水平整体上差距较大，部分地区处于我国平均水平以下。然而，由于山地特色资源丰富，地方特色产业经济优势明显，潜力较大。产业类型呈多元化发展特征。总体上看，其农村社区生态环境良好，但环境污染压力较大，社区建设用地结构亟待优化，社区公共服务设施和工程设施急需配套完善。因此，农村社区规划应在经济发展、社会发展和空间环境建设方面加以全面推进。

3. 典型案例规划要点

该类型的典型案例为四川省都江堰市大观镇茶坪村社区。

（1）农村社区用地优化配置

基于集约化原则，将村域人口集中布局于村庄南部。充分利用村庄用地类型多样化特征及良好的自然资源，大力发展生态旅游业。规划设置户外攀岩登山区、生态公园区、休闲农庄体验区、花卉苗木观赏区、农产品展示加工交易区、林地种植区以及畜禽饲养区、漂流探险区等几大旅游项目区，打造生态旅游村。

（2）农村社区公共服务设施配置

保留原有公共服务设施，并进行部分设施职能转换，将现状村委会转换为商业设施。在村庄中心新建社区活动中心，包括幼儿园、小学、集市、医院、居委会等设施，有效服务整个村庄。结合公共活动中心设置绿地及广场等公共空间，塑造富有活力的社区中心，形成良好的社区氛围。

（3）农村社区工程设施规划配置

规划以安全性、合理性和生态性原则为导向，通过工程设施的完善配置改善农村基础设施现状，提高农民的生活质量。

四川省都江堰市大观镇茶坪村社区

案例名称： 都江堰市大观镇茶坪村社区
设计单位： 上海同济城市规划设计研究院城乡社区规划设计
  研究中心
所属类型： Ⅲ区—山地坡地组团型

所处位置

茶坪村位于我国西南部，四川省都江堰市境内，背靠青城山。东临大观村，北接青城山镇，西邻盐井村，南接滨江村。

现状基本情况

茶坪村位于龙门中南段的褶皱带，气候属四川盆地中亚热带湿润气候区，年平均气温13℃，年平均降水量1225mm，雨量多、湿度大、水汽不易蒸发。年平均日照数1024h，平均无霜期258d。地形属性为山地类型，海拔800～1200m。

周边的道路交通情况

连接青城山镇和上元镇的县道经过茶坪村，为村内主要道路；茶坪村通过沿等高线的通村路与大观镇镇区联系，且该通村路向西联系红梅线；茶坪村与四周各村均有不同等级

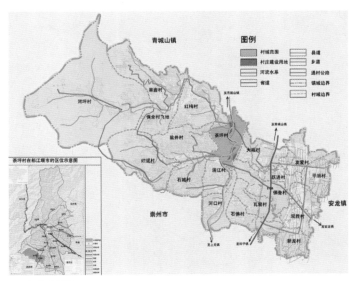

▲ 区位分析图

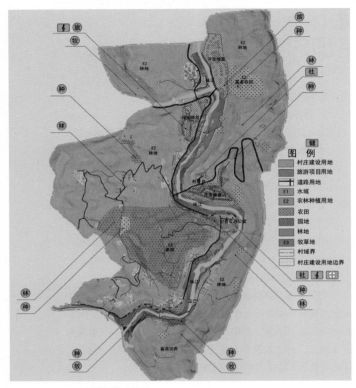

▲ 村域用地现状图

的道路相联系，交通条件较为良好。茶坪村距离大观镇2km，距离都江堰市中心17km。

■ 村域用地现状

1. 现状人口规模

茶坪村共辖7个组，全村共182户，565人。

2. 现状用地规模

村域面积275.00hm²，其中建设用地面积13.35hm²，耕地6.78hm²，林地177.47hm²，园地32.16hm²，草地面积19.76hm²，山地系列养殖4.34hm²，水域面积8.38hm²，其他用地为12.76hm²（主要为项目设施用地）。

3. 现状人均建设用地指标

现状人均建设用地为236.3m²/人。

4. 现状道路情况

河流沿线南北向的道路为村内主要道路，向北至青城山镇，向南至上元镇，路面宽度5m，为单车道；至大观镇镇区的道路为盘山公路，道路宽度为5m，为单车道。

5. 存在问题

茶坪村现状人均建设用地面积过大，造成了土地的浪费；自然景观资源丰富，但未充分利用该优势打造特色生态旅游村落。

■ 村庄用地现状

1. 现状人口规模

茶坪村现辖410人。

2. 现状用地规模

村庄现状总面积为15.90hm²，其中村庄建设用地规模为4.51hm²，其他用地面积11.39hm²。

3. 现状人均建设用地指标

	用地面积 （hm²）	人均用地面积 （m²/人）	所占比例（%）
建设用地	4.51	110.00	100.00
居住用地	3.79	92.44	84.04
公建用地	0.08	1.95	1.77
道路用地	0.64	15.61	14.19
绿化用地	0.00	0.00	0.00

▲ 现状人均建设用地指标

4. 现状道路情况

连接青城山镇和上元镇的县道通过村庄，为村庄主要道路，道路宽度为5m，单车道；味江两侧通过两座有100年历史的桥相连接。

5. 存在问题

村庄公共服务设施相对缺乏，种类较为单一；公共绿地的缺乏导致村庄无公共交流场所；住宅用地比例及人均居住用地面积偏大。

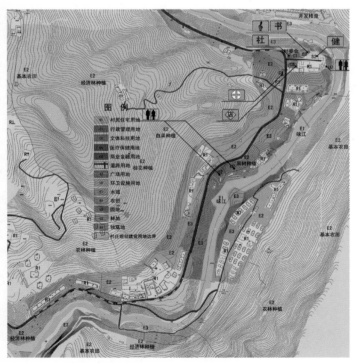

▲ 村庄用地现状图

■ 村域用地规划

1. 规划用地规模

规划茶坪村村域面积 275.00hm²，其中建设用地面积 10.54hm²，耕地 6.78hm²，林地 172.30hm²，园地 32.16hm²，草地面积 23.84hm²，山系系列养殖 4.34hm²，水域面积 8.38hm²，其他用地（主要为项目设施用地）16.66hm²。

2. 规划人均建设用地指标

茶坪村规划人均建设用地指标为 105.4m²/人。

3. 规划道路情况

将村内南北向和东西向主要道路加宽至 7m，变为双车道；完善支路系统，形成更为完善的道路交通体系。

其他具体数据详见村庄用地规划。

规划评述

规划充分利用该地用地类型多样化的特征以及良好的自然资源，大力发展生态旅游业。规划设置了户外攀岩登山区、生态公园区、休闲农庄体验区、花卉苗木观赏区、农产品展示加工交易区、林地种植区以及畜禽饲养区、漂流探险区几大旅游项目区，将茶坪村打造为生态旅游村。

■ 村庄用地规划

1. 规划人口规模

茶坪村规划人口为 1000 人。

2. 规划用地规模

茶坪村庄规划范围内总面积为 23.91hm²，其中建设用地面积为 10.54hm²，水域面积为 2.25hm²，农林种植用地面积为 11.12hm²。

3. 规划人均建设用地指标

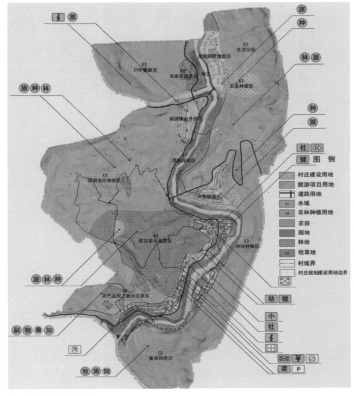

▲ 村域用地规划图

	用地面积 （hm²）	人均用地面积 （m²/人）	所占比例（%）
建设用地	10.54	105.4	100.00
居住用地	7.09	70.9	76.25
公建用地	1.38	13.8	13.15
道路用地	0.59	5.9	5.57
绿化用地	1.48	14.8	14.03

▲ 规划人均建设用地指标

4. 规划道路情况

将村庄主要道路加宽至 7m，变为双车道；规划充分尊重地形条件，在村庄最西端沿等高线新建一条辅助道路，缓解交通压力，在地质灾害发生时能够起到疏散作用；同时基于交通联系和防灾的考虑，在味江西侧新建三条横向道路。

规划评述

规划基于集约原则，尽可能地将村域人口集中于村庄；增加一处小学和幼儿园，与集市、医院、商业服务设施等集中布局，并在其周边布置绿地及广场，打造农村社区公共空间，形成良好的社区氛围。

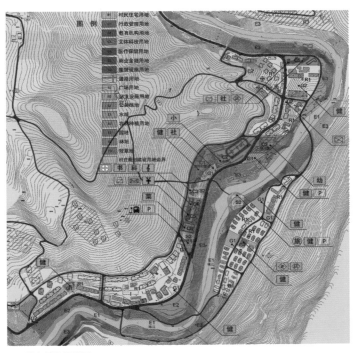

▲ 村庄用地规划图

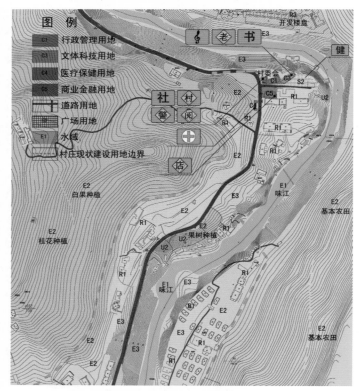

▲ 公共服务设施现状图

■ 公共服务设施现状

1. 公共服务设施种类、面积

村庄内公共服务设施总面积 0.08hm²。

其中行政管理用地 0.04hm²。

文体科技用地 0.02hm²。

医疗保健用地 0.01hm²。

商业金融用地 0.01hm²。

2. 人均公共服务设施面积

现状公共服务设施面积为 6.74m²。

3. 存在问题

村庄公共服务设施相对缺乏，种类较为单一，不能满足居民日常生活要求；服务半径有限，不能服务到村庄南面的居民。

■ 公共服务设施规划

1. 公共服务设施种类、面积

村庄内公共服务设施总面积 1.38hm²。

其中行政管理用地 0.32hm²。

教育机构用地 0.82hm²。

文体科技用地 0.14hm²。

医疗保健用地 0.12hm²。

商业金融用地 0.38hm²。

集贸设施用地 0.10hm²。

2. 人均公共服务设施面积

规划人均公共服务设施面积为 13.8m²。

规划评述

规划保留原有的公共服务设施，但将其原有的村委会用地功能转换为商业功能；围绕村庄中心新建幼儿园、小学、社区活动中心、集市、医院，并新建一处居委会，改变原村委会服务半径不足的缺陷；同时在形成的新的公共活动中心处设置绿地及广场等场所，形成富有活力的社区中心。

■ 工程设施现状

1. 道路交通系统现状

对外交通方面茶坪村主要依靠南北向的道路与青城山镇和上元镇联系；依靠东西向的盘山公路与大观镇镇区联系。

2. 给水工程设施现状

供水来自两河片区集镇水厂，村内有给水管网，但未成系统，村民仍然主要使用山泉水。

3. 排水工程设施现状

该村目前主要采用雨污合流制排水体系，生活污水经化粪池处理后排入暗沟，再排入下游水体。

4. 电力工程系统现状

供电引自位于青城山镇 3.5kV 的变电所，供电线路长度为 10km。

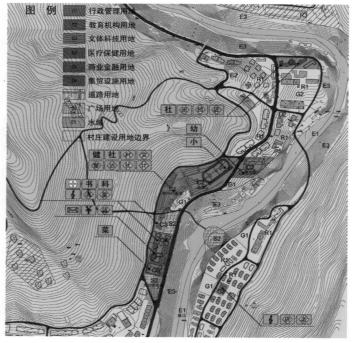

▲ 公共服务设施规划图

5. 电信工程系统现状

该村的广播电视普及率几乎达到100%。

6. 燃气工程系统现状

天然气管道通过都江堰市区引入，经过大观镇镇区通到茶坪村。

7. 存在问题

该村工程设施配置不够完善，各管网还未成完整体系，同时在环卫与防灾方面有待提高。

■ 工程设施规划

1. 道路交通系统规划

将村内南北向和东西向主要道路加宽至7m，变为双车道。

2. 给水工程设施规划

规划给水以大观镇镇区的水厂作为村庄的主要水源，给水管网沿主要道路敷设，形成环状与枝状相结合的管网系统。

3. 排水工程设施规划

雨水采取明渠方式就近排入自然水体；沿主要道路敷设污水管网，并在镇域最南面进行污水处理。

4. 电力工程设施规划

规划电力仍来自青城山镇35kV变电站，同时在保留原有电力管线的同时，完善全村供电线路。

5. 电信工程设施规划

电信线引自大观镇镇区的电信模块分局，规划电信线路沿村内主要道路设置，电信电缆交接站设置在村委会处，规划在远期内实现程控电话的装机率为100%。

6. 燃气工程设施规划

天然气管道由大观镇镇区引入，燃气线路沿主要道路敷设。

规划评述

规划以安全性、合理性、生态性为导向，通过工程设施配置规划改善农村基础设施落后的现状，提高农民的生活质量。

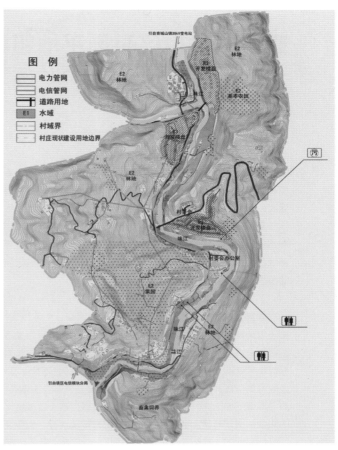

▲　工程设施现状图

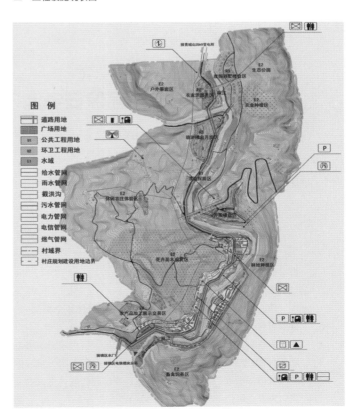

工程设施规划图　▶

建筑气候Ⅲ区平原平地组团型
——河南省平顶山市叶县保安镇官庄村社区

1. 类型界定与特征

该类型主要分布于我国Ⅲ类建筑气候区划的省份，主要包括华北平原南部和长江中下游平原地区，涉及上海、江苏、浙江、安徽、福建北部、江西、湖南、湖北、河南中南部等主要平原地区。根据统计分析和实地调研，该区域的村庄数量和分布密度是我国最为集中的区域。该类型农村社区用地地势平坦开阔，且一般无河道水网分布。由于传统农业耕作和历史发展原因，农村居民点在村庄整体空间布局方面主要呈现为成组、成团建设的模式。因此，选取平原平地且组团建设的农村社区为其代表类型。

2. 农村社区发展特征及规划目标

该类型农村社区所处的区域横跨了我国东、中部地区，由于地处我国人口较为集中、城镇群数量大、经济较为发达的区域，目前其农民人均收入水平整体上较高，多处于我国平均水平或以上。由于地处华北平原南部和长江中下游平原，土地资源丰富，交通条件便捷，村办工业企业发展势头迅猛，产业类型呈多元化发展特征，农村社区发展受到区域城镇化的影响较大。总体上看，其农村社区生态环境良好，但环境污染压力较大，社区建设用地结构需进一步优化，社区公共服务设施和工程设施仍需配套完善。因此，农村社区规划应在经济发展、社会发展和空间环境建设方面加以全面推进。

3. 典型案例规划要点

该类型的典型案例为河南省平顶山市叶县官庄村社区。

（1）农村社区建设用地优化配置

官庄村规划利用村域范围内丰富的农业资源以及紧邻燕山水库的优势，沿燕山水库新建一条连接东官庄、西官庄、赵庄与尹庄的道路，并设置了农耕体验区、滨水垂钓区、果树种植区、果树采摘区、生态农业区和观光农业区几大板块，努力打造环境良好的生态村。

在村庄规划中沿南北方向新建一条主要道路，完善支路系统，用地布局中保留原有建筑，在闲置地新建多层村民住宅，同时完善公共服务设施的种类与规模，塑造充满活力的社区中心。

（2）农村社区公共服务设施配置

在村庄中心南北向主要道路两侧集中布置公共服务设施建筑，规划增加小学、幼儿园、活动中心、集市以及商业设施；保留原有居委会，在原基础上进行扩建；将医疗保健机构与其余公建集中布置，形成良好的公共中心。

（3）农村社区工程设施规划配置

规划给水以燕山水库为水源，沿主要道路新建给水管网、雨水管网、电信线路，污水分区收集进行生态化处理。

河南省平顶山市叶县保安镇官庄村社区

案例名称：平顶山市叶县保安镇官庄村社区
设计单位：上海同济城市规划设计研究院城乡社区
规划设计研究中心
所属类型：Ⅲ区—平原平地组团型

所处位置

官庄村位于河南省平顶山市叶县保安镇北部，东邻暴沟，南接吕楼，西毗柳庄，北连庙岗。

现状基本情况

官庄村现辖东官庄、西官庄、赵庄和尹庄四个自然村，官庄村村委会设置在东官庄和西官庄之间。

官庄村地势北高南低，为浅山丘陵区，紧邻南面的燕山水库。官庄村地处大陆腹地，属中温带大陆性干旱气候，境内气候四季分明。夏季盛行西南风，冬季西北风为主，主导风向为西北风。

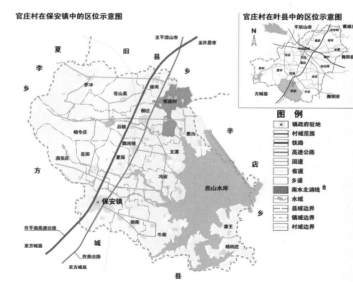

▲ 区位分析图

村庄人均耕地面积 2.32 亩，村域内水资源较为缺乏。目前官庄村内无工业，其主要产业类型以农业为主，养殖业为辅。

周边的道路交通情况

官庄村紧邻村域西侧许南公路（省道 S330），交通便利。官庄村距离保安镇镇区 9km，距离叶县县城 20km。

■ 村域用地现状

1. 现状人口规模

现状全村总人口为 862 人，共计 220 户。其中东、西官庄共 470 人，赵庄 149 人，尹庄 243 人。

2. 现状用地规模

村域总面积为 346.81hm²。其中村庄建设用地 21.87hm²，城镇建设用地 3.69hm²，耕地 262.36hm²，林地 11.22hm²，果园 28.99hm²，水域 18.68hm²。

3. 现状人均建设用地指标

现状人均建设用地面积为 253.71m²，人均居住用地面积为 152.26m²，人均公共服务设施面积为 0.99m²。

4. 现状住宅套数

现状住宅套数为 196 套。

5. 现状道路情况

村内主要道路为连接许南公路和燕山水库的乡道，宽度为 7m，一块板双车道；居民聚集点内的主要道路宽度为 5 ～ 7m，方格网络结构形式布局。

6. 存在问题

人均建设用地及人均居住用地偏大；公共服务设施及环卫设施缺乏，尚待完善；缺乏公共绿地及公共活动场地；产业较为单一，经济相对落后。

■ 村庄用地现状

1. 现状人口规模

村庄现辖 470 人，共计 120 户。

2. 现状用地规模

村庄现状总面积为 17.16hm²，其中村庄建设用地规模为 8.16hm²，其他用地面积 9.00hm²。

3. 现状人均建设用地指标

	用地面积 （hm²）	人均用地面积 （m²／人）	所占比例（%）
建设用地	8.16	173.62	100.00
居住用地	6.45	137.24	79.04
公建用地	0.15	3.19	1.84
道路用地	1.56	33.19	19.12
绿化用地	0.00	0.00	0.00

▲ 现状人均建设用地指标

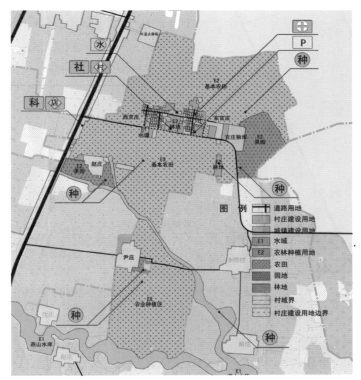

▲ 村域用地现状图

▼ 村庄用地现状图

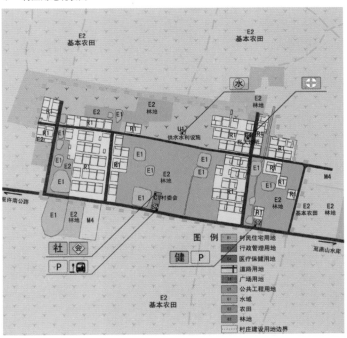

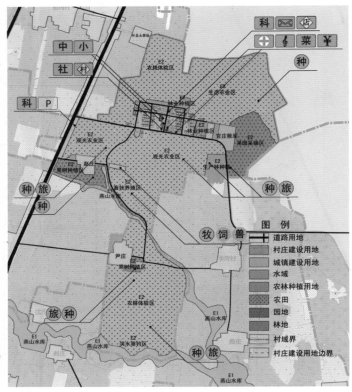

▲ 村域用地规划图

▼ 村庄用地规划图

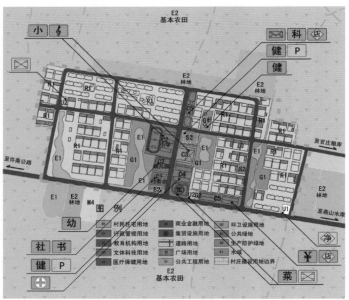

4.现状住宅套数

村庄现状住宅套数为120套。

5.现状道路情况

村庄主要道路为东西向的连接许南公路及燕山水库的乡道，道路宽度为7m，双车道；其余道路的宽度为5～7m，方格网形式布局。

6.存在问题

公共绿地的缺乏导致村庄无公共交流场所；村庄公共服务设施相对缺乏，种类较为单一，需进一步改善；住宅用地比例及人均居住用地面积偏大。

■ 村域用地规划

1.规划人口规模

规划全村总人口为1500人。其中官庄村人口1000人，赵庄200人，尹庄300人。

2.规划建设用地规模

村域总面积为346.81hm²。其中村庄建设用地25.28hm²，城镇建设用地3.69hm²，耕地262.36hm²，林地9.17hm²，果园28.99hm²，水域17.32hm²。

3.规划人均建设用地指标

村域规划人均建设用地面积为168.54m²，人均居住用地面积为118.47m²，人均公共服务设施面积为25.47m²。

4.规划住宅套数

规划住宅套数为360套。

5.规划道路情况

将连接许南公路和燕山水库的乡道拓宽为10m，并沿燕山水库新建一条连接东官庄、西官庄、赵庄与尹庄的道路。

规划评述

规划利用官庄村丰富的农业资源以及紧邻燕山水库的优势，设置了农耕体验区、滨水垂钓区、果树种植区、果树采摘区、生态农业区和观光农业区几大板块，努力打造环境良好的生态村。

■ 村庄用地规划

1.规划人口规模

规划全村总人口为1000人，共计240户。

2.规划建设用地规模

村庄总面积为17.16hm²，其中规划村庄建设用地规模为15.98hm²，其他用地面积1.18hm²。

3.规划人均建设用地指标

规划人均建设用地指标 ▶

	用地面积（hm²）	人均用地面积（m²/人）	所占比例（％）
建设用地	15.98	159.80	100.00
居住用地	9.87	98.70	61.76
公建用地	1.38	13.8	13.15
道路用地	2.74	27.40	17.15
绿化用地	1.27	12.70	7.95

4. 规划住宅套数

村庄规划住宅套数为 240 套。

5. 规划道路情况

东西向的连接许南公路及燕山水库的乡道拓宽为 10m，加设人行道；在村庄中心沿南北方向新建一条主要道路；完善支路系统，支路宽为 5 ～ 7m，方格网形式布局。

规划评述

保留原有建筑，在维持原有格局的基础上，在闲置地新建多层村民住宅；在村庄中心南北向主要道路两侧集中布置公共服务设施建筑，塑造充满活力的社区中心。

■ 公共服务设施现状

1. 公共服务设施种类、面积

村庄内公共服务设施总面积为 0.09hm²。

其中行政管理用地 0.05hm²，医疗保健用地 0.04hm²。

2. 人均公共服务设施面积

人均公共服务设施面积 1.91m²。

3. 存在问题

村内缺乏教育机构设施、文体科技设施、商业金融设施；公建布置较为分散，难以形成明显的社区中心。

■ 公共服务设施规划

1. 公共服务设施类型、面积

村庄内公共服务设施规划总面积为 2.10hm²。其中行政管理用地 0.23hm²，教育机构用地 0.72hm²，文体科技用地 0.23hm²，医疗保健用地 0.29hm²，商业金融用地 0.44hm²，集贸设施用地 0.19hm²。

2. 人均公共服务设施面积

人均公共服务设施面积为 21.00m²。

规划评述

规划增加小学、幼儿园、活动中心、集市以及商业设施；保留原有居委会，在原基础上进行扩建；将医疗保健机构与其余公建集中布置，形成良好的公共中心。

■ 工程设施现状

1. 道路交通系统现状

村内主要道路硬化率为 100%，但尚未安置路灯；到户宅间小路为土路，总体道路硬化率约 60%；村内主要道路连通许南公路和燕山水库，道路宽度为 7m。

2. 给水工程系统现状

村内主要采用打井抽取地下水方式给水，村内有集体水井一处，位于东、西官庄之间，给水管网采取枝状布置形式。

3. 排水工程系统现状

村内无生活污水处理设施，未统一设置雨水管道和污水管道，雨水、污水顺地势流入附近水沟、水塘。

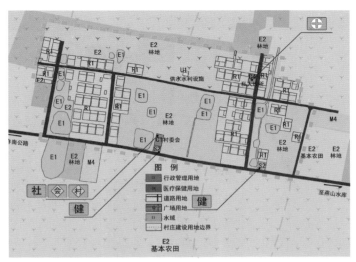

▲ 公共服务设施现状图

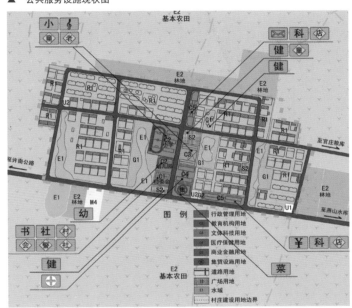

▲ 公共服务设施规划图

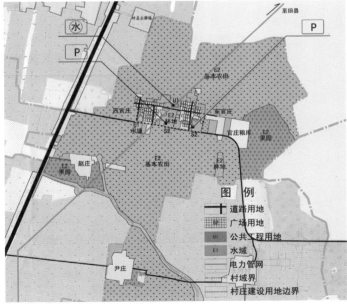

▲ 工程设施现状图

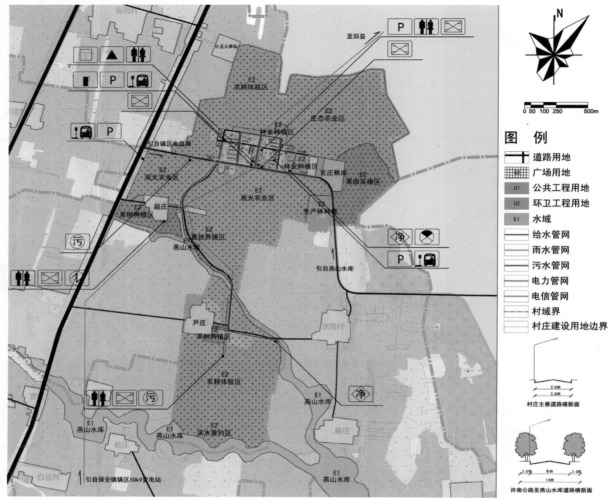

▲ 工程设施规划图

4．电力工程系统现状

村内用电引自保安镇镇区 10kV 的变电所，已基本实现全村通电。

5．电信工程系统现状

官庄村目前已实现程控电话、有线广播和有线电视网覆盖全村。

6．存在问题

官庄村工程设施配置有待改善，卫生环境状况有待改进。

■ 工程设施规划

1．道路交通系统规划

扩宽连接许南公路与燕山水库的乡道至 10m；新建一条连接东官庄、西官庄、赵庄、尹庄的道路；社区内部道路在尊重现状的基础上进行梳理与调整，增强社区各地块的可达性。

2．给水工程设施规划

规划给水以燕山水库为水源，在村庄设置净水设施对水源进行净化；给水管网沿主要道路敷设。

3．排水工程设施规划

雨水管网沿主要道路敷设，并将雨水排入自然水体；污水分区收集进行生态化处理。

4．电力工程系统规划

现状供电基本满足生产、生活用电的需求，因此规划仅对现状供电线路做一定的微调。

5．电信工程系统规划

规划电信线路沿村内主要道路设置，在村委会设置电信电缆交接站。规划在远期内实现程控电话的装机率为 100%。

规划评述

规划在充分考虑实际现状的基础上，以生态性、经济性、安全性为导向，进行合理配置。通过工程设施的规划配置，改变农村市政设施建设相对滞后的现状，提高村民的生产和生活水平。

建筑气候IV区平原平地组团型
——广东省广州市花都区花东镇杨一村社区

1. 类型界定与特征

该类型主要分布于我国IV类建筑气候区划的省份，主要包括福建南部、广东大部和广西壮族自治区大部的江河入海口平原地区。该地区主要处于北回归线上，热带季风气候显著。根据统计分析和实地调研，该区域的村庄数量和分布密度总体上一般，广西壮族自治区部分偏少。该类型农村社区用地地势较为平坦，且河道水网对村庄布局的影响不大。由于传统农业耕作和历史发展原因，农村居民点在村庄整体空间布局方面主要呈现为成组、成团建设的模式。因此，选取平原平地且组团建设的农村社区为其代表类型。

2. 农村社区发展特征及规划目标

该类型农村社区所处的区域经济发展差距较大，其中广东、福建的农村处于我国东部较为发达的经济区域，目前其农民人均收入水平整体上较高，多处于我国平均水平以上，而广西壮族自治区则处于平均水平以下。由于大部分村庄主要地处我国沿海开放地区，交通条件便捷，加上历史发展的原因，该区域村办工业企业发展势头迅猛，产业类型呈多元化发展特征，农村社区发展受到区域城镇化的影响较大。总体上看，其农村社区生态环境一般，环境污染压力较大，社区建设用地结构亟待优化，社区公共服务设施和工程设施需要配套完善。因此，农村社区规划应在经济发展、社会发展和空间环境建设方面加以全面推进。

3. 典型案例规划要点

该类型的典型案例为广东省广州市花都区杨一村社区。

（1）农村社区用地优化配置

杨一村村域规划分为两级道路系统。干路为军民路，承载村域内交通；支路为各组团之间的联系道路。

在村庄规划中沿袭了杨一村组团式的布局，总体为"4+2"结构。四个居住组团承载了居民主要的生活生产功能，每个组团设置一个中心活动广场和相应的服务设施。同时设置中心服务组团和历史建筑组团。中心服务组团承载了村庄的行政、文化、商业、教育和接待等功能。历史建筑组团依托秀山书院和流溪河、丘陵景观发展旅游业。

（2）农村社区公共服务设施配置

杨一村规划中将村庄级公共服务设施设置于组团中心，保留了小学，扩建了村委会等行政办公用地，并增设了多项设施，以满足本村居民的生活、娱乐、教育等需求和对外来人员的接待服务。

（3）农村社区工程设施规划配置

杨一村给排水设施、电信设施规划依托镇区，配备较为完善，电力规划保留了原有的110kV电力线，作为村庄用电来源。

广东省广州市花都区花东镇杨一村社区

案例名称：花都区花东镇杨一村社区
设计单位：上海同济城市规划设计研究院城乡社区规划设计研究中心
所属类型：IV区—平原平地组团型

所处位置

杨一村位于花都区花东镇东部，东接从化市，西与杨二村接壤。

现状基本情况

总面积340.51hm²，下辖5个自然村（清水沥、门口布、牛路庄、敕岭庄、格塘村），10个经济社。

周边的道路交通情况

省道S381和机场高速从村旁穿过，村子的主要对外交通要道为花都大道。杨一村距花都区20km，距花东镇5km。

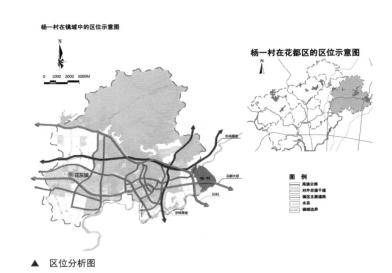

▲ 区位分析图

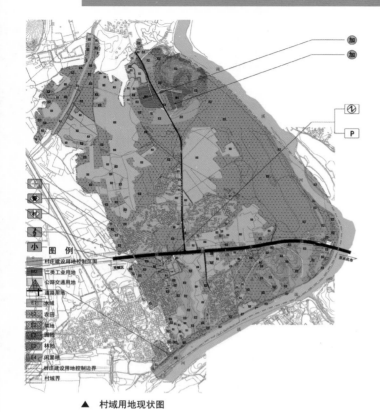

▲ 村域用地现状图

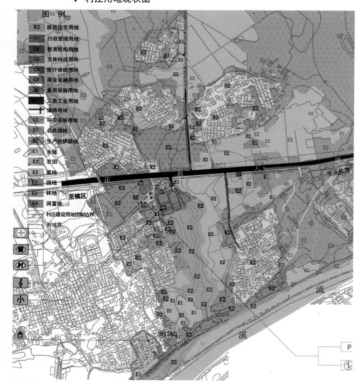

▼ 村庄用地现状图

■ 村域用地现状

1. 现状人口规模

2008 年杨一村户籍人口 3210 人，户数为 617 户。村内以户籍人口为主，外来人口较少。

从女性 1609 人得出，男女比接近 1：1。从村民文化水平构成来看，村民以初中学历者最多，整体文化程度一般。

2. 现状用地规模

村域面积 340.5hm²，杨一村目前耕地面积 104.0hm²，鱼塘 8.3hm²，果园面积 89.3hm²，建设用地面积 35.2hm²。工业方面，杨一村辖区内无大型企业，只有两个私营沙场。

■ 村庄用地现状

1. 现状人均建设用地指标

杨一村现状人均建设用地面积 109.8m²。

2. 现状住宅套数、宅基地面积

现状住宅套数 617 套，宅基地面积 60000m²，人均住房面积 30m²，人均宅基地面积 20m²，户均居住面积 120m²，户均宅基地面积 80m²。

3. 现状道路情况

杨一村的道路主要分为三级道路。区域道路为花都大道，穿越村域中部。村内主路三条，连接花都大道与村庄；沿流溪河的观光大道杨一村段也已建成使用。村内巷道路面硬化率只有 5%，大多不能通车，可达性差。

4. 存在问题

(1) 村民住宅品质不一，缺乏统一规划；

(2) 村内道路有待完善，缺少停车场地；

(3) 公共服务设施相对缺乏，不能满足村民生活需求；

(4) 市政设施不完善，影响村民居住品质；

(5) 景观环境质量较差，村容村貌有待改善。

■ 村域用地规划

1. 规划人口规模

由于快速城镇化导致农村人口减少，规划村域人口规模为 3000 人。

2. 规划建设用地规模

规划建设用地规模为 32.8hm²。其中，居住用地为 23.0hm²，占总建设用地 70.0%；公共服务设施用地为 3.3hm²，占 9.7%；道路用地为 3.3hm²，占 10.0%；公共绿地为 1.2hm²，占 4.0%。

3. 规划人均建设用地指标

规划人均建设用地指标为 109m²。

4．规划住宅套数、宅基地面积

规划住宅套数为 600 套，宅基地面积 19hm²。

5．规划道路情况

规划村域内分为两级道路系统。主干道为军民路，承载村域内交通；次干道为各组团之间的联系道路。

■ 村庄用地规划

本规划沿袭了杨一村组团式的布局，总体为"4+2"结构。

"4"为四个居住组团，承载了居民主要的生活生产功能，每个组团设置一个中心活动广场和相应的服务设施。

"2"为中心服务组团和历史建筑组团。中心服务组团承载了村庄的行政、文化、商业、教育和接待等功能。历史建筑组团依托秀山书院和流溪河、丘陵景观发展旅游业。

产业结构在现存基础之上进行优化调整。大力发展园林和渔业、旅游业。工业结合现有工业用地进行优化调整。

建筑风格延续岭南建筑风格和农村院落住宅的格局，保持乡土风格，各个组团也各有变化。历史建筑组团为发展旅游业服务。

■ 公共服务设施现状

1．公共服务设施类型、面积

村庄内公共服务设施用地总面积为 1.5hm²。

其中杨一村的公共服务设施有一个卫生站、一个文化活动室、两个运动场、一个休闲绿化公园、一个村委会、两个治安岗。

医疗卫生设施：一个卫生站，建筑面积约 60m²，位于花都大道边上。

文化体育休闲设施：一个文化活动室，位于村委会内；两个体育运动场，但不利于本村的村民使用。

教育设施：一个学校，名为花园学校，拥有师生约 400多名。该校已出租，主要服务于外来人员。

2．人均公共服务设施面积

现状人均公共服务设施面积 5m²。

3．存在问题

现状公共服务设施种类和规模远不能满足村民日常生活需求。

■ 公共服务设施规划

1．公共服务设施类型、面积

村庄内公共服务设施用地总面积为 3.3hm²。

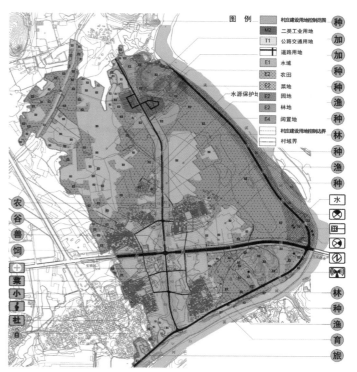

▲ 村域用地规划图

▼ 村庄用地规划图

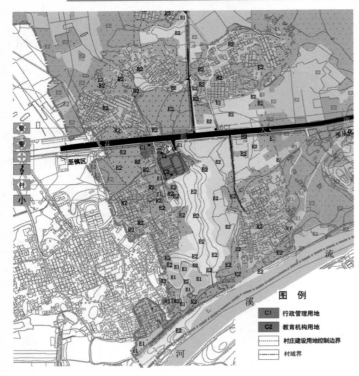

▲ 公共服务设施现状图

其中社区管理及综合服务建筑面积达 150m² 以上，具备社区"八室"、"二站"及放心店。放心店建筑面积达 30m² 以上，医疗计生服务站建筑面积达 20m² 以上。

小型幼儿园建筑面积 1200m²，小学面积 10000m²。文化体育设施建筑面积不小于 200m²。全民健身设施（场地）用地面积不小于 100m²。

商业服务功能建筑沿花都大道和军民路布置，并结合设置邮政、储蓄代办点。

2. 人均公共服务设施面积

规划人均公共服务设施面积 11m²。

规划评述

本规划考虑到农村社区集约化布局和公共服务设施优化配置的需求，从村庄级和组团级两个层次进行优化配置。

村庄级公共服务设施设置于中心，保留了小学，扩建了村委会等行政办公用地，并增设了多项设施，以满足本村居民的生活、娱乐、教育等需求和对外来人员的接待服务。

组团级增设文体中心和放心店及公共活动广场，以满足居民日常的购物、生活、娱乐、休闲、交流等需求。

■ 工程设施现状

1. 现状道路

杨一村的道路已成系统，主要分区域道路、村内主路、畜类巷道三级道路。村内道路主路基本完善，而村内次路未能形成完整的路网系统，存在"断头路"、路宽较窄、路面未硬化、消防安全隐患等问题。

2. 给水工程现状

已有自来水供应。

3. 排水工程现状

采用灌渠排水的方式，且多为明渠。

4. 电力工程现状

杨一村目前全部通电，但电压常出现不足的情况。

5. 电信工程现状

杨一村家庭电话及移动电话普及率高。村内电信电缆沿村道架空敷设。村内无邮政所，村民要办理邮政业务，须到花都镇邮政局办理。

6. 燃气工程现状

目前杨一村居民使用液化石油气，没有普及管道气。

7. 供热工程现状

无。

8. 存在问题

总体水平较低，急需改善。

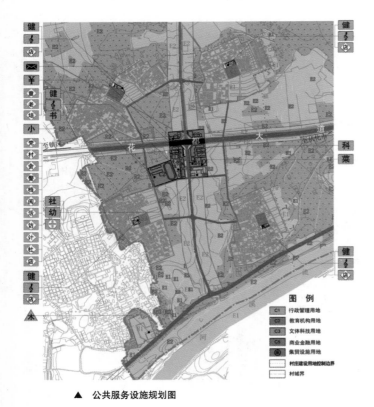

▲ 公共服务设施规划图

■ 工程设施规划

1. 规划道路
规划村域主干道和村庄次干道两级道路系统。

2. 规划给水工程
以流溪河为水源设置水厂，沿花都大道设置给水主干管，并沿村庄次干道设置供水环线，以保证供水的安全性，进而供给工业区用水。

3. 规划排水工程
依据上位规划，杨一村和杨二村共建一个污水厂。采用枝状排水管网，沿军民路设置排水主干管，各组团污水排入主干管，进而排入污水厂。

4. 规划电力工程
保留沿花都大道的110kV电力线，沿军民路设置电力主线路，进而采用枝状线路供给各组团和工业区用电。

5. 规划电信工程
由镇区引入电信线路，进而采用枝状线路供给各组团和工业区。

规划评述

由于杨一村距离镇区较近，给排水设施较为齐全，因此其基础设施建设较接近城市，保留了原有的110kV电力线，作为村庄用电来源。电信规划主要依托镇区。

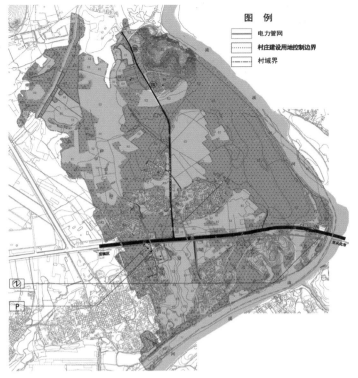

▲ 工程设施现状图

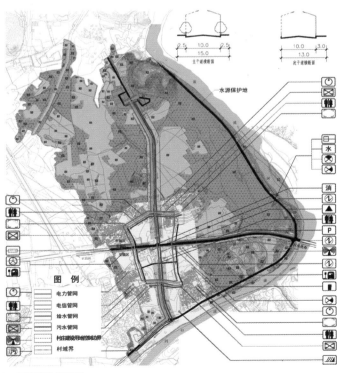

▲ 工程设施规划图

建筑气候Ⅳ区丘陵坡地集中型
——福建省龙岩市新罗区洋畲村社区

1. 类型界定与特征

该类型主要分布于我国Ⅳ类建筑气候区划的省份，主要包括福建南部、广东大部和广西壮族自治区大部的丘陵地区。根据统计分析和实地调研，该区域的村庄数量和分布密度总体上一般，而丘陵地区村庄数量分布偏少。该类型农村社区用地地势变化相对较大，农村社区人口规模相对较小，区域内农村居民点在村庄整体空间布局方面主要呈现为集中建设的模式。因此，选取丘陵坡地且集中建设的农村社区为其代表类型。

2. 农村社区发展特征及规划目标

该类型农村社区所处的区域经济发展差距较大，其中广东、福建的农村处于我国东部较为发达的经济区域，目前其农民人均收入水平整体上较高，多处于我国平均水平以上，而广西壮族自治区则处于平均水平以下。由于受到地形条件影响，耕地资源紧张，传统农业经济发展有限，但丘陵特色种植等地方产业经济优势明显。加上区域交通条件相对便捷，村办工业企业发展势头迅猛，产业类型呈多元化发展特征，农村社区发展受到区域城镇化的影响较大。总体上看，其农村社区生态环境一般，环境污染压力较大，社区建设用地结构亟待优化，社区公共服务设施和工程设施需要配套完善。

因此，农村社区规划应在经济发展、社会发展和空间环境建设方面加以全面推进。

3. 典型案例规划要点

该类型的典型案例为福建省龙岩市新罗区洋畲村社区。

（1）农村社区建设用地优化配置

利用洋畲村特殊的台地地势，发展具有特色的新农村空间布局。保存原有住宅用地整齐统一的布置，在现状闲置地新建部分村民住宅。公共服务设施结合利用周边平缓坡地布置，并且提供度假配套设施。新建游客接待中心和旅游服务中心，完善旅游服务功能。

（2）农村社区公共服务设施配置

公共服务设施建筑结合利用周边平缓坡地布置，新建社区中心和幼儿园，完善和提高社区服务水平，塑造功能完善、特色鲜明、充满活力的社区中心。并且提供度假配套设施，促进村庄的第三产业发展。

（3）农村社区工程设施规划配置

根据地势条件合理设置纵向步行小道，增强社区各地块的可达性和便捷性。增设给水与污水管网，架设电信线路，以生态化、安全性为原则，合理配置。改善农村社区环境卫生质量，提高村民的生产和生活水平。

福建省龙岩市新罗区洋畲村社区

案例名称： 福建省龙岩市新罗区洋畲村社区
设计单位： 上海同济城市规划设计研究院城乡社区规划设计
　　　　　　研究中心
所属类型： Ⅳ区—丘陵坡地集中型

所处位置

龙岩市新罗区龙门镇洋畲村是个革命基点村，地处福建省龙岩市新罗区西部，距龙岩中心城市15km，离319国道4km，海拔650m。

现状基本情况

洋畲村本是边远山区穷村，但拥有海拔较高、空气湿度较大、昼夜温差大等独特气候条件，适合发展柑橘种植产业。从1988年开始，村里有人带头发展柑橘产业，全村陆续发展，使村民走上了致富道路。从1998年起全村开始规划建设新房。

区位分析图-1 ▶

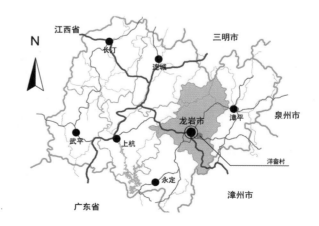

周边的道路交通情况

洋畲村主路已基本完善，但对外只有一条道路与之连接，在周末的时候会造成交通拥堵，且由于特殊地形的关系，修建的路坡度很大，不利于车辆行驶。村庄距龙岩中心城15km。

■ 村庄用地现状

1. 现状人口规模

全村总人口为336人。

2. 现状用地规模

村庄建设用地面积：5.25hm²。

3. 现状人均建设用地指标

人均村庄建设用地面积：156.25m²。

人均居住用地面积：95.24m²。

人均公共设施用地面积：3.27m²。

4. 现状住宅套数、宅基地总面积

现状住宅套数：52套。

宅基地总面积：3.2hm²。

5. 现状道路情况

洋畲村的道路已成系统，道路结构为4条沿各个梯台的村内主要道路与外圈环状路结合。洋畲村内道路硬化率达到100%。由于村十分小，村内主要交通方式为步行。

6. 存在问题

洋畲村特殊的台地地势虽使得村庄面貌具有特色，但同时也制约了村庄的发展。陡坡给道路建设和维护增加了难度。到目前为止，洋畲村对外道路只有一条，在周末游客多的时候会造成交通拥堵，洋畲村未来的建设要靠发展旅游业，但是道路成为制约发展的一大因素。洋畲村的规模较小，陡坡不利于建筑的修建，制约了洋畲村的规模。

■ 村庄用地规划

1. 规划人口规模

规划全村总人口为350人。

2. 规划建设用地规模

村庄规划建设用地规模为6.18hm²，其中村民住宅用地规模为3.24hm²，占总建设用地的52.43%。

3. 规划人均建设用地指标

人均村庄建设用地面积176.57m²。

人均居住用地面积92.57m²。

人均公共服务设施面积23.43m²。

4. 规划住宅套数

住宅套数：63套。

5. 规划道路情况

社区内部道路在充分尊重现状道路情况的基础上改善道路路况。根据地势条件合理设置纵向步行小道，增强社区各地块的可达性和便捷性。

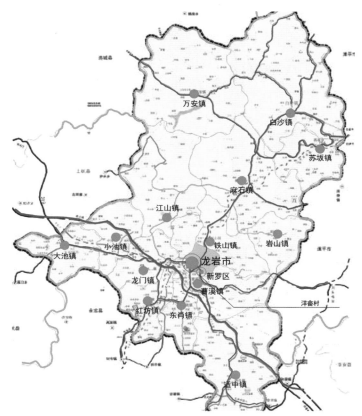

▲ 区位分析图-2

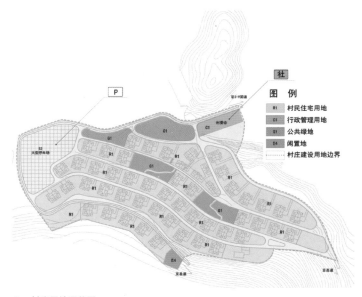

▲ 村庄用地现状图

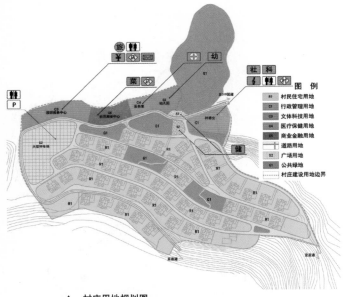

▲ 村庄用地规划图

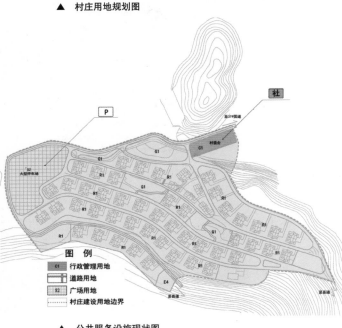

▲ 公共服务设施现状图

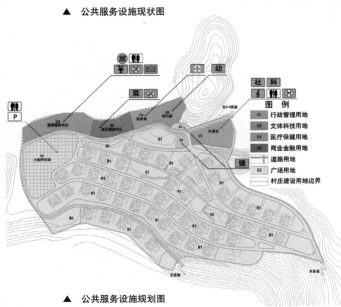

▲ 公共服务设施规划图

规划评述

原有住宅用地布置整齐统一，在现状闲置地新建部分村民住宅。公共服务设施建筑结合利用周边平缓坡地布置，并且提供度假配套设施。新建游客接待中心和旅游服务中心，完善旅游服务功能。新建社区中心和幼儿园，完善和提高社区服务水平，同时促进了村庄的第三产业发展。通过规划塑造出一个功能完善、特色鲜明、充满活力的社区中心。

■ 公共服务设施现状

1. 公共服务设施种类、面积

村庄内公共服务设施总面积 0.11hm²。其中行政管理用地 0.10hm²，文体科技用地 0.01hm²，医疗保健用地 0hm²，商业金融用地 0hm²。

2. 人均公共服务设施面积

人均公共服务设施面积 3.27m²。

3. 存在问题

村内文化、体育休闲、社区服务、市政公用等公共配套数量较少，基本上都靠村部来解决。服务设施十分简陋，品质不高，不能完全满足村民的生活需求，降低了农民的生活质量。

■ 公共服务设施规划

1. 公共服务设施类型、面积

村庄内公共服务设施总面积 0.82hm²。其中行政管理用地 0.24hm²，教育机构用地 0.13hm²，文体科技用地 0.24hm²，医疗保健用地 0.07hm²，商业金融用地 0.14hm²。

2. 人均公共服务设施面积

人均公共服务设施面积 23.43m²。

规划评述

公共服务设施建筑结合利用周边平缓坡地布置，并且提供度假配套设施。新建游客接待中心和旅游服务中心，完善旅游服务功能。新建社区中心和幼儿园，完善和提高社区服务水平，同时促进了村庄的第三产业发展。通过规划塑造出一个功能完善、特色鲜明、充满活力的社区中心。

■ 工程设施现状

1. 现状道路交通系统

洋畲村的道路已成系统，道路结构为4条沿各个梯台的村内主要道路与外圈环状路结合。洋畲村内道路硬化率达到100%。由于村十分小，村内主要交通方式为步行。

2. 现状给水工程系统

村内尚未建成集中供水管网系统，村民饮水从湖中或山上取水，水质、水量均无法保障。

3.现状排水工程系统

洋畲村具有良好的台地地形，这对于排水十分有利，但是明沟排水对景观塑造会产生一定影响。

4.现状电力工程系统

目前已全部通电，变电房周围有绿化隔离，但现状电力线路架设较凌乱，具有一定安全隐患。全村通过10kV电力来解决村内的用电需求，在用电高峰期不曾出现供电不足的情况。

5.现状电信工程系统

村内电信电缆沿村道架空敷设。村内无邮政所，只有村办门口设置的简单邮箱，村民要办理邮政业务，须到龙门镇邮政局办理。

6.存在问题

洋畲村工程设施配置尚不够完善，村内环境卫生状况有待改善。

■ 工程设施规划

1.规划道路交通系统

社区内部道路在充分尊重现状道路情况的基础上改善道路路况。根据地势条件合理设置纵向步行小道，增强社区各地块的可达性和便捷性。

2.规划给水工程设施

规划给水以镇区给水主管网作为村庄主要水源。给水管网沿主要道路敷设，形成环状与枝状相结合的管网系统。

3.规划排水工程设施

采用管渠排水的方式，沿主要道路敷设污水管网，污水分区收集进行生态化处理。

4.规划电力工程系统

现状供电已满足生产、生活用电的需求，并已实现联网供电，因此规划只需对现状供电线路做一定的微调，将电力线路铺设规整即可。

5.规划电信工程系统

规划电信线路沿村内主要道路架空敷设，在村委会设置电信电缆交接站。

规划评述

市政工程设施的规划配置，是在充分考虑当地实际情况的基础上，以生态化、安全性为原则，合理配置。通过工程设施的规划配置，改变农村社区市政工程设施建设相对滞后的现状，改善农村社区环境卫生质量，提高村民的生产和生活水平。

▲ 工程设施现状图

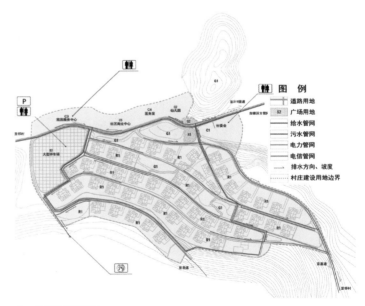

▲ 工程设施规划图

建筑气候Ⅴ区丘陵组团型
——贵州省织金县麻窝村社区

1. 类型界定与特征

该类型主要分布于我国Ⅴ类建筑气候区划的省份，位于云贵高原区域，主要涉及云南、贵州西南部和四川西南部区域的丘陵山地，农村居民点多以丘陵地形为主要代表。根据统计分析和实地调研，该区域村庄数量占全国的比例相对较少。该类型农村社区用地地势变化较大，区域内农村居民点在村庄整体空间布局方面主要呈现为成组成团建设的模式。因此，选取丘陵且组团建设的农村社区为其代表类型。

2. 农村社区发展特征及规划目标

该类型农村社区所处的区域主要是云南、贵州地区，目前其农民人均收入水平位于我国平均水平线以下，属于欠发达地区。由于受地形条件所限，传统农业经济发展规模有限，而特色种植等地方产业优势明显，自然资源和人文资源特色显著，农村社区产业类型呈多元化发展特征。总体上看，其农村社区生态环境较好，但环境污染威胁较大，社区建设用地结构需进一步优化，社区公共服务设施和工程设施仍需配套完善。因此，农村社区规划应在经济发展、社会发展和空间环境建设方面加以全面推进。

3. 典型案例规划要点

该类型的典型案例为贵州省织金县官寨乡麻窝村社区。

(1) 农村社区建设用地优化配置说明

大力发展麻窝村的生态种植、生态养殖和生态能源，在为麻窝人增加收入的同时，也为之营造宜人的生态景观。充分利用麻窝村良好的自然景观资源和果林资源，规划设置生态采摘园、农耕体验区等旅游项目，结合织金洞国家级风景名胜区和东风湖景区，大力发展乡村生态旅游产业。

原有住宅用地以保留改建为主，凭借良好的区位、自然资源优势，集中新建多层村民住宅以发展农家乐旅游产业。公共服务设施建筑围绕村委会集中建设，结合街头绿地、休闲广场塑造功能完善、舒适宜人的社区中心。

(2) 农村社区公共服务设施配置说明

公共服务设施建筑结合现状两条主要道路交叉口集中建设。新建社区中心、幼儿园和卫生站，完善和提高社区服务水平。结合社区居住组团合理布置村民活动广场、健身场地和街头绿地，组织丰富多彩的村民户外文化活动。

(3) 农村社区工程设施规划配置说明

麻窝村的市政工程设施规划配置中，电力设施较为完善。在道路系统扩宽微调的基础上，对管网系统进行重新敷设。以生态化、安全性为原则，合理配置，从而改善农村社区环境卫生质量。

贵州省织金县麻窝村社区

案例名称： 贵州省织金县麻窝村社区
设计单位： 上海同济城市规划设计研究院城乡社区规划设计
研究中心
所属类型： Ⅴ区—丘陵组团型

所处位置

麻窝村位于织金县城东北部的官寨乡，距县城约27km，紧邻织金洞国家级风景名胜区和东风湖景区，区位优势较好。

现状基本情况

麻窝村是一个以苗族为主聚居的村落，辖5个组，有汉族、苗族，以及穿青人等227户985人，少数民族人口占总人口的38.5%。

麻窝村所处喀斯特地形，是一个四面环山、一隙通水的小山凹处的村庄，地处乌江源百里画廊裸洁河畔，距织金洞景区3km。平均海拔1030m，年平均气温17.6℃，冬无严寒，夏无酷暑，素有"天然小温室"的誉称。土地总面积190hm^2，耕地面积45.7hm^2。

麻窝村是典型的无矿产资源及无工业企业支撑的纯农业村，主要种植作物是樱桃。村中果林资源丰富，生态优势突出，自然风景优美。

周边的道路交通情况

目前八步镇至纳雍镇的公路穿村而过，交通较为便利。麻窝村距离织金县政府驻地约27km。

■ 村域用地现状

1. 现状人口规模

现状全村总人口为 985 人，共计 227 户。

2. 现状用地规模

村域总面积 349.32hm²，其中现状村庄建设用地面积 20.45hm²，占村域总面积的 5.85%。

生产防护绿地面积 198.24hm²，农田面积 93.27hm²，园地面积 26.94hm²，水域面积 3.80hm²。

3. 现状人均建设用地指标

人均村庄建设用地面积 207.19m²。

4. 现状道路情况

村尖山组、包包组两个村民组的进村路都仅为 3m，已经硬化。其余道路均为宽为 3m 以下的道路。道路两侧均为经果林（樱桃为主），或是种一些玉米，无排水沟，少部分为泥胚路面，多为尽端路。

5. 存在问题

基础设施比较薄弱；公共设施比较缺乏；农房建设比较混乱；村容村貌比较杂乱。

■ 村庄用地现状

1. 现状人口规模

现状全村人口为 485 人，共计 86 户。

2. 现状用地规模

现状村庄建设用地规模为 12.36hm²，其中村民住宅用地规模为 8.53hm²，占总建设用地的 69.01%。

3. 现状人均建设用地指标

人均建设用地：254.85m²。

人均居住用地：175.88m²。

人均公共设施用地：17.94m²。

4. 现状道路情况

村尖山组、包包组两个村民组的进村路都仅为 3m 宽，已经硬化。其余道路均为宽 3m 以下的道路。道路两侧均为经果林（樱桃为主），或是种一些玉米，无排水沟，少部分为泥胚路面，多为尽端路。

5. 存在问题

基础设施比较薄弱；公共设施比较缺乏；农房建设比较混乱；村容村貌比较杂乱。

■ 村域用地规划

1. 规划建设用地规模

村域总面积 349.32hm²，其中村庄规划建设用地面积 25.26hm²，占村域总面积的 7.23%。

2. 规划人均建设用地指标

人均村庄建设用地面积 229.64m²。

▲ 区位分析图

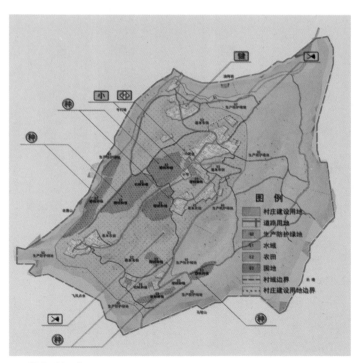

▲ 村域用地现状图

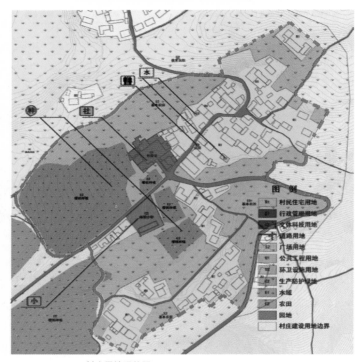

▲ 村庄用地现状图

扩宽县级公路至 9m；在村委会西北方增加一条 5m 宽的消防通道；社区内部道路在充分尊重现状道路情况的基础上，根据地势条件合理设置，步行通道均扩宽至 3.5m，增强社区各地块的可达性。

其他具体数据详见村庄用地规划。

规划评述

通过政策引导和农村社区建设的推进，推动麻窝村的生态种植、生态养殖、生态能源的发展。在为麻窝人增收节支的同时，也为之营造宜人的生态景观。

规划充分利用麻窝村良好的自然景观资源和果林资源，规划设置生态采摘园、农耕体验区等旅游项目，结合织金洞国家级风景名胜区和东风湖景区，大力发展乡村生态旅游产业。

■ 村庄用地规划

1．规划人口规模

规划全村总人口为 1100 人，共计 275 户。

2．规划建设用地规模

村庄规划建设用地规模为 19.56hm²，其中村民住宅用地规模为 11.99hm²，占总建设用地 61.30%。

3．规划人均建设用地指标

人均建设用地：177.82m²。

人均居住用地：109.00m²。

人均公共设施用地：33.55m²。

4．规划住宅套数

住宅套数：275 套。

5．规划道路情况

扩宽县级公路至 9m；在村委会西北方增加一条 5m 宽的消防通道；社区内部道路在充分尊重现状道路情况的基础上，根据地势条件合理设置，步行通道均扩宽至 3.5m，增强社区各地块的可达性。

规划评述

原有住宅用地以保留改建为主，凭借良好的区位、自然资源优势，集中新建多层村民住宅发展农家乐旅游产业。公共服务设施建筑围绕村委会集中建设，结合街头绿地、休闲广场塑造功能完善、舒适宜人的社区中心，改善和提高村民生活水平。

■ 公共服务设施现状

1．公共服务设施种类、面积

村庄内公共服务设施总面积 0.87hm²。其中行政管理用地 0.51hm²，教育机构用地 0.36hm²。

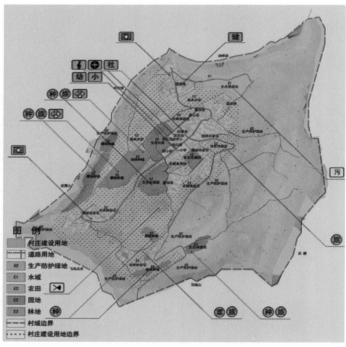

▲ 村域用地规划图

2. 人均公共服务设施面积

人均公共服务设施面积 17.94m²。

3. 存在问题

除村委会、麻窝小学外，无其他公共服务设施，缺少文化娱乐场所、活动场地，不能满足人民群众的生活需要，无集中绿地，影响村民生活质量的提高。

■ 公共服务设施规划

1. 公共服务设施类型、面积

村庄内公共服务设施规划总面积 3.69hm²。其中行政管理用地 0.92hm²，教育机构用地 1.01hm²，文体科技用地 0.61hm²，医疗保健用地 0.07hm²，商业金融用地 1.08hm²。

2. 人均公共服务设施面积

人均公共服务设施面积 33.55m²。

规划评述

公共服务设施建筑结合现状两条主要道路交叉口集中建设。新建社区中心、幼儿园和卫生站，完善和提高社区服务水平。

通过规划塑造出一个功能完善、特色鲜明、充满活力的社区中心。同时，结合社区居住组团合理布置村民活动广场、健身场地和街头绿地，组织丰富多彩的村民户外文化活动。

■ 工程设施现状

1. 现状道路交通系统

道路多为宽 3m 以下的道路。道路两侧均为经果林（樱桃为主），或是种一些玉米，无排水沟，少部分为泥胚路面，多为尽端路。

2. 现状给水工程系统

管网已铺设，实现 100% 自来水覆盖。自来水为山中井水，集中后输送到各个农户家中。农用浇灌水源引自村内的水塘。

3. 现状排水工程系统

现状雨水为自然排放汇集至农田里。基本上没有排水设施，生活污水任意排放，导致路面、院子里常污水横流。

4. 现状电力工程系统

现状电力基础设施基本能满足村民生产、生活的需要。供电基本解决，只是管线的架设比较凌乱。

5. 现状电信工程系统

移动电话信号已覆盖，固定电话安装率较低，电信线路架设较为混乱。电视多为自家安装接收器接收电视信号。

6. 存在问题

村庄内道路多为尽端路，没有排水沟渠，道路等级低，局部道路断面过窄，不足 3m 宽，道路系统不完善，且无路灯和指示牌。通往其他村民组道路路面较差，通车比较困难。

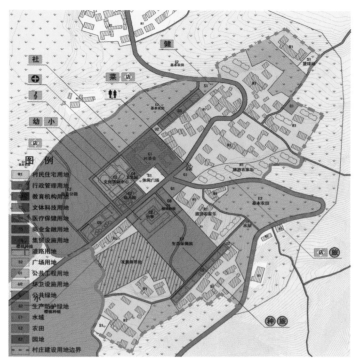

▲ 村庄用地规划图

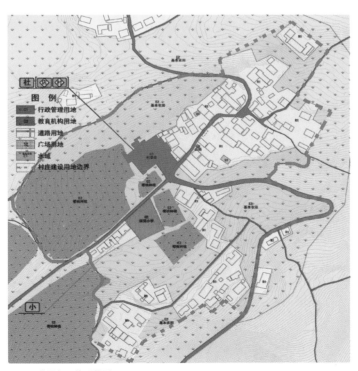

▲ 公共服务设施现状图

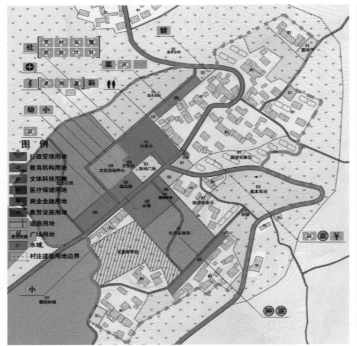

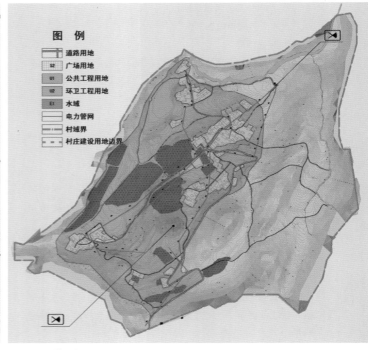

▲ 公共服务设施规划图　　　　　▲ 工程设施现状图

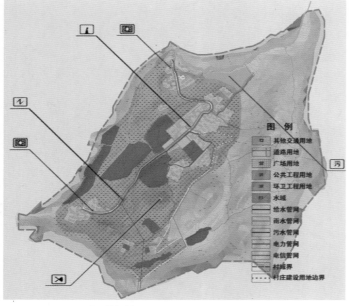

▲ 工程设施规划图

■ 工程设施规划

1. 规划道路交通系统

扩宽县级公路至 9m；在村委会西北方增加一条 5m 宽的消防通道；社区内部道路在充分尊重现状道路情况的基础上，根据地势条件合理设置，步行通道均扩宽至 3.5m，增强社区各地块的可达性。

2. 规划给水工程设施

规划给水以从县城至村内的供水水站作为村庄主要水源。给水管网沿主要道路敷设，形成环状与枝状相结合的管网系统。

3. 规划排水工程设施

沿主要道路敷设雨水管网和污水管网，雨水排入村北面河流，污水分区收集然后进行生态化处理，并形成人工景观。

4. 规划电力工程系统

现状供电基本满足生产、生活用电的需求，并已实现联网供电，但原有电网敷设较混乱，规划中沿路网并避免穿越发展备用地进行重新系统敷设。

5. 规划电信工程系统

规划电信线路沿村内主要道路设置，在村委会设置电信电缆交接站。

规划评述

麻窝村的市政工程设施规划配置中，电力设施较为完善。在对道路系统进行扩宽微调的基础上，对管网系统进行重新敷设。以生态化、安全性为原则，合理配置，从而改善农村社区环境卫生质量。

建筑气候Ⅵ区山地组团型
——青海省黄南藏族自治州尖扎县马克唐镇麦什扎村社区

1. 类型界定与特征

该类型主要分布于我国Ⅵ类建筑气候区划的省份，位于四川盆地西部和青藏高原地区，主要包括青海、四川西部和西藏自治区。根据统计分析和实地调研，该区域的村庄数量和分布密度较少。该类型农村社区用地地势变化较大，坡度较高，建设条件相对复杂。农村居民点在村庄整体空间布局方面主要呈现为成组、成团建设的模式。因此，选取山地且组团建设的农村社区为其代表类型。

2. 农村社区发展特征及规划目标

该类型农村社区所处的区域农村社区经济发展水平较低，基本位于我国平均水平以下。由于土地资源匮乏，并受到交通条件限制，农村经济发展水平有限，山地特色资源和地方人文资源的优势有待规划发展。总体上看，其农村社区生态环境良好，但环境污染治理能力薄弱，社区建设用地结构尚待优化，社区公共服务设施和工程设施需要配套完善。因此，农村社区规划应在经济发展、社会发展和空间环境建设方面加以全面推进。

3. 典型案例规划要点

该类型的典型案例为青海省黄南藏族自治州尖扎县马克唐镇麦什扎村社区。

（1）农村社区建设用地优化配置说明

根据上位规划，在村域内结合原有农业用地以及荒山，大力发展果园与生态种植等产业。并对村庄建设用地进行梳理，增加公共设施，完善工程设施建设。

规划在现状的基础上，梳理路网，结合原有公共设施，增添文化娱乐、医疗、幼儿园、集市等设施，并增加绿化用地，增加农村的社区感。

（2）农村社区公共服务设施配置说明

本规划主要依据农村社区集约化布局和公共服务设施优化配置的要求进行优化配置。

村庄级公共服务设施设置于中心，保留党员活动室与宗教活动场所麻尼康，扩建村委会等行政办公用地，并增设幼儿园等多项设施，以满足本村居民的生活、娱乐、教育等需求和对外来人员的接待服务。

（3）农村社区工程设施规划配置说明

在原有基础设施的基础之上，对路网进行完善，依托路网，完善各管线配置，改善居民生活水平。

青海省黄南藏族自治州尖扎县马克唐镇麦什扎村社区

案例名称： 黄南藏族自治州尖扎县马克唐镇麦什扎村社区
设计单位： 上海同济城市规划设计研究院城乡社区规划设计
　　　　　　研究中心
所属类型： Ⅵ区—山地组团型

所处位置

麦什扎村位于黄南藏族自治州尖扎县马克唐镇北部，东临黄河，西接娘毛村。

现状基本情况

总面积117.2hm²。

周边的道路交通情况

麦什扎村距马克唐镇即尖扎县城所在地400m。

■ 村域用地现状

1. 现状用地规模

村域面积117.2hm²，耕地面积30.7hm²，果园7.9hm²，闲置地60.3hm²，建设用地18.3hm²。

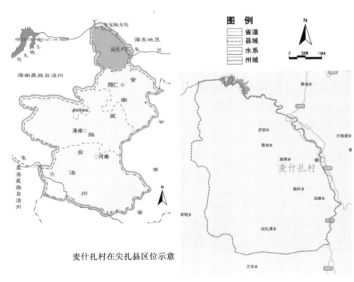

麦什扎村在尖扎县区位示意

▲ 区位分析图

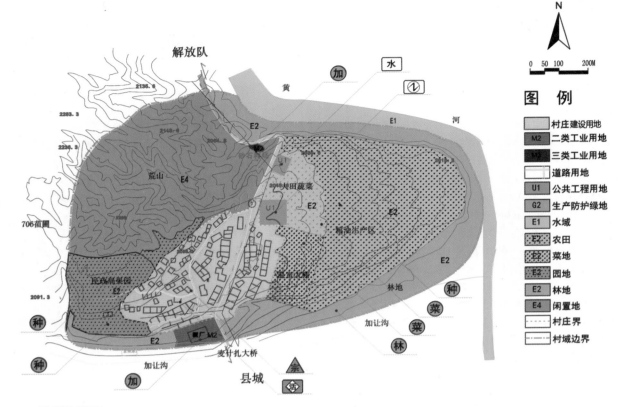

▲ 村域用地现状图

2. 现状道路情况

麦什扎村主要的对外交通要道为 X611 县道。

3. 存在问题

用地结构单一，空间布局略显无序，无公共绿化用地。其他具体数据详见村庄用地现状。

■ 村庄用地现状

1. 现状人口规模

麦什扎村 2009 年总人口为 481 人，全为户籍人口，无外来人口。

2. 现状用地规模

村庄现状建设用地面积为 18.3hm²。

3. 现状人均建设用地指标

麦什扎村现状人均用地面积 380.5m²。

4. 现状住宅套数

现状住宅套数为 117 套。

5. 现状道路情况

村内主要道路总长共约 7km，主要道路均已全部硬化，成为混凝土道路。一般为硬化通户道路。道路两旁无路灯，道路横断面单一简单，全部为单幅路。因交通量不大，加之地形高低变化多，车速不快，村内并未发生过任何交通事故，道路的安全性较高。但两旁没有专门布置绿化，而且也有不

▲ 村庄用地现状图

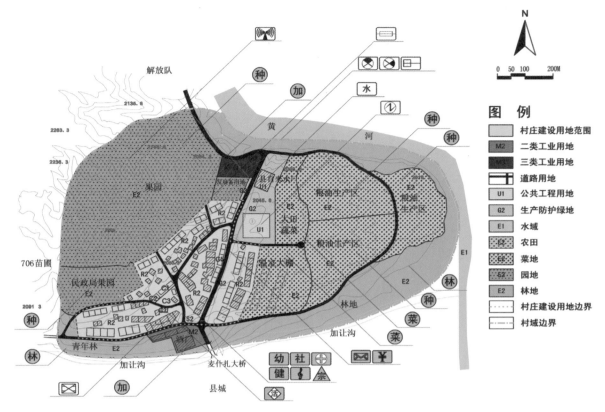

▲ 村域用地规划图

少垃圾，显得比较凌乱。

6. 存在问题

（1）公共服务设施相对缺乏，不能满足村民生产生活需要。

（2）市政设施有待完善。

（3）村域布局较为无序，村容村貌有待改善。

（4）文化教育设施落后，不能满足村民需要。

■ 村域用地规划

具体数据详见村庄用地规划。

规划评述

规划根据上位规划，在村域内结合原有农业用地以及荒山，大力发展果园与生态种植等产业。并对村庄建设用地进行梳理，增加公共设施，完善工程设施建设。

■ 村庄用地规划

1. 规划人口规模

规划全村总人口为 600 人。

2. 规划建设用地规模

规划建设用地规模为 18.0hm²。其中，居住用地为14.3hm²，占建设用地 79.3%；公建用地为 1.3hm²，占

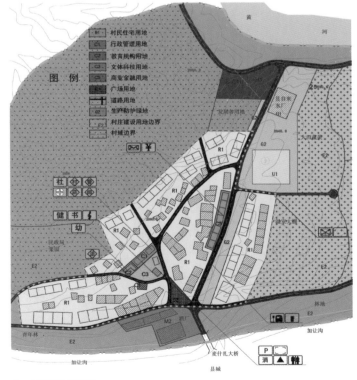

▲ 村庄用地规划图

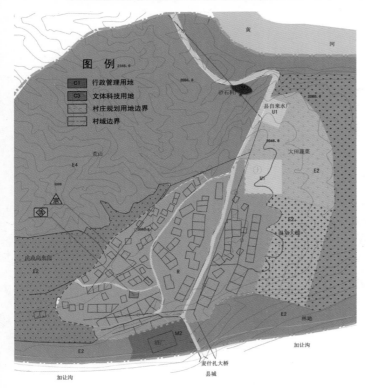

▲ 公共服务设施现状图

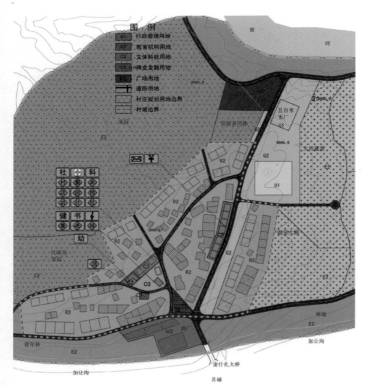

▲ 公共服务设施规划图

7.1%；道路用地为 15.5hm²，占 8.6%；防护绿地为 0.9hm²，占 5%。

3．规划人均建设用地指标

规划人均建设用地指标为 300m²／人。

4．规划住宅套数、宅基地面积

规划住宅套数为 130 套，宅基地面积 4.3hm²。

5．规划道路情况

规划村域内分为两级道路系统。主干道与县道连接，承载村域内交通；次干道为村庄内部之间的联系道路。

规划评述

规划在现状的基础上，梳理路网，结合原有公共设施，增添文化娱乐、医疗、幼儿园、集市等设施，并增加绿化用地，增加农村的社区感。

■ 公共服务设施现状

1．公共服务设施种类、面积

村庄内公共服务设施总面积为 0.069hm²。

其中麦什扎村的公共服务设施有一个党员活动室和宗教活动场所麻尼康。党员活动室建筑面积为 291m²，麻尼康建筑面积为 397m²。

2．人均公共服务设施面积

现状人均公共服务设施面积 1.43m²。

3．存在问题

现状公共服务设施和种类远不能达到村民日常生活要求。

■ 公共服务设施规划

1．公共服务设施种类、面积

村庄内公共服务设施面积：1.08hm²。

其中社区管理及综合服务建筑面积达 150m² 以上，具备社区"八室"、"二站"及放心店等功能配套。放心店建筑面积达 30m² 以上，医疗计生服务站建筑面积达 20m² 以上。

小型幼儿园建筑面积 600m²。

文化体育设施建筑面积不小于 200m²，全民健身设施（场地）用地面积不小于 100m²。

商业服务功能建筑沿县道布置，结合设置邮政、储蓄代办点。

2．人均公共服务设施面积

人均公共服务设施面积 17.97m²。

规划评述

本规划考虑到农村社区集约化布局和公共服务设施优化配置的要求优化配置。

村庄级公共服务设施设置于中心，保留了党员活动室与宗教活动场所麻尼康，扩建了村委会等行政办公用地，并增设了幼儿园等多项设施，以满足本村居民的生活、娱乐、教育等需求和对外来人员的接待服务。

■ 工程设施现状

1. 道路交通系统现状

村内主要道路总长共约 7km，主要道路均已全部硬化。一般为硬化通户道路。道路两旁无路灯，道路横断面单一简单，全部为单幅路。两旁的没有专门布置绿化，而且也有不少垃圾，显得比较凌乱。

2. 给水工程系统现状

全村自来水覆盖率达 90%，但给水管道只通至内院，并未入户。

3. 排水工程系统现状

村内没有排水系统，大多随意倾倒污水。

4. 电力工程系统现状

全村通电比例达 100%，电源引自镇上变电所。居民用电量不大，仅限于照明和电视机用电等。

5. 燃气工程系统现状

村内没有普及管道气。

6. 存在问题

总体水平较低，缺乏规划。

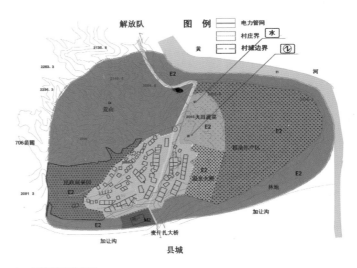

▲　工程设施现状图

■ 工程设施规划

1. 道路交通系统规划

规划对外交通干道、村域主干道、村庄主干道和组团级道路四级道路系统。

2. 给水工程系统规划

全村实现自来水全覆盖，以黄河为水源。

3. 排水工程系统规划

设置排水管网，逐步由自然排水向管网排水过渡。

4. 电力工程系统规划

在原电力线网基础上进行优化。

5. 电信工程系统规划

中心组团设置邮政所，村域内设一处通讯站。

6. 燃气工程系统规划

以县城为气源，输向各个组团。

7. 供热工程系统规划

利用农副产品及沼气池进行自家供热。

规划评述

在原有基础设施的基础之上，对路网进行完善，依托路网，完善各管线配置，改善居民生活水平。

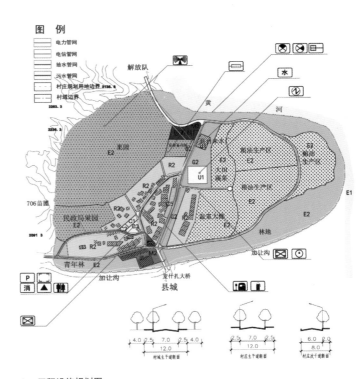

▲　工程设施规划图

建筑气候Ⅶ区丘陵组团型
——甘肃省酒泉市肃州区总寨镇三奇堡村社区

1. 类型界定与特征

该类型主要分布于我国Ⅶ类建筑气候区划的省份，主要涉及内蒙古自治区西北部、甘肃西北部和新疆大部。根据统计分析和实地调研，该区域村庄数量占全国的比例相对较少，这里以丘陵地形作为类型代表，包括丘陵台地和坡地，以丘陵台地为主要代表。该类型农村社区用地地势变化不大，区域内农村居民点在村庄整体空间布局方面主要呈现为成组成团建设的模式。因此，选取丘陵且组团建设的农村社区为其代表类型。

2. 农村社区发展特征及规划目标

该类型农村社区所处的区域，目前其农民人均收入水平位于我国平均水平线以下，属于经济落后地区。由于受区域经济环境、气候地形条件和交通条件等所限，传统农业经济发展规模有限，而自然资源和地方人文资源的特色尚待提升发展。总体上看，其农村社区生态环境一般，环境污染潜在威胁较大，社区建设用地结构需进一步优化，社区公共服务设施和工程设施仍需配套完善。因此，农村社区规划应在经济发展、社会发展和空间环境建设方面加以全面推进。

3. 典型案例规划要点

该类型的典型案例为甘肃省酒泉市肃州区总寨镇三奇堡村社区。

（1）农村社区用地优化配置说明

规划通过改变原有分散的居住方式，保留及扩大原有北面的主要居住组团及其中各类功能，体现集约化布局。为引导社区主要向南发展，保留现有国道北侧设施的同时将公共设施中心南移至国道以南，新增完善的公共服务设施，产业设置主要为配合村庄西北侧工业园区所形成的农产品物流。

（2）农村社区公共服务设施配置说明

规划新增用地主要位于国道南侧，公共设施的配置采取各自配备、有主有次的方式进行配置。对于教育设施如小学幼托等（只需一处或需要一定规模的设施）只配置一个，对于服务范围较小且规模较小的设施如放心店、活动室等则采用南北同时配置的方式，满足村民的日常使用要求。

（3）农村社区工程设施规划配置说明

规划在保证基础性设施配置完善的前提下，结合农村实际情况，采用经济适用的生态化方式处理排污问题，进行有效循环利用。

甘肃省酒泉市肃州区总寨镇三奇堡村社区

案例名称： 甘肃省酒泉市肃州区总寨镇三奇堡村社区
设计单位： 上海同济城市规划设计研究院城乡社区规划设计
研究中心
所属类型： Ⅶ区—丘陵组团型

所处位置

三奇堡村位于甘肃省酒泉市东南方向约11km处，北接牌楼，南至西唐，西邻马家庄，东邻周家庄。

现状基本情况

村域总面积664hm²，由10个生产小组组成。共有村民885户3225人。村内地貌以平原为主，有少量戈壁，耕地面积646hm²，村内有少量砖厂，附近有工业园区。村发展情况较好，电话、电视覆盖率达100%，为镇建设示范村。

周边的道路交通情况

312国道和清嘉高速公路穿过三奇堡村，国道连接酒泉市区及总寨镇镇区，对外交通便利。三奇堡村社区至总寨镇

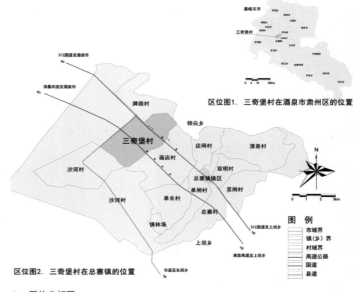

▲ 区位分析图

镇区的距离为 60km，至酒泉市市区的距离为 11km，为酒泉市的近郊区。

村域用地现状

1. 现状用地规模

村域总面积 1189.95hm²，其中村庄建设用地 73.56hm²。

2. 现状道路情况

村域内目前有 312 国道及清嘉高速穿越，其中 312 国道为村庄主要对外交通道路，村内主干路为东北—西南向，与国道及高速垂直。

其他具体数据详见村庄用地现状。

村庄用地现状

1. 现状人口规模

三奇堡村共有居民 885 户，总人口规模 3225 人。

2. 现状用地规模

村庄建设用地共 73.56hm²，其中居住用地为 51.47hm²，公共服务设施 3.39hm²，工业用地 13.86hm²。

3. 现状人均建设用地指标

现状人均建设用地 228.09m²。

4. 现状道路情况

村庄内主干路为东北—西南向，与国道及高速垂直，道路主要以土路及石子路为主，仅国道为沥青砼路面，仅 50m 左右的国道路段有照明设施。

5. 存在问题

村庄主要存在问题包括居民点以大队为形式分散于各自耕地附近，不利于集中发展及公共服务设施和市政基础设施的配置。此外，目前村庄核心组团跨越国道两侧发展，造成严重安全隐患。

村域用地规划

具体数据详见村庄用地规划。

村庄用地规划

1. 规划人口规模

规划人口规模 3500 人。

2. 规划用地规模

村域总面积 1190hm²，其中建设用地 133.05hm²。

3. 规划人均建设用地指标

规划人均建设用地 380.14m²。

4. 规划道路情况

规划道路仍保持原有东北—西南走向村庄主干路，并形成道路两边绿带，于居民点内部形成鱼骨状支路，配合宅间路服务每户居民。

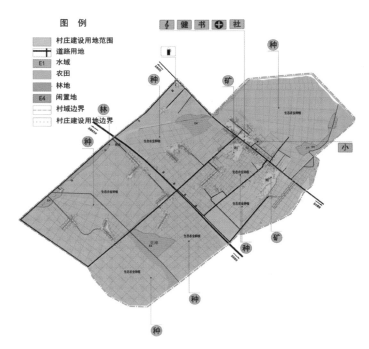

▲ 村域用地现状图

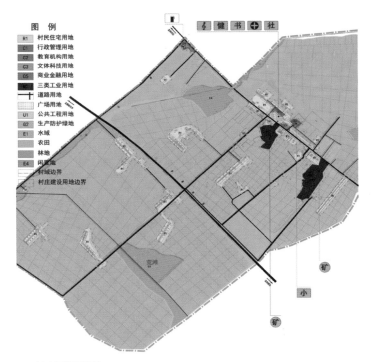

▲ 村庄用地现状图

规划评述

规划通过改变原有分散的居住方式，保留及扩大原有北面的主要居住组团及其中各类功能，体现集约化布局。为引导社区主要向南发展，保留现有国道北侧设施的同时将公共设施中心南移至国道以南。新增完善的公共服务设施，产业设置主要为配合村庄西北侧工业园区所形成的农产品物流。

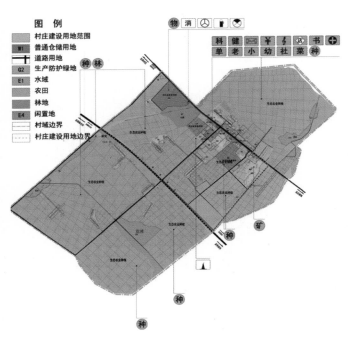

▲ 村域用地规划图

▲ 村庄用地规划图

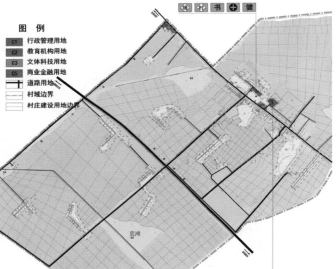

▲ 公共服务设施现状图

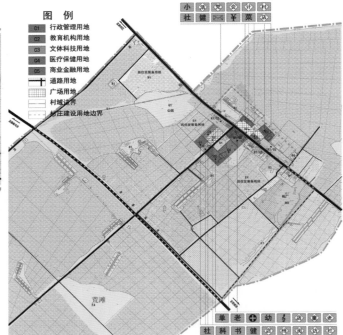

▲ 公共服务设施规划图

■ 公共服务设施现状

1. 公共服务设施种类、面积

村庄内公共服务设施总面积 3.39hm²，其中行政及管理用地 6959m²，教育机构用地 9601m²，文教科技用地 6594m²，商业金融用地 10747m²。

2. 人均公共服务设施面积

人均公共服务设施面积为 10.51m²。

3. 存在问题

村内存在问题包括由于主要公共服务设施集中布置，使得部分距离较远的大队居民难有机会使用，且由于集中于 312 国道东北侧，使得大部分居民使用都必须穿越国道，造成安全隐患。

■ 公共服务设施规划

1. 公共服务设施种类、面积

村庄内公共服务设施规划总面积 11.02hm²，其中行政及管理用地 7247m²，教育机构用地 35190m²，文教科技用地 13970m²，商业金融用地 48088m²。

2. 人均公共服务设施面积

人均公共服务设施面积为 31.48m²。

规划评述

由于村庄现状主要公共服务设施在国道北面，但规划新增用地主要位于国道南侧，公共设施的配置采取各自配备、有主有次的方式进行配置。对于教育设施如小学、幼托等（只需一处或需要一定规模的设施）只配置一个，对于服务范围较小且规模较小的设施如放心店、活动室等则采用南北同时配置的方式，方便村民的日常使用要求。

■ 工程设施现状

1. 道路现状情况

村域内目前有 312 国道及清嘉高速穿越，其中 312 国道为村庄主要对外交通道路，村内主干路为东北—西南向，与国道及高速垂直，道路主要以土路及石子路为主，仅国道为沥青砼路面，仅 50m 左右的国道路段有照明设施。

2. 现状给水情况

村内自来水覆盖率达 100%，水源来自地下水钻井而得，通过水泥防渗渠道输送至耕地及农户家中，水质良好。

3. 现状排水情况

村内没有排水措施，污水、雨水都随意自流。

4. 现状电力工程系统

全村通电比例达 100%，供电电源引自镇上，能够满足日常生活及生产的需求。

5. 现状电信工程系统

村内电视覆盖率达 100%，固定电话覆盖率 100%，约有 80% 的农户家中拥有手机，共 150 户接入互联网，约占 17%。

6. 存在问题

主要存在问题为排水设施缺失，对村庄环境造成负面影响。

■ 工程设施规划

1. 规划道路交通系统

规划道路仍保持原有东北—西南走向村庄主干路，并形成道路两边绿带，于居民点内部形成鱼骨状支路，配合宅间路服务每户居民。

2. 规划给水工程设施

村庄规划水源延续使用钻井而得地下水，给水管网沿主干道和支路布置服务居民。

3. 规划排水工程设施

村庄规划不使用管网进行排水，由 25 户左右成组设置沼

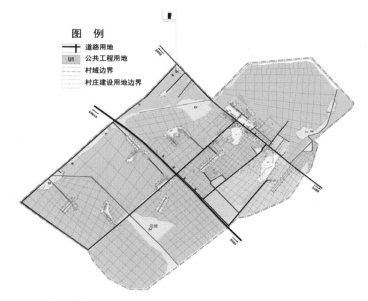

▲　工程设施现状图

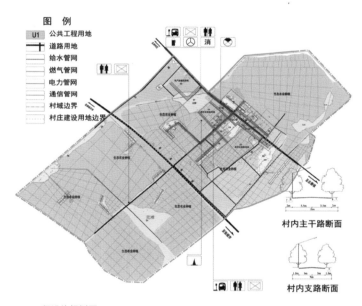

▲　工程设施规划图

气池和化粪池进行排污处理，同时可作为气源。

4. 规划电力工程设施

村庄规划电力仍使用镇上电源，电力管网沿主干道和支路布置。

5. 规划电信工程设施

村庄规划电信管网沿居民点外围环绕式布置，以避免电力管网干扰。

规划评述

规划在保证基础性设施配置完善的前提下，结合农村实际情况，采用经济适用的生态化方式处理排污问题，进行有效循环利用。

附录 案例规划单位简介及设计人员名单

中国城市规划设计研究院厦门分院

中国城市规划设计研究院厦门分院成立于 1991 年，是中国城市规划设计研究院在全国设立的四个分院之一，现已发展成为能够承担包括城市及区域规划设计、小城镇规划、市政工程规划设计等的综合性设计单位，具有城市规划、市政工程设计的甲级资格。

《海沧区霞阳村村庄建设规划》设计人员：郑开雄、李金卫、孙威、张洪杰、常玮

中国建筑设计研究院城镇规划设计研究院

中国建筑设计研究院城镇规划设计研究院是中国建筑设计集团下属的专门从事城乡规划、设计及相关研究的专业机构，是住房和城乡建设部城乡规划和村镇建设领域的重要技术支撑单位，长期以来为国家发改委、财政部、环保部、科技部、民政部、国家旅游局、国家文物局、国家开发银行等多个部委提供重要的技术支撑。该院的主要业务包括：城乡总体规划、概念规划及城市设计、综合社区及小区规划、城镇住宅和公建设计、新农村建设规划等。城镇建设技术服务：为各部委及地方提供技术服务和咨询与专业评审服务，国家、行业及地方标准和规范制定，城镇化与城乡建设发展课题研究等。

《河北省唐山市丰南区钱营镇总体规划（2007—2010）》设计人员：冯新刚、赵辉、赵文强、温静、宋琳琳

《安徽省繁昌县孙村镇总体规划（2007—2010）》设计人员：任世英、李霞、庄园、冯新刚、杨欣

《下栅乡总体规划方案（2011—2030）》设计人员：赵健、李睿、陈梦莉、任世英、徐冰

《南孙庄乡总体规划（2010—2020）》设计人员：谢四维、赵健、冯志行、令晓峰、安诣彬

《内蒙古自治区鄂尔多斯市达拉特旗展旦召苏木（原解放滩）精品移民小区规划设计》设计人员：方明、董艳芳、薛玉峰、陈敏、曾永生

《将军关村新村规划（2003—2020）》设计人员：赵辉、董艳芳、方明、赵健、薛玉峰

《内蒙古自治区赤峰市元宝山镇总体规划（2006—2020）》设计人员：熊燕、赵辉、邵爱云、李睿、侯智珩

北京清华城市规划设计研究院

北京清华城市规划设计研究院成立于 1993 年，拥有城市规划设计甲级资质、国家旅游局授予的国家旅游规划设计甲级资质、文物保护工程勘察设计资质、国家建筑行业（建筑）专业甲级资质及风景园林工程设计专项乙级资质。目前，该院已形成城乡总体规划设计、详细规划与城市设计、景观园林规划、风景旅游规划等 10 多个专业规划设计所。

《北京市房山区青龙湖镇总体规划（2005—2020）》设计人员：梁伟、王健、夏竹青、尚嫣然、郑雪

《北京房山区窦店镇总体规划（2005—2020）》设计人员：梁伟、王健、王鹏、王学兰、李文杰

《北京市怀柔区长哨营满族乡乡域总体规划（2009—2020）》设计人员：王浩平、王亚楠、殷秋萍、郭琦

《北京市顺义区北务镇道口村村庄规划（2005—2020）》设计人员：王鹏、钱娟娟、冯雨、闫琳、谢宇

天津市城市规划设计研究院

天津市城市规划设计研究院成立于 1989 年，是一个具有城市规划、土地规划、建筑设计、工程咨询甲级资质，国家环保总局核定的甲级规划环评单位，市政公用工程、旅游规划乙级资质的综合性规划设计研究院。主要业务范围包括城市规划、城市设计、村镇规划、道路交通规划等 10 多个专业。2000 年通过 ISO9000 质量认证。

《天津市蓟县邦均镇总体规划（2006—2020）》设计人员：胡志良、许倩瑛、汪洋、高相铎

河北省城乡规划设计研究院简介

河北省城乡规划设计研究院成立于 1981 年，是河北省技术力量最强、规模最大的综合性城乡规划设计研究单位。2006 年通过了 ISO 质量管理体系认证。具有城乡规划编制、工程咨询、市政行业（给水、排水、道路工程）设计甲级资质及市政行业（燃气、轨道交通除外）设计、建筑工程设计、风景园林工程设计、文物保护勘察设计乙级资质和河北省压力管道设计许可证书。

《滦平县巴克什营镇偏桥村村庄规划（2010—2020）》设计人员：温炎涛、张平、彭立宁、张楠、李炯

河北北望城乡规划设计有限公司

河北北望城乡规划设计有限公司位于石家庄市，为河北省住房和城乡建设厅正式注册的规划编制单位，具有城乡规划乙级资质。规划团队致力于为城镇化推进和新农村建设作贡献，为各级政府和社会各界提供优质规划设计服务，不断拓展规划编制业务领域，先后从事多项城市、镇、乡、村庄规划和历史文化名城、名镇、名村的保护规划、住房保障规划等编制工作。

《饶阳县王同岳乡规划（2010—2020）》设计人员：张志国、龙丽民、靳立霞、全亭、应文治

河北农业大学城乡建设学院

河北农业大学城乡建设学院拥有 2 个博士点，有 7 个硕士学位授予权。结构工程学科为河北省首批重点学科，土木工程专业是国家品牌特色专业。"建筑建材教育创新高地"荣获"河北省本科教育创新高地"称号，土木工程、城市规划 2 个专业荣获"河北省品牌特色专业"。

《宁晋县大陆村镇雷家庄新民居建设规划（2011—2020）》设计人员：李国庆、王广和、贾安强、赵利红、赵龙

河北阡陌城市规划设计咨询有限公司

河北阡陌城市规划设计咨询有限公司是以城乡规划编制、园林景观设计为主要业务的民营公司，具有丙级规划资质。公司成立五年来完成了一批涉及城市总体规划、详细规划、村镇规划、工业园区规划、城镇专项规划、街道景观规划和公园广场景观设计项目。

《肃宁县河北留善寺乡规划（2010—2020）》设计人员：郑占秋、王志芳、石学刚、杜彦青、刘川

山西省城乡规划设计研究院

山西省城乡规划设计研究院成立于 1980 年，是隶属于山西省住房和城乡建设厅的全额事业单位；是具有国家城市规划编制、建筑工程设计、市政公用行业（给水、排水和道路工程）设计、工程咨询等甲级资质的综合性规划编制、研究和工程设计单位。于 2005 年，通过了 GB/TI9001—2000 国际质量体系认证。

《闻喜县裴社乡总体规划（2008—2020）》设计人员：李昕、薛剑、毛立波、陈海源、杨丽霞

吉林省城乡规划设计研究院

吉林省城乡规划设计研究院是隶属吉林省住房和城乡建设厅的事业单位，现已发展成为一个具有甲级城市规划设计、建筑工程设计、工程咨询资质，乙级市政工程设计、旅游规划设计、建设监理、工程造价、文物保护勘察设计资质的综合性规划设计研究单位。

《吉林省长岭县太平川镇城镇总体规划（2005—2020）》设计人员：张洪杰、李冬雪、闫瑾、赵峻峰、鞠慧岩

上海同济城市规划设计研究院城乡社区规划设计研究中心

上海同济城市规划设计研究院是全国首批取得城乡规划编制甲级资质和旅游规划甲级资质的规划设计机构。

上海同济城市规划设计研究院城乡社区规划设计研究中心于 2007 年 1 月成立。该中心以城乡社区规划研究与设计为重点，在传统的规划设计项目类型基础上，积极拓展城乡社区建设研究和规划设计新领域。

《黑龙江省哈尔滨市新农镇新江村》设计人员：杨贵庆、张颖薇、王文珏、马逸骏、宋代军

《陕西省榆林市神木县滴水崖村》设计人员：杨贵庆、吴莞姝、庞磊、宋代军、岳雨峰

《河北省磁县高臾镇兴善村》设计人员：杨贵庆、王佳、邱外山、陈艳、宋代军

《山东省东营市东营区牛庄镇大杜村》设计人员：杨贵庆、吴莞姝、庞磊、宋代军

《山东省临朐县五井镇小辛庄》设计人员：杨贵庆、谢留莎、庞磊、宋代军

《山西省临汾市蒲县薛关村》设计人员：杨贵庆、王佳、周咪咪、庞磊、宋代军

《上海市奉贤区奉城二桥村》设计人员：杨贵庆、张颖薇、王子峥、庞磊、宋代军

《江苏省高邮市马棚镇东湖村》设计人员：杨贵庆、过苏茜、王子峥、庞磊、宋代军

《浙江省台州市路桥区方林村》设计人员：杨贵庆、谢留莎、庞磊、宋代军

《安徽省芜湖市大桥镇东梁村》设计人员：杨贵庆、过苏茜、庞磊、宋代军

《浙江省安吉县皈山乡尚书垓村》设计人员：杨贵庆、杨建辉、项伊晶、林嘉颖、宋代军

《浙江省丽水市遂昌县红星坪村》设计人员：杨贵庆、杨建辉、岳雨峰、庞磊、宋代军

《重庆市铜梁县河东村》设计人员：杨贵庆、吴莞姝、庞磊、宋代军

《四川省都江堰市大观镇茶坪村》设计人员：杨贵庆、但梦薇、庞磊、宋代军

《河南省平顶山市叶县官庄村》设计人员：杨贵庆、但梦薇、庞磊、宋代军

《广东省广州市花都区杨一村》设计人员：杨贵庆、吴莞姝、钱谨、张时军、宋代军

《福建省龙岩市新罗区洋畲村》设计人员：杨贵庆、谢留莎、庞磊、宋代军

《贵州省织金县官寨乡麻窝村》设计人员：杨贵庆、杨建辉、周咪咪、庞磊、宋代军

《青海省黄南藏族自治州尖扎县马克唐镇麦什扎村》设计人员：杨贵庆、钱谨、张时军、庞磊、宋代军

《甘肃省酒泉市肃州区总寨镇三奇堡村》设计人员：杨贵庆、王文珏、马逸骏、庞磊、宋代军

江苏省城市规划设计研究院

江苏省城市规划设计研究院是我国著名的综合性规划设计研究机构，具有甲级城市规划设计、甲级建筑工程设计和交通、市政、园林、旅游规划设计相关资质，通过ISO9001：2000质量体系认证。业务领域涵盖区域规划、城镇总体规划、城市交通规划、建筑设计、园林规划设计、市政工程设计以及相关学术研究等，服务对象遍布国内，远及海外。

《江苏省常熟市沙家浜镇总体规划（2006—2020）》设计人员：胡海波、赵彬、丁志刚、尤勇、董向锋

《金坛市薛埠镇总体规划（2005—2020）》设计人员：吴新纪、张伟、游涛、贺小飞、张鑫磊

江苏省村镇建设服务中心

江苏省村镇建设服务中心是隶属于江苏省住房和城乡建设厅直属的事业单位，具有城市规划编制乙级资质。近年来，中心完成了多项研究课题，为江苏省城乡规划事业发展作出了贡献。项目类型覆盖了区域规划、总体规划、详细规划、村庄规划以及各类专项规划等多种类型。

《锦溪镇总体规划（2007—2020）》设计人员：李正伦、钟晟、汪晓春、王林容、高岳

温州市城市规划设计研究院

温州市城市规划设计研究院成立于1984年，现具有城市规划编制甲级、建筑工程设计甲级、园林景观设计乙级，市政行业（道路工程、给水工程、排水工程、桥梁工程）工程设计乙级、旅游规划设计乙级、文物保护工程勘察设计乙级资质，是浙中南地区唯一具有规划和建筑工程双甲级设计资质的综合性设计院。

《青川县三锅乡场镇控制性详细规划（2008—2020）》设计人员：章凌志、刘培蕾、陈胜琼、张静、董林飞

《四川省青川县清溪镇阴平村村庄规划》设计人员：李永璋、杨克明、许峥、胡昕、章凌志

安徽建苑城市规划设计研究院

安徽建苑城市规划设计研究院成立于1987年，是集设计、科研为一体的国家乙级规划设计单位，技术实力雄厚。业务范围主要包括战略规划、区域规划、城市总体规划、历史文化遗产保护规划、详细规划、城市设计、风景旅游规划和各类专项规划等的编制与咨询。

《安徽省明光市明东乡规划（2006—2020）》设计人员：李保民、肖铁桥、檀立、余谦、钱诚

《六安市裕安区石板冲乡规划（2006—2020）》设计人员：叶小群、吴旭、徐荣、张建、周学

安徽卓成规划设计咨询有限责任公司

安徽卓成规划设计咨询有限责任公司是依托安徽地区高校资源优势成立的专业规划设计公司。公司具有国家乙级城市规划设计资质，主要从事区域研究与发展规划、城市规划与建筑设计、旅游规划与景观设计、城市设计以及城市开发策划等业务。

《安徽省霍山县东西溪乡规划（2010—2030）》设计人员：杨新刚、尚利、刘亚东、胡瑾、韦一

山东省城乡规划设计研究院

山东省城乡规划设计研究院成立于1979年，是省住房和城乡建设厅下属事业单位。该已发展成为以城乡规划设计为主，建筑、市政等专业于一体、国家甲级城市规划、甲级建筑设计、甲级工程咨询、甲级市政设计、国家规划环评资格许可的综合性规划设计科研单位，是山东省城乡规划设计、科研、信息资料和咨询中心。

《肥城市石横镇总体规划（2006—2020）》设计人员：扈宁、王昕欣、张卫国、陈栋、曹威

《荣成市成山镇总体规划（2006—2020）》设计人员：杨德智、张卫国、陈亮、鲁敏、宿迪

东营市城市规划设计研究院

东营市城市规划设计研究院始建于1994年，是东营市唯一一家同时具有规划甲级、建筑乙级、风景园林工程设计专项乙级、道路工程丙级和旅游规划乙级资质的科研设计单位。主要业务范围为：课题研究、项目咨询、城乡规划、城市设计、道路桥梁、旅游规划、风景园林工程设计、给水排水、电力电信等科研与设计业务。

《北川羌族自治县坝底乡灾后重建规划（2008—2015）》设计人员：李本军、节连青、张海波、孟凡泉、李众

武汉市规划设计研究院

武汉市规划设计研究院成立于1979年，是国家首批取得城市规划甲级资质的设计机构之一，现持有城市规划甲级、土地规划甲级、建筑工程甲级、工程咨询甲级和市政工程（设计）乙级资质，主要承担各类城市发展战略研究、区域城镇体系规划、总体规划与分区规划、详细规划、历史文化遗产保护规划及相关信息咨询、技术咨询、技术开发等工作。

《东西湖区新沟镇街镇区总体规划（2009—2020）》设计人员：黄宁、宁云飞、黄威

《武汉市黄陂区木兰乡总体规划（2006—2020）》设计人员：杨昔、王洁心、吴祖磊、沈子龙、王萌

益阳市城市规划设计院

益阳市城市规划设计院具备乙级城市规划设计资质、丙级市政设计资质、丙级测绘资质及乙级科技咨询资质，是一家集城市规划、城市设计、市政工程设计、工程测量、规划咨询等为一体的综合设计院。

《赤江咀示范片建设规划（2006—2020）》设计人员：王三明、张凯、石凌辉、王旬、殷俊

广东省城乡规划设计研究院及肇庆市城市规划设计院

广东省城乡规划设计研究院

广东省城乡规划设计研究院是广东省住房和城乡建设厅直属事业单位，具有城市规划、建筑工程设计、工程咨询、工程监理、招标代理五个甲级资质和市政行业（道路工程、给水工程、排水工程）专业、风景园林工程设计专项乙级资质。

肇庆市城市规划设计院

肇庆市城市规划设计院成立于1993年，具有城市规划编制甲级、建筑行业（建筑工程）乙级、工程勘察乙级和市政丙级等资质。

《德庆县武垄村规划设计（2005—2020）》设计人员：张翔、王其东、杨细平、曾宪川、蔡克光

广州市城市规划勘测设计研究院

广州市城市规划勘测设计研究院成立于1953年，为广州市规划局下属事业单位，拥有18项甲级资质，能够为政府和社会提供工程建设全过程、一站式的技术服务，是全国历史最悠久、规模最大、专业最齐全、综合实力领先的大型综合性规划勘测设计单位之一。

《广州市荔湾区花地村更新改造规划》设计人员：赖寿华、吴军、秦李、毛林曼、冯萱

汕头市城市规划设计研究院

汕头市城市规划设计研究院创建于1986年，是以城乡规划设计与研究为主的综合性规划编制专业机构，是粤东地区唯一具有部颁城乡规划编制甲级资质的规划院，主要承担城市总体规划、分区规划、区域发展战略研究、城市专项规划、控制性详细规划、村镇规划、历史文化保护区规划、市政工程设计、灾区重建规划等项目。

《汕头市潮南区两英镇总体规划（2005—2020)》设计人员：沈陆澄、曾萍、陈群汉、叶旭新、许岳纯

四川省城乡规划设计研究院

四川省城乡规划设计研究院成立于1956年，是国家最早组建的省级规划院，是一个从事区域与城市规划设计、风景园林规划设计、建筑市政设计的综合性城乡规划设计研究院。该院具有城市规划设计甲级、城市发展、建设、工程咨询、环境影响评价甲级、建筑与市政设计乙级资质。

《北川羌族自治县禹里乡修建性详细规划（2008—2020)》设计人员：梁平、游海涛、陈川、张红、黄胜坤

资阳市城乡规划设计研究院

资阳市城乡规划设计研究院成立于1998年，是一家综合乙级设计研究院，并通过了ISO9001：2008质量管理体系认证。该院业务范围包括城市规划编制、市政公用行业设计、建筑工程设计、工程测量、地籍测绘、房产测绘、沉降观测和地理信息系统工程、水土保持方案编制等。

《安岳县龙台镇大桥村村庄建设（治理）规划（2007—2020)》设计人员：钟德彰、彭良述、方鹏、王凌嬿、陈小亮

贵州省建筑设计研究院

贵州省建筑设计研究院建于1952年，是国内最早成立的全国综合甲级设计单位之一，具有住房和城乡建设部及国家计委颁发的工程设计、工程勘察、工程咨询、城镇规划、市政设计、工程监理、造价等多项资质。

《平坝县羊昌乡黄土桥村村庄建设（整治）规划（2007—2012)》设计人员：许剑龙、吴亚国、周成毅、李世屏、舒军

新疆东方瀚宇建筑规划设计有限公司

新疆东方瀚宇建筑规划设计有限公司创建于1984年，是一个以城市规划、工程设计、工程勘探、工程咨询于一体的综合性设计公司。现有设计资质为：城市规划甲级、建筑设计甲级、工程勘探乙级、市政公用行业丙级、公路行业丙级、工程咨询丙级。该公司主要承接城市总体规划、分区规划、各类城市专项规划、各类详细规划、城市设计、工业与民用建筑设计、工程勘察、工程咨询等业务。

《奇台县半截沟镇大庄子村居民点建设规划（2008—2025)》设计人员：王军、刘正福